지구는 어떻게 우리를 만들었는가

오리진

지구는 어떻게 우리를 만들었는가

ORIGINS

오리진

루이스 다트넬 지음 | **이충호** 옮김

흐름출판

"역사는 혼란스럽고, 지저분하고, 무작위적이다. 격변과 재앙의 연속이다. 인류의 역사도 마찬가지다. 수많은 사람들의 목숨을 앗아간 재앙적인 혁명과 전쟁과 역병과 자연재해로 가득 채워져 있다. 오늘날 전 세계를 짓누르고 있는 코로나19도 결국 인류 역사를 가득 채우고 있는 그저 그런 사건들 중 하나로 기억될 가능성이 크다.

그런데 역사를 시간과 공간을 모두 아우르는 충분히 넓은 관점에서 살펴보면 사정이 달라진다. 혼란스러운 사건들에서 추세와 불변의 조건 그리고 궁극적인 원인이 드러나게 된다. 그런 시도가 바로 '역사학'이다. 그동안의 역사학은 인류가 남겨 놓은 역사 기록과 유물을 통해서 사건들에 숨어 있는 역사의 흐름을 읽어냈다.

변화의 기록과 흔적을 남기는 것은 인간에게만 주어진 별난 특권이 아니다. 바위와 흙에도 지질학적 변화의 기록이 남아 있고, 우리 몸에 들어있는 유전물질에도 생물 진화의 흔적이 남아 있다. 심지어 세상 만물을 구성하는 원소에서도 우주의 진화에 대한 기록을 찾을 수 있다. 심지어 인류의 문명에서도 자연 환경의 변화에 대한 흔적을 찾을 수 있다.

자연의 기록을 읽어내는 현대 과학적 기술이 필요하다. 판 구조론에 따른 대륙의 이동과 지질학적 변화를 읽어내고, DNA에 남겨진 진화의 기록을 해독하고, 환경의 변화에 따른 새로운 문명의 출현을 연관 짓는 능력이 필요하다. 과학의 눈으로 읽어내는 '빅히스토리'는 시간과 공간을 초월한다. 인류의 역사가 푸른 행성 지구가 탄생하는 시점까지 거슬러 올라가고, 지구상에 존재하는 모든 것이 서로 단단한 인과 관계로 연결된다.

400만 년 전 동아프리카 지구대에서 두 발로 걷기 시작했던 자그마한 오스트랄로피테쿠스 덕분에 화려한 인류 문명의 불씨가 피어오르기 시작했다. 마지막 빙하기가 끝나면서 찾아온 간빙기가 농경과 목축을 가능하게 만들어주었고, 그리스의 험한 산악 지형이 민주주의를 탄생시켰다. 지구가 우리를 만들어주었다. 지구를 살려낼 수 있는 만물의 영장이라고 뽐내는 우리가 사실은 환경과 역사가 만들어낸 존재라고 한다."

– 이덕환, 서강대학교 명예교수

"2005년부터 화성 상공 약 300km 위를 시속 1만 km로 공전하며 화성 지표면을 촬영하고 있는 미국항공우주국NASA의 화성정찰위성MRO은 2006년 우연히 진귀한 장면을 포착했다. 수백만 년 전에 운석과 충돌해 만들어진 지름 10km의 충돌구(크레이터) 한 귀퉁이가 지진으로 무너지며 산사태가 난 모습이었다. 무너진 흙더미가 계곡을 따라 길게 이어진 장면이 지구와 크게 다르지 않았다.

하지만 잘 보면 영상 속 산사태는 지구의 산사태와 아주 다르다는 것을 알 수 있다. 적막함 때문이다. 영상에는 산사태를 보거나 들을 수 있는 어떤 존재도 없었다. 현재의 과학 지식으로 화성에는 생명체가 없다. MRO의 카메라가 우연히 촬영하지 않았다면 이 산사태의 흔적은 화성의 부드러운 바람이 실어 나른 모래에 묻혀 금세 흔적도 없이 사라졌을 것이다. 그렇게, 이 산사태는 존재했지만 존재하지 않았던 사건이 됐을 것이다.

지구는 다르다. 국지적인 산사태는 물론 수천, 수만 년에 걸친 기후변화, 수억 년에 걸친 지질학적 변화에 생명이 함께하고 있다. 주로 생명체가 지구의 영향을 받지만, 반대로 생명체의 활동이 기후와 지질에 영향을 미치기도 한다. 대기 중 산소 농도를 높이고 바다 밑에 철로 이루어진 지층을 만드는 데 미생물이 영향을 미쳤다. 동식물은 탄소가 풍부하게 누적된 지질시대를 형성했다.

인간도 비슷하다. 거대한 산맥과 깊은 바다, 건조함과 추위, 폭우 등이 반복된 기후처럼 자연이 만들어 낸 지리적, 기후적 장벽에 인류의 거시적인 활동은 제약을 받았다. 하지만 그 장벽을 극복하거나 역으로 이용해 활동 영역을 넓히면서 오히려 더 성공적인 생존 비법을 체득했다. 놀라운 환경 적응력으로 수 킬로미터 두께의 빙하로 덮인 빙하기의 북반구를 건너 무주공산의 대륙에 퍼졌고, 직접 만든 작은 배를 이용해 대양 곳곳에 흩어진 작은 섬까지 빠른 시간에 발을 디뎠다. 최근 빠르게 발전하고 있는 게놈(유전체, 생명이 지닌 유전물질의 총체) 분석 결과를 보면, 과거의 인류 집단은 이미 선사시대부터 매우 복잡하게 이동과 교류를 반복해 왔고 지리적 장벽을 넘어 수천 킬로미터 떨어진 곳까지 인적 교류를 해 왔다.

이제 인류는 단일 종만으로 개체수가 75억까지 늘어난 지구 역사상 최초의 대형 동물로 지구 전 지역에 영향을 남기고 있다. 인류가 오염 등으로 영향을 미친 바다의 면적은 전체의 0.5%를 넘어섰다. 인간이 구조물을 통해 변형한 해양 면적은 육지의 도시 전체 면적과 맞먹는다. 극지역의 기온은 빠르게 상승하고 있고, 그 결과 빙상과 영구동토층이 녹고 있다.

지구의 시간에서 마지막 찰나에 등장한 우리는 기술을 갖게 된 지구 유일한 존재로서 우리가 지구에게 영향을 미치고 있다고 믿는다. 하지만 오해다. 지구가 우리를 만들어 왔고, 우리가 지구를 바꾸고 있다고 믿는 지금도 그렇다. 우리가 녹인 빙상의 물과 영구동토층에서 배출된 메탄은 다시 지구 기후를 빠르게 올리고 있다. 여러 기후 요인이 서로 영향을 미치며 기후변화를 가속화하는 '임계연쇄반응'이 시작될 조짐이 보이고 있다. 반응의 시작은 우리가 했을지 몰라도 이후 주도권은 지구에게 있다. 인간이 손쓸 수 있는 때는 생각보다 금세 지나갈 것이다. 아무도 봐주는 이 없던 화성의 산사태를 생각한다. 인간이 사라진 뒤, 장엄한 지구의 활동을 보고 들을 존재는 누가 있을까.

다트넬의 이 책은 우리에게 자신의 신체 능력을 넘어서는 기술을 갖게 된 한 생명이 한 행성과 어떻게 관계를 맺어 왔는지 깨닫게 한다. 이를 통해 앞으로 어떻게 관계를 맺어야 할지에 대해서도 생각하게 해준다. 인류는 아프리카를 벗어나던 최초의 순간부터 지구의 움직임에 따른 장기적 기후 변동과 그에 따른 환경 변화를 때론 의지했고 때론 이용했다. 이런 패턴은 문자로 기록된 역사는 물론, 기록되지 않은 선사시대에도 유지됐다. 그 결과 탄생한 오늘날의 인류가 그 관계를 무작정 초월할 수는 없을 것이라는 것을 책에 제시된 다양하고 구체적인 인류의 경험을 통해 확인할 수 있을 것이다."

– 윤신영 동아사이언스 기자, 『인류의 기원』 공저자

"이 책은 인류의 역사를 지질학적 관점에서 훌륭하게 설명하고 있다. 그리고 때론 놀랍기까지 하다." – 〈퍼블리셔스 위클리〉

"매력적인 책! 환상적인 책!" — 〈더 가디언〉

"『오리진』속 이야기는 아름답다. 루이스 다트넬은 재러드 다이아 몬드의 『총, 균, 쇠』를 연상시키는 방식으로 지질학과 해양학, 기상학, 지리학, 고생물학, 고고학, 정치사를 종합하면서 독자들을 이끈다." — 〈네이처〉

"『오리진』은 칼 세이건의 『코스모스』처럼 빅 히스토리로, 많은 분야를 아우르는 거대한 지식의 총합이다. 그럼에도 재치 있고 유머러스한 다트넬의 문장은 지루할 틈 없이 빠져들게 만든다." — 〈월스트리트 저널〉

"역사학자들은 고대 이집트와 메소포타미아, 그리스 문명에서 인류의 뛰어난 지혜를 보았다. 하지만 루이스 다트넬은 그러한 혁신이 일어날 수 있는 환경적 배경에 판구조론이 있음을 알아냈다. 이처럼 다트넬은 예리한 눈으로 인류의 역사에 진화하는 지구역학이 반영되어 있다는 사실을 독자들에게 상세하게 알려준다. 통찰력이 넘치는 이 책은 인류 역사의 놀라운 뒷이야기를 들려준다." — 〈북리스트〉

"과학과 역사의 완벽한 융합. 이 책은 과거에 대한 우리의 선입견을 깰 뿐만 아니라, 인류의 미래에 대해서도 아주 진지하게 생각하게 한다. 별 다섯 개 중에 다섯 개!" — 〈메일 온 선데이〉

"40억 년에 걸친 지질학의 산물로 본 지구 종의 역사! 다트넬은 독자들을 수천만 년의 역사 여행으로 이끌고 가는 매력적인 안내인이다.

그는 인류의 문명을 낳은 지구 연대기를 흥미진진하게 소개한다."

– 〈커커스 리뷰〉

"인류와 지구 사이의 관계에 대해 새로운 관점을 제시하는 독창적인 책! 다트넬은 지질학과 지리학, 인류학, 물리학, 화학, 생물학, 천문학, 역사의 전문가다. 하지만 그보다 더 그를 특별하게 만드는 건 이 분야들의 상호 연결성을 명쾌하고 논리적이고 재미있는 방식으로 설명하는 능력이다. 한마디로 그는 최고라고 말할 수 있다."

– 〈타임스〉

"루이스 다트넬은 광범위한 영역을 다루는 동시에 세부 사실을 깊이 파고드는 열정을 가진 과학자이다." – 〈워싱턴 포스트〉

"우리 종뿐만 아니라 세계의 역사를 포괄적으로 훌륭하게 개관한 책. 대륙 생성을 다루건, 기후(그리고 기후 변화)가 인류의 이동에 미친 영향을 다루건, 루이스 다트넬은 큰 그림을 보고 그것이 왜 중요한지 설명하는 비범한 재능을 가지고 있다."

– 피터 프랭코판, 『실크로드 세계사』의 저자

"인류의 역사와 문화가 어떻게 지구 자체의 더 깊은 역사에 의해 좌우되는지 굉장히 매력적으로 설명한다-광범위한 일반론에서부터 놀랍도록 구체적인 세부 사실까지. 이 책은 흥미진진하고 유용한 정보로 넘쳐난다."

– 테드 닐드, 『초대륙』의 저자

차례

프롤로그

지구는 왜 이렇게 생겼는가?

이 질문은 철학적 의미("왜 우리는 존재하는가?"와 같은)에서 던진 것이 아니라 깊은 과학적 의미에서 던진 것이다. 표현을 바꾸어 이렇게 물을 수도 있다. 지구의 주요 특징들, 즉 대륙과 바다와 산맥과 사막 같은 물리적 풍경을 낳은 원인들은 무엇인가? 지구의 지형과 활동 그리고 그것을 넘어서서 우주의 환경은 우리 종의 출현과 발달에 어떤 영향을 미쳤을까? 또 사회와 문명의 역사에는 어떤 영향을 미쳤을까? 지구는 인류의 이야기를 만들어가는 과정에서 어떤 방식으로 주도적인 주인공(독특한 생김새와 변덕스러운 기질을 가진 데다가 가끔 성질을 부리며 폭발하기도 하면서) 역할을 했을까?

나는 지구가 우리를 어떻게 만들었는지 탐구하려고 한다. 우리는 지구에 사는 모든 생물과 마찬가지로 문자 그대로 지구로부터 만들어졌다. 우리 몸속의 물은 한때 나일강을 흘러갔고, 몬순의 비가 되어 인도에 떨어졌으며, 광대한 태평양에서 이리저리 돌아다녔다. 우리 세포를 이루는 유기 분자들의 탄소는 우리가 먹는 식물을 통해 대기 중에서 흡수한 것이다. 땀과 눈물에 들어 있는 염, 뼈 속의 칼슘, 혈액 속의 철은 모두 지각의 암석에서 녹아나왔다. 머리카락과 근육의 단백질 분자들 속에 들어 있는 황은 화산에서 튀어나왔다. 지구는 또한 석기 시대의 주먹도끼에서부터 오늘날의 컴퓨터와 스마트폰에 이르기까지 우리가 추출하고 정제해 도구와 기술로 만드는 데 쓰이는 원재료도 공급했다.

동아프리카*에서 우리가 특별히 지능과 의사소통 능력이 뛰어나고 다재다능한 유인원으로 진화하도록 촉진한 원동력은 바로 지구의 활발한 지질학적 힘들이었다. 또 기후 변동은 우리를 전 세계 곳곳으로 이주하도록 촉진해 지구에서 가장 널리 확산돼 살아가는 동물 종으로 만들었다. 이 외에도 거대한 규모로 일어난 여러 과정과 사건이 지구 곳곳에 다양한 지형과 기후대를 만들어냈고, 이러한 환경은 역사를 통해 문명의 출현과 발전을 이끌었다. 이렇게 인류의 이야기에 미친 지구의 영향은 사소해 보이는 것에서부터 아주 중대한 것에 이르기까지 다양하다. 차갑고 건조한 기후가 오랫동안 지속된 사건이 어떻게 많은 사람들에게 토스트 한 조각이나 시리얼 한 접시로 아침 식사를 대신하

---

* 덧붙이자면, 동아프리카 지구대는 인류 진화의 요람이자 초기 인류의 터전일 뿐만 아니라, 내가 어린 시절을 보낸 곳이기도 하다. 나는 나이로비에서 학교를 다녔고, 가족과 함께 동아프리카 지구대의 사바나와 호수, 화산 주변에서 휴일을 보냈다. 우리의 기원을 이해하고 싶은 평생의 관심은 바로 이 경험에서 생겨났다.

도록 만들었는지, 대륙의 충돌이 어떻게 지중해 지역을 다양한 문화들이 부글거리는 가마솥으로 만들었는지 그리고 유라시아 내에서 대조적인 기후대들이 어떻게 서로 뚜렷이 구별되는 생활 방식들을 발달시켰고, 이곳에서 살아간 민족들의 역사에 수천 년 동안 어떤 영향을 미쳤는지 보게 될 것이다.

우리는 인류가 자연 환경에 미치는 영향에도 큰 관심을 갖게 되었다. 시간이 지나면서 세계 인구가 폭발하자, 우리는 더 많은 자원을 소비하고 에너지원을 더 효율적으로 활용하게 되었다. 지구에 미치는 지배적인 환경의 힘으로서 이제 호모 사피엔스는 자연을 대체할 지경에 이르렀다. 도시와 도로와 댐 건설 그리고 산업 활동과 채굴은 아주 크고 지속적인 효과를 미치면서 자연 경관을 바꾸고 기후 변화를 일으키고 광범위한 멸종을 초래하고 있다. 과학자들은 우리가 자연 과정보다 훨씬 크게 지구에 미치는 지배적 영향력을 인정하면서 새로운 지질 시대를 추가하자고 제안했고, 그 이름을 '인류세人類世, Anthropocene'로 정했다. 하지만 종으로서의 우리는 여전히 지구와 불가분의 관계로 연결돼 있고, 우리의 활동이 자연계에 분명한 흔적을 남긴 것과 마찬가지로 지구의 역사도 우리에게 새겨져 있다. 따라서 우리 자신의 이야기를 제대로 이해하려면, 자연 경관의 특징과 그 배경을 이루는 기본 구조, 대기 순환과 기후 지역, 판 구조론과 과거의 기후 변화 사건을 비롯해 지구 자체의 역사를 살펴보아야 한다. 이 책에서 우리는 지구가 우리에게 어떤 영향을 미쳤는지 자세히 들여다볼 것이다.

나는 역사의 실타래를 따라 더 먼 과거까지 거슬러 올라가 현대 세계의 뿌리를 찾아보려고 한다. 이 뿌리는 시간적으로 훨씬 먼 과거까지 뻗어 있는데, 끊임없이 변하는 지표면 전체에 걸쳐 점점 더 깊이 추적해간다면, 인과 관계의 끈을 발견할 수 있을 것이다. 그것은 지구가 탄생하는 시점까지 거슬러 올라갈 때가 많다.

어린이와 대화를 나눠본 사람이라면 내가 한 말이 무슨 뜻인지 알 것이다. 호기심 많은 여섯 살 아이가 어떤 것이 왜 작동하고, 어떤 것이 왜 그런 모습을 하고 있는지 물을 때, 우리가 즉석에서 내놓는 대답은 결코 만족스러운 수준이 되지 못한다. 대답은 오히려 더 많은 질문을 부추긴다. 처음에 단순했던 질문은 으레 "왜?", "그건 또 왜?", "그건 왜 그런데?"라는 질문으로 계속 이어진다. 꺼질 줄 모르는 호기심에 사로잡힌 아이는 자신이 서있는 세계의 근본적인 본질을 이해하려고 애쓴다. 나는 같은 방식으로 우리의 역사를 탐구하려고 한다. 점점 더 근본적인 이유를 찾아 아래로 계속 파고 들어가면서 겉보기에는 아무 관계가 없어 보이는 세계의 측면들이 실제로는 깊은 관계로 연결돼 있다는 사실을 보여줄 것이다.

역사는 혼란스럽고 지저분하고 무작위적이다. 몇 년 동안 지속된 가뭄이 사회적 불안정을 낳고, 화산이 폭발해 인근 도시와 마을을 싹 쓸어버리고, 전쟁터의 소란과 살육 속에서 잘못된 판단을 범하는 한 장군 때문에 왕국 전체가 멸망한다. 하지만 역사의 우발적 사건들을 뛰어넘어 시간과 공간을 모두 아우르는 충분히 넓은 관점에서 세계를 바라본다면, 신뢰할 만한 추세와 믿을 수 있는 불변의 조건이 드러나고, 사건들의 배후에 있는 궁극적인 원인을 설명할 수 있다. 물론 지구의 구조와 활동이 모든 것의 운명을 결정한 것은 아니지만, 매우 심오한 영향을 미친 요소들을 알아낼 수 있다.

이 책에서 우리가 시도할 탐구는 엄청나게 긴 시간에 걸쳐 펼쳐질 것이다. 인류의 역사 전체는 사실상 정적인 지도(지구를 다룬 영화에서 단 한 프레임에 해당하는) 위에서 펼쳐졌다. 하지만 지구가 항상 이런 모습이었던 것은 아니다. 대륙들과 대양들은 긴 지질학적 시간에 걸쳐 이동했지만, 과거의 지구 모습들은 우리 이야기에 큰 영향을 미쳤다. 우리는 지난 '수십억' 년 동안 지구의 자연이 변하고 생명이 발달한 과정을, 지난 '500만' 년 동안 우리의 유인원 조상으로부터 인간이 진화한 과정을, 지난 '수십만' 년 동안 인간의 능력이 발전하고 세계 곳곳으로 확산해간 과정을, 지난 '1만' 년 동안 문명이 발전한 과정을, 지난 '천' 년 동안 일어난 상업화, 산업화, 세계화 추세를, 마지막으로 지난 '100'년 동안 이 경이로운 기원에 관한 이야기를 우리가 어떻게 이해하게 되었는지 살펴볼 것이다.

그 과정에서 우리는 역사의 양 끝 지점뿐만 아니라 그 너머로까지 여행할 것이다. 역사학자들은 초기 문명들의 이야기를 알아내기 위해 인류가 문자로 남긴 기록을 해독하고 해석한다. 고대 인공 유물과 유적에서 먼지를 털어내는 고고학자들은 우리의 선사 시대와 수렵 채집인으로 살아간 사람들의 이야기를 들려준다. 고생물학자들은 많은 증거를 수집하고 종합해 우리가 종으로서 진화한 과정을 밝혀낸다. 그리고 더 먼 과거를 들여다보기 위해 다른 과학 분야들에서 나온 사실들도 살펴볼 것이다. 지구의 구조를 이루는 암석층에 보존된 기록들을 분석하고, 우리 몸을 이루는 각 세포의 DNA 도서관에 저장된 먼 옛날의 유전 암호를 해독하고, 우리가 사는 세계를 만들어낸 우주의 힘들을 살펴보기 위해 망원경을 들여다볼 것이다. 이 책 전체에서 역사와 과학의 이야기 가닥들이 천의 씨실과 날실처럼 서로 얽히고설키면서 전체 이야기를 만들어갈 것이다.

오스트레일리아 원주민의 꿈의 시대에서부터 줄루족의 창조 신화에 이르기까지 모든 문화에는 각자 나름의 기원 이야기가 있다. 하지만 현대 과학은 우리 주변의 세계가 어떻게 생겨났고, 그 속에서 우리가 어떻게 자리잡게 되었는지 설명하는 이야기를 제시하는데, 그것은 갈수록 점점 더 복잡하고 흥미롭게 변해왔다. 이제 우리는 순전히 상상력에만 의존하는 대신에 현대 과학의 조사 도구들을 사용해 창조의 연대기를 명확하게 밝힐 수 있다. 따라서 이것은 궁극적인 기원 이야기, 즉 인류 전체의 이야기인 동시에 우리가 그 위에서 살아가는 행성의 이야기이다.

이 책에서 우리는 왜 지난 수천만 년 동안 지구에 냉각과 건조 추세가 계속 이어졌는지 그리고 이 환경이 우리가 재배하는 식물 종들과 우리가 가축으로 키우는 초식 포유류 종들을 어떻게 만들어냈는지 살펴볼 것이다. 또 우리가 지구 곳곳으로 확산하는 데 마지막 빙기가 어떤 영향을 미쳤는지 그리고 왜 인류가 현재의 간빙기에 들어서서야 정착해 농사를 짓기 시작했는지도 파헤칠 것이다. 역사를 통해 도구 제작과 기술에 일련의 혁명을 가져온 다양한 금속들을 지각에서 캐내고 활용하는 법은 어떻게 알아냈는지 그리고 산업 혁명 이후에 전 세계에 에너지를 공급한 화석 에너지 자원이 어떻게 생겨났는지도 살펴볼 것이다. 지구 대기와 해양의 순환계라는 맥락에서 탐험 시대를 돌아보고, 항해자들이 바람의 패턴과 해류를 차츰차츰 이해해 결국 대륙 간 무역로와 해상 제국을 건설한 과정도 살펴본다. 지구의 역사가 오늘날의 전략지정학적으로 중요한 곳들을 어떻게 만들어냈고, 현대의 정치에 계속 영향을 미치는지도(예컨대 왜 7500만 년 전에 존재한 옛날 바다의 퇴적물이 미국 남동부의 정치 행정 지도에 계속 영향을 미치는지, 3억 2000만 년 전의 석탄기에 형성된 지층의 위치가 영국인의 투표 패턴에 어떻게 반영되는지) 알아볼 것이다. 과거를 알아야 현재를 제대로 이해할 수 있고, 미래에 대비할 수 있다. 우리의 궁극적인 기원 이야기는 가장 심오한 질문으로 시작한다.

인류의 진화를 이끈 지구의 과정들은 무엇이었을까?

제 1 장

•

우리는 어떻게
만들어졌는가

·

우리는 모두 유인원이다.

진화의 나무에서 호미닌^{hominin}이라 부르는 인간의 가지는 영장류*라는 더 큰 동물 집단의 일부이다. 살아 있는 동물 중에서 우리와 가장 가까운 친척은 침팬지이다. 유전학 연구는 우리가 길고도 지루한 과정을 거쳐 침팬지와 갈라졌고, 그 과정은 1300만 년 전부터 시작되었으며, 아마도 700만 년 전까지 이종 교배가 계속 일어났을 거라고 이야기한다. 하지만 결국에는 진화의 역사가 서로 갈라졌는데, 그중 한 갈래는 오늘날의 침팬지와 보노보의 공통 조상으로, 다른 한 갈래는 호미닌으로 갈라져 나갔다. 우리 종인 호모 사피엔스는 호미닌 가지에 달린 하나의 잔가지이다. 따라서 인간은 유인원으로부터 진화한 것이 아니다. 우리는 아직도 포유류인 것처럼 아직도 유인원이다.

호미닌의 진화에서 중요한 변화를 낳은 사건들은 모두 동아프리카에서 일어났다. 이 지역은 콩고와 아마존, 동인도 제도의 열대 섬들과 같은 위도에서 띠를 이루어 적도를 빙 두르는 우림 지대에 위치하고 있다. 원래대로라면 동아프리카에도 울창한 숲이 자라고 있어야 마땅하지만, 지금은 대부분 건조한 사바나 초원

---

* 영장류 집단의 출현을 낳은 지구의 사건은 3장에서 자세히 다룰 것이다.

이 펼쳐져 있다. 우리의 영장류 조상이 나무 위에서 열매와 잎을 먹고 살아가고 있을 때, 우리가 탄생한 이 지역에서 극적인 사건이 일어나 무성한 숲으로 덮여 있던 서식지를 메마른 사바나로 변화시켰다. 이 사건이 계기가 되어 우리는 나무에 매달려 살아가던 영장류에서 풍요로운 초원을 돌아다니며 사냥하는 두발 보행 호미닌으로 진화하게 되었다.

이 지역에 그러한 변화를 가져와 똑똑하고 적응 능력이 뛰어난 동물이 진화할 수 있는 환경을 만들어낸 지구 차원의 원인은 무엇일까? 똑똑하고 도구를 사용한 호미닌 종들은 아프리카에서 많이 진화했고 우리는 그중 하나에 지나지 않는데, 결국 호모 사피엔스가 번성하여 우리 계통의 진화 가지에서 유일한 생존자로 지구를 물려받은 궁극적 원인은 도대체 무엇일까?

지구 냉각

우리 행성은 끊임없이 활동이 일어나면서 늘 얼굴 모습이 변한다. 시간을 빨리 돌리면서 지구의 역사를 바라보면 대륙들의 배열이 이리저리 바뀌는 것을 볼 수 있다. 대륙들이 서로 충돌해 들러붙었다가 얼마 후 다시 갈라져나가는가 하면, 광대한 대양들이 생겨났다가 다시 줄어들면서 사라지기를 반복한다. 거대한 화산군들이 폭발하고, 지진으로 땅이 진동하고, 거대한 산맥들이 무너져 부스러진 후 먼지로 변한다. 이 모든 격렬한 활동을 견인하는 엔진은 판들의 활동인데, 이것은 우리의 진화를 낳은 궁극적 원인이기도 하다.

지구의 맨 바깥쪽 피부에 해당하는 지각은 부서지기 쉬운 달걀 껍데기와 같은데, 그 아래에는 뜨겁고 걸쭉한 맨틀 층이 자리잡고 있다. 지각은 많은 판들로 쪼개져 있고, 판들은 지표면 위에서 이리저리 돌아다닌다. 지각은 크게 대륙 지각과 해양 지각으로 나뉘는데, 대륙 지각이 해양 지각보다 더 두껍다. 대륙 지각은 밀도가 작은 암석들로 이루어져 있는 반면, 해양 지각은 밀도가 큰 암석들로 이루어져 있어 대륙 지각보다 더 아래로 내려가 있다. 대부분의 판들은 대륙 지각과 해양 지각으로 이루어져 있고, 뜨겁고 유동적인 맨틀 위에서 떠다니면서 서로 자리를 차지하려고 늘 경쟁을 벌인다.

두 판이 충돌하는 지점인 수렴 경계에서는 어느 한쪽이 양보해야 한다. 한 판의 가장자리가 다른 판 밑으로 밀고 들어가 맨틀의 뜨거운 열(암석도 녹이는)에 노출되는데, 이 경계선에서 지진이 자주 일어나고 활화산들이 띠를 이루어 생겨난다. 대륙 지각의 암석들은 밀도가 낮아 위로 떠오르는 성질이 있으므로, 판들이 충돌할 때 다른 판 밑으로 가라앉는 쪽은 거의 항상 해양 지각이다. 이 섭입 과정은 사이에 있는 해양 지각이 판 밑으로 완전히 들어가고 두 대륙 지각이 합쳐질 때까지 계속된다. 그리고 두 판이 충돌한 경계선을 따라 거대한 습곡 산맥이 생긴다.

발산 경계는 두 판이 분리되면서 서로 멀어져가는 일이 일어나는 경계 지점을 말한다. 베인 상처가 난 팔에서 피가 나오는 것처럼 갈라진 틈을 따라 깊은 땅속에서 뜨거운 맨틀 물질이 올라오는데, 이것이 식어 굳으면 새로운 암석 지각이 생긴다. 대륙 가운데에서 새로운 균열이 생기고 양쪽으로 뻗어나가면서 대륙을 둘로 쪼갤 수도 있지만, 이 새로운 지각은 밀도가 커서 아래로 가라앉고, 그래서 물이 흘러와 그곳을 가득 채운다. 발산 경계에서는 새로운 해양 지각이 생겨난다. 중앙대서양 해령은 이러한 해저 확장 열곡이 생기는 대표적인 곳이다.

판 구조론은 지구의 주제 중 아주 중요한 것이어서 이 책에서 반복적으로 다룰 테지만, 여기에서는 최근의 지질학적 역사에서 판 구조론이 큰 원인이 된 기후 변화가 우리의 탄생을 위한 조건들을 어떻게 만들어냈는지 집중적으로 살펴보기로 하자.

지난 5000만 년 동안의 지구 기후에서 두드러진 특징은 냉각화이다. 신생대 냉각화라 부르는 이 과정은 빙기와 간빙기가 교대로 반복되는 현재의 맥동 빙기(다음 장에서 자세히 다룰 것이다)인 260만 년 전에 정점에 이르렀다. 이 장기적인 지구 냉각화 추세를 견인한 주요 원동력은 인도 대륙과 유라시아 대륙의 충돌과 히말라야산맥의 융기였다. 그 뒤에 일어난 이 거대한 산맥의 침식은 대기에서 많은 이산화탄소를 제거함으로써 이전에 지구를 따뜻하게 보온해주던 온실 효과를 크게 줄였으며, 그 결과로 지구의 평균 기온이 떨어졌다. 기온이 낮아지자 바다에서 증발되는 물의 양이 줄어들어 세계의 많은 지역은 강수량이 줄어들고 건조한 곳으로 변해갔다.

이러한 판들의 활동은 약 5000km나 떨어진 인도양 건너편에서 일어났지만, 우리의 진화 무대에 직접적인 영향을 미쳤다. 히말라야산맥과 티베트고원은 인도와 동남아시아에 아주 강력한 계절풍(몬순) 시스템을 만들어냈다. 그런데 주로 인도양 지역에서 대기를 빨아들이는 이 거대한 효과는 동아프리카에서도 습기를 빨아들였는데, 이 때문에 동아프리카 지역도 강수량이 줄어들었다. 그 밖에 다른 판들의 활동도 동아프리카 지역의 기후를 건조하게 만드는 데 일조한 것으로 보인다. 300만~400만 년 전에 오스트레일리아와 뉴기니가 북쪽으로 이동하면서 인도네시아 해로라고 부르는 해협을 막아버렸다. 이 때문에 따뜻한 남태평양 바닷물이 서쪽으로 흘러가는 것이 막히고, 대신에 더 차가운 북태평양 바닷물이 중앙인도양으로 흘러들어왔다. 인도양의 수온이 내려가자 바닷물의 증발이 줄어들었고, 이 때문에 동아프리카에 비가 덜 내리게 되었다. 하지만 무엇보다 중요한 사건은 아프리카에서 일어나고 있던 거대한 판의 융기였는데, 이것은 우리의 탄생에 결정적 역할을 했다.

진화의 온상

약 3000만 년 전에 북동아프리카 지하에서 뜨거운 맨틀 기둥이 솟아올랐다. 이 때문에 땅덩어리가 약 1km나 위로 거대한 여드름처럼 부풀어 올랐다. 이 부풀어 오른 돔 위를 지나가는 대륙지각 껍질이 길게 늘어나면서 얇아지다가 결국 일련의 열곡들

가운데에서 갈라지기 시작했다. 이 동아프리카 지구대는 대체로 남북 방향으로 생겨났는데, 동쪽 갈래는 오늘날의 에티오피아, 케냐, 탄자니아, 말리를 지나가고, 서쪽 갈래는 콩고를 지나 콩고와 탄자니아 국경을 따라 뻗어 있다.

지구를 가르는 이 과정은 북쪽에서 더 강렬하게 일어났는데, 지각에 생긴 긴 상처를 따라 마그마가 솟아올라 새로운 현무암 지각이 생겨났다. 그러고 나서 이 깊은 열곡에 물이 채워져 홍해가 생겨났다. 또 다른 열곡은 아덴만이 되었다. 해저 확장 열곡들은 아프리카의 뿔(아덴만 남쪽에서 아라비아해로 돌출된 동아프리카의 반도 지역) 일부를 떨어져나가게 해 새로운 판인 아라비아판을 만들었다. 동아프리카 지구대와 홍해와 걸프만이 만나는 Y자 모양 지역은 삼중 교차점이라 부르는데, 이 교차 지점 중심에 아파르 지역이라는 삼각형 모양의 저지대가 에티오피아 북동부와 지부티와 에리트레아를 가로지르며 뻗어 있다. 이 중요한 지역은 나중에 다시 다룰 것이다.

동아프리카 지구대는 에티오피아에서 모잠비크까지 수천 킬로미터나 뻗어 있다. 그 아래에서 마그마 기둥이 계속 솟아오르기 때문에 동아프리카 지구대는 아직도 양쪽으로 벌어지고 있다. 이러한 '판들의 확장' 과정은 단층을 따라 전체 암석판에 균열을 일으켜 암석판을 절단시킨다. 그리고 양 측면이 밀려 올라가 가파른 경사면이 생기고, 그 사이의 블록은 아래로 가라앉아 골짜기 바닥이 된다. 550만~370만 년 전에 이 과정을 통해 현재와 같은 동아프리카 지구대 지형이 만들어졌다. 해발 약 800m

지점에 넓고 깊은 골짜기가 지나가고, 양 옆에는 산맥이 우뚝 솟아 있다.

이러한 지각 융기와 동아프리카 지구대의 높은 산맥이 가져온 한 가지 주요 효과는 대다수 동아프리카 지역에 비가 내리지 않게 된 것이다. 인도양에서 습기를 많이 머금고 불어오는 공기는 동아프리카 지구대의 지형 때문에 더 높은 고도로 상승하다가 냉각되면서 응결해 해안 지역에 비를 뿌린다. 이 때문에 내륙 지역은 비가 내리지 않아 건조한 기후가 나타나는데, 이것을 비그늘rain shadow 현상이라고 부른다. 그와 동시에 동아프리카 지구대의 고지대는 중앙아프리카 우림 지역의 습한 공기가 동쪽으로 이동하는 것을 차단한다.

이러한 판들의 활동—히말라야산맥 생성, 인도네시아 해로 봉쇄, 특히 동아프리카 지구대의 높은 산맥 융기—은 동아프리카 지역의 기후를 건조하게 만드는 결과를 낳았다. 그리고 동아프리카 지구대의 생성은 기후뿐만 아니라, 그 지역의 생태계를 변화시키는 과정을 통해 자연 경관까지 변화시켰다. 무성한 열대 숲으로 뒤덮여 있고 균일하게 편평한 지역이던 동아프리카는 고원과 깊은 골짜기가 곳곳에 널려 있는 울퉁불퉁한 산악 지역으로 변모했고, 식생도 운무림에서 사바나와 사막 관목에 이르기까지 다양하게 분포하게 되었다.

거대한 열곡은 약 3000만 년 전부터 생기기 시작했지만, 융기와 기후의 건조화는 대부분 지난 300만~400만 년 동안 일어났다. 우리가 진화한 것과 같은 시기인 이 기간에 동아프리카의 풍경은 〈타잔〉의 무대에서 〈라이언 킹〉의 무대로 변모했다. 나무에서 살아가던 유인원으로부터 호미닌의 분기를 촉진한 주요 요인 중 하나는 바로 장기간 지속된 동아프리카의 건조 기후와 그로 인해 숲 서식지가 감소하고 쪼개지거나 사바나로 변모해간 환경 변화였다. 또한 건조한 초원 지역의 확대는 대형 초식 포유류, 즉 사람이 사냥할 수 있는 영양과 얼룩말 같은 유제류의 번성에 도움을 주었다.

하지만 이 한 가지 요인만으로 그 모든 일이 일어난 것은 아니다. 판의 활동으로 생겨난 동아프리카 지구대는 숲과 초원, 산맥, 가파른 경사면, 언덕, 고원과 평원, 골짜기 그리고 동아프리카 지구대 바닥의 깊은 민물 호수 등 다양한 지형들이 인접해 나타나면서 아주 복잡한 환경이 되었다. 이 모자이크 환경은 호미닌에게 다양한 식량원과 자원과 기회를 제공했다.

동아프리카 지구대가 확장되고 마그마가 솟아오른 것에 뒤이어 화산들이 격렬하게 활동하면서 부석浮石과 화산재를 이 지역 전체에 뿌렸다. 동아프리카 지구대에는 화산들이 곳곳에 분포하고 있는데, 그중 상당수는 지난 수백만 년 사이에 만들어졌다. 대부분의 화산은 동아프리카 지구대 안에 자리잡고 있지만, 케냐산, 엘곤산, 아프리카에서 가장 높은 산인 킬리만자로산을 포함해 가장 크고 오래된 화산들 중 일부는 가장자리에 위치하고 있다.

잦은 화산 분화에서 흘러나온 용암류가 굳어 생긴 암석질 산등성이들이 이곳 자연 경관을 가로지르며 뻗어갔다. 발이 민첩한 호미닌은 이런 산등성이를 넘어갈 수 있었지만, 이 산등성이들은 동아프리카 지구대 내의 가파른 벼랑과 함께 그들이 사냥한 동물에게는 넘기 힘든 천연 장애물이자 장벽이었을 것이다. 초기의 사냥꾼들은 사냥감의 움직임을 예측하고 통제하는 능력이 뛰어나 도주로를 봉쇄하고 덫이 있는 곳으로 사냥감을 몰았다. 이러한 장점은 신체적으로 취약했던 초기의 인류에게 그 지역을 돌아다니던 포식 동물의 위험으로부터 어느 정도 보호와 안전을 제공했을 것이다. 이 거칠고 다양한 지형은 호미닌의 번성을 위해 이상적인 환경을 제공한 것으로 보인다. 우리와 마찬가지로 치타의 민첩함이나 사자의 힘이 없어 상대적으로 연약했던 초기 인류는 서로 협력하고 지형을 잘 이용함으로써 사냥하는 데 도움을 얻을 수 있었다.

우리가 진화하는 동안 다양하고 역동적인 자연 경관의 특징을 만들어내고 유지한 것은 판과 화산의 활발한 활동이었다. 사실, 동아프리카 지구대는 판의 활동이 아주 활발한 지역이기 때문에, 이곳의 자연 경관은 초기 인류가 살기 시작한 이래 아주 많이 변했다. 동아프리카 지구대가 계속 넓어짐에 따라 한때 호미닌이 살았던 골짜기 바닥 지역들은 위로 솟아올라 지금은 동아프리카 지구대의 양 측면에 위치하고 있다. 오늘날 호미닌 화석과 고고학적 증거는 바로 이곳에서 발견되는데, 원래 그들이 살던 환경과는 완전히 다른 곳이다. 지구 전체에서 서로 멀어져가는 판들의 활동이 가장 실질적으로 그리고 가장 오랫동안 일어나고 있는 이 거대한 동아프리카 지구대는 우리의 진화에 결정적 역할을 한 것으로 추정된다.

나무에서 내려와 도구를 제작하다

최초의 호미닌은 아르디피테쿠스 라미두스Ardipithecus ramidus(훌륭한 화석 유해가 발견되어 논란의 여지가 없는 호미닌)로, 약 440만 년 전에 에티오피아 아와시강 유역 주변의 숲에서 살았다. 이 종의 몸 크기와 뇌 용량은 오늘날의 침팬지와 거의 비슷했고, 치아 구조로 보아 잡식성이었던 것으로 보인다. 화석으로 남은 골격으로 미루어볼 때, 이들은 여전히 나무 위에서 살았고, 두발 보행 능력은 원시적 수준에 머물렀던 것 같다. 약 400만 년 전에 최초로 나타난 오스트랄로피테쿠스Australopithecus('남부 원인猿人'이라는 뜻)속 종들은 호리호리하고 연약한 체형(하지만 머리뼈는 여전히 원시적 형태에 머물러 있었다)을 비롯해 현생 인류의 특징을 일부 지니고 있었고, 두발 보행에 능숙했다. 예컨대 오스트랄로피테쿠스 아파렌시스Australopithecus afarensis는 오늘날까지 잘 보존된 화석으로 유명하다. 그중 하나는 320만 년 전에 아와시강 유역에서 살았던 여성의 화석으로, 전체 골격이 거의 완전한 형태로 보존되었다. 이 화석에는 루시Lucy*라는 이름이 붙었다.

루시의 키는 겨우 1.1m 정도에 불과하지만, 척추와 골반과 다리뼈는 현생 인류와 아주 비슷했다. 루시는 다른 A. 아파렌시스**

---

* 이 이름은 비틀스의 노래 〈Lucy in the Sky with Diamonds〉에서 땄다. 이 노래는 1974년에 루시가 발견된 후 발굴 캠프에서 크게 울려 퍼졌다.

** 생물의 학명을 이야기할 때에는 흔히 속명을 약어로 표기한다. 그래서 오스트랄로피테쿠스 아파렌시스는 흔히 A. 아파렌시스로 표기한다. 그리고 공룡 티라노사우루스 렉스(Tyrannosaurus rex)도 T. rex로 표기한다.

구성원들과 함께 뇌는 여전히 침팬지처럼 작았지만, 그 골격은 장거리 두발 보행을 하며 살아갔음을 보여준다. 실제로 탄자니아 라에톨리의 화산재층에는 370만 년 전에 생긴 세 쌍의 발자국 화석이 남아 있다. 이 발자국은 *A.* 아파렌시스가 남겼을 가능성이 높은데, 우리가 해변을 걸으면서 모래에 남기는 발자국과 놀랍도록 비슷해 보인다.

인류의 진화에서 두발 보행 능력의 발달은 뇌 용량이 상당히 커지기 전에 먼저 일어난 게 틀림없다. 즉, 말을 잘하기 전에 두발로 서서 걷는 일이 먼저 일어났다. 이전의 아르디피테쿠스 종들의 화석들과 함께 이 오스트랄로피테쿠스 화석들은 두발 보행이 이전에 생각했던 것처럼 탁 트인 사바나 환경에서 돌아다니는 생활에 적응하기 위해 진화한 것이 아니라, 아직 숲 지역의 나무들 사이에서 살아가던 호미닌에게서 처음 발달했음을 보여준다. 하지만 숲이 점점 줄어들고 쪼개짐에 따라 두발 보행은 점점 더 유용한 적응 능력이 된 게 분명하다. 초기의 호미닌 조상들은 숲의 섬들 사이를 오갈 수 있었고, 그러다가 초원을 향해 모험을 떠날 수 있었다. 두발 보행을 하자 키 큰 풀 너머의 먼 곳을 볼 수 있었고, 뜨거운 태양에 노출되는 몸의 면적을 최소화해 사바나의 뜨거운 열기로부터 몸을 식히는 데에도 도움이 되었다. 그리고 나머지 손가락들과 마주 보는 엄지손가락은 도구를 붙들고 다루기에 편리했는데, 이것 역시 숲에서 살던 영장류 조상으로부터 물려받은 진화의 유산이었다. 진화를 통해 나뭇가지를 붙잡기에 편리하도록 만들어진 손은 곤봉과 도끼, 펜 그리고 결국에는 제트기 조종간을 잘 다룰 수 있도록 전적응前適應한 셈이다.

약 200만 년 전에 오스트랄로피테쿠스속 호미닌 종들은 모두 멸종하고, 그 뒤를 이어 우리가 속한 속인 호모Homo속이 나타났다. 최초의 호모속 종인 호모 하빌리스Homo habilis('손을 쓰는 사람' 또는 '손재주 좋은 사람'이라는 뜻)는 앞서 존재한 오스트랄로피테신과 비슷하게 체형이 연약했고, 뇌 용량은 아주 약간 더 컸다. 하지만 약 200만 년 전에 동아프리카에서 나타난 호모 에렉투스Homo erectus는 몸 크기와 뇌 용량이 극적으로 커졌고, 생활 방식도 크게 달랐다. H. 에렉투스의 골격은 머리뼈 아래 부분에서 장거리 달리기에 유리한 적응과 투사체를 던지기에 적합한 어깨 구조를 포함해 해부학적으로 현생 인류와 매우 비슷했다. H. 에렉투스는 그 밖에도 발달 과정이 느린 긴 아동기와 사회적 행동의 발달을 포함해 우리와 비슷한 특징을 많이 공유했던 것으로 보인다.

H. 에렉투스는 아마도 수렵 채집인으로 살아가고 불(단지 열을 얻기 위해서뿐만 아니라 조리용으로도)을 다룰 줄 알았던 최초의 호미닌이었을 것이다. 심지어 뗏목을 타고 넓은 바다를 여행했을 가능성도 있다. 180만 년 전에 H. 에렉투스는 아프리카 전역으로 퍼져나갔고, 아프리카를 떠나 유라시아로 퍼져간 최초의 호미닌이 되었는데, 아마도 각각 독립적인 이동의 물결이 여러 차례에 걸쳐 일어났을 것이다. 이 종은 약 200만 년 동안 살아남았다. 이와는 대조적으로 해부학적 현생 인류가 이 세상에 출현해 지금까지 살아온 기간은 이것의 10분의 1에 지나지 않는다. 그리고 우리는 200만 년은 고사하고 앞으로 1만 년만 더 살아남더라도

매우 운이 좋은 편일 것이다.

약 80만 년 전에 *H.* 에렉투스가 사라지고 호모 하이델베르겐시스*Homo heidelbergensis*가 나타났는데, 이 종은 25만 년 전에 유럽에서는 호모 네안데르탈렌시스*Homo neanderthalensis*(네안데르탈인)로, 아시아에서는 데니소바인으로 진화했다. 해부학적으로 최초의 현생 인류인 호모 사피엔스*Homo sapiens*는 30만~20만 년 전에 동아프리카에서 나타났다.

인류의 진화를 통해 호미닌은 두발 보행 능력이 점점 발달했고, 장거리 달리기를 더 효율적으로 할 수 있는 형태로 변해갔다. 이와 함께 척추는 S자 모양으로, 골반은 우묵한 그릇 모양으로 변했고, 직립 자세와 이러한 이동 방식을 지지하기 위해 다리가 더 길어지는 등 골격에 여러 가지 변화가 일어났다. 체모는 두피 외의 다른 장소에서는 크게 줄어들었다. 머리 모양도 변했는데, 턱이 돌출하면서 주둥이 부분이 더 작아졌고, 머리뼈는 점점 더 우묵한 그릇 모양으로 변했다. 사실, 앞서 존재했던 오스트랄로피테쿠스속과의 주된 차이점은 뇌 용량 증가이다. 200만 년에 걸쳐 진화하는 동안 오스트랄로피테신의 뇌 용량은 약 $450cm^3$로 놀랍도록 거의 일정하게 유지되었는데, 이것은 현생 침팬지의 뇌 용량과 거의 비슷한 수준이다. 하지만 *H.* 하빌리스의 뇌 용량은 이보다 약 3분의 1이 더 큰 약 $600cm^3$였고, *H.* 하빌리스에서 *H.* 에렉투스를 거쳐 *H.* 하이델베르겐시스로 진화하는 동안 이것이 다시 두 배로 증가했다. 약 60만 년 전에 *H.* 하이델베르겐시스의 뇌 용량은 현생 인류와 거의 비슷했는데, 오스트랄로피테신에 비하면 세 배나 늘어난 것이었다.

뇌 용량 증가 외에 호미닌을 정의하는 또 한 가지 특징은 도구 제작에 지능을 사용한 것이다. 광범위하게 사용된 최초의 석기들(올도완 기술이라 부르는)은 약 260만 년 전에 만들어졌는데, *H*. 하빌리스와 *H*. 에렉투스뿐만 아니라 후기 오스트랄로피테쿠스 종들도 사용했다. 뼈와 견과를 모룻돌 위에 올려놓고 강에서 주워온 둥근 자갈로 내리쳐 깼다. 격지(박편)를 떼어내 모서리를 날카롭게 벼린 돌은 사냥한 동물의 고기를 자르고 긁어내거나 목공 일을 하는 데 쓰였다.*

170만 년 전에 *H*. 에렉투스가 올도완 석기를 물려받아 아슐리안 공작 석기로 개량하면서 석기 시대의 기술에 혁명이 일어났다. 아슐리안 공작 석기는 몸돌에서 떼어내는 격지를 점점 더 작게 함으로써 더 정밀하게 만들었는데, 이 방법으로 더 대칭적이고 가느다란 서양배 모양의 주먹도끼를 만들 수 있었다. 이 석기들은 인류 역사 중 대부분을 지배한 대표적 기술이었다. 그 후에 다시 석기 기술에 변화가 일어나 무스테리안 공작이 나타났는데, 이 석기는 네안데르탈인과 해부학적 현생 인류들이 빙기 동안 줄곧 사용했다. 무스테리안 공작에서는 몸돌을 망치로 쳐서

---

* 지금까지 발견된 석기 시대의 도구들은 규암, 처트, 흑요암, 부싯돌 같은 물질로 만들어졌다. 이 암석들의 주성분은 이산화규소(실리카)이다. 이산화규소는 석기에서부터 유리와 컴퓨터 마이크로칩에 쓰이는 고순도 실리콘 웨이퍼에 이르기까지 우리의 역사를 통해 기술 변화를 이끈 기본 물질을 제공했다. 이런 관점에서 볼 때, (약간의 말장난을 눈감아준다면) 200만 년이 넘도록 첨단 기술의 중심지였던 동아프리카 지구대를 원조 실리콘 밸리라고 부를 수 있다.

조심스럽게 다듬다가 맨 나중에 큰 격지를 능숙한 솜씨로 떼어냈다. 여기에서 원한 것은 몸돌이 아니라 떼어낸 격지였다. 가늘고 뾰족한 조각은 칼로 쓰기에 아주 좋았고, 창끝이나 화살촉으로 쓸 수도 있었다.

나무 창자루와 함께 이러한 석기 도구들의 도움으로 호미닌은 다른 포식 동물들처럼 큰 이빨이나 발톱이 없이도 두려울 만큼 효율적인 사냥꾼이 되었다. 이들은 막대와 돌을 인공 이빨과 발톱처럼 사용해 먹이를 사냥하거나 자신을 방어했으며, 먹잇감과 포식 동물로부터 안전한 거리를 유지하면서 부상의 위험을 최소화할 수 있었다.

체형과 생활 방식에 일어난 이 발전들은 서로를 견인했다. 효율적인 달리기와 정교한 인지 능력이 발달하면서 도구 사용, 불 조절 능력과 결합되자 사냥의 효율성이 높아져 음식물에서 고기의 비중이 커졌고, 이것은 뇌를 더 크게 발달시키는 원동력이 되었다. 이것은 다시 더 복잡한 사회적 상호 작용과 협력, 문화적 학습과 문제 해결 그리고 가장 중요한 언어의 발달을 낳았다.

기후 진동

우리의 진화에서 일어난 이 획기적인 전환 사건들 중 많은 것이 동아프리카 지구대 북단의 가장 오래된 장소인 아파르 지역 (판들의 삼중 교차점 바로 위에 자리잡고 있는 삼각형 모양의 분지)에 보존되어 있다. 최초의 호미닌 화석인 아르디피테쿠스 라미두스는 에티오피아고원에서 아파르 삼각 지대 한가운데를 지나 지부티를 향해 북동쪽으로 흘러가는 아와시강 유역에서 발견되었다. 320만 년 전에 살았던 루시의 화석도 바로 이곳에서 발견되었다(루시가 속한 종인 오스트랄로피테쿠스 아파렌시스라는 이름은 바로 아파르 지역에서 딴 것이다). 그리고 알려진 것 중 가장 오래된 올도완 석기는 에티오피아 고나에서 발견되었는데, 이곳 역시 아파르 삼각 지대에 있다. 하지만 동아프리카 지구대 전체가 호미닌이 진화한 온상이었다.

점점 건조하게 변해간 기후와 화산 산등성이와 단층 절벽을 포함해 다양한 특징을 지닌 열곡계는 우리의 진화를 이끈 환경 조건을 제공하는 데 결정적 역할을 한 게 분명하다. 그러나 판들의 활동이 빚어낸 이 복잡한 자연 경관은 배회하던 호미닌에게 좋은 기회를 제공했을 수는 있지만, 놀라운 능력과 지능이 처음에 어떻게 나타났는지에 대해서는 제대로 된 설명을 제공하지 않는다. 그 답은 동아프리카 지구대를 확장시킨 판의 활동에 일어난 변덕과 그것이 기후 요동과 상호작용을 일으킨 방식에 있는 것으로 보인다.

앞에서 보았듯이 지난 5000만 년 동안 지구는 일반적으로 점점 더 차갑고 건조하게 변해 왔는데, 판의 융기와 동아프리카 지구대의 생성으로 동아프리카 지역은 특히 건조해져 이전의 숲들을 잃게 되었다. 하지만 이러한 지구 냉각과 건조 추세 속에서 기후가 크게 불안정해지면서 앞뒤로 매우 심하게 요동했다. 다음

장에서 더 자세히 살펴보겠지만, 약 260만 년 전에 지구는 현재의 대빙하기로 접어들었는데, 이 시기 내에서도 지구 궤도와 자전축 기울기에 일어나는 규칙적인 변화(밀란코비치 주기라고 부르는)로 인해 빙기와 간빙기가 교대로 반복되었다. 동아프리카는 양 극에서 아주 멀리 떨어져 있어 뻗어오는 대륙 빙하와 직접 마주치지는 않았지만, 그렇다고 해서 이러한 우주의 주기에 큰 영향을 받지 않은 것은 아니다. 특히 태양 주위를 도는 지구의 궤도가 주기적으로 더 길쭉한 타원으로 변하는 현상 때문에 동아프리카에 기후 변동성이 높은 시기들이 찾아왔다. 변동성이 극단에 이른 이 각각의 시기에는 기울어진 지구 자전축의 세차 운동 주기가 더 빨라짐(이 현상은 나중에 다시 다룰 것이다)에 따라 매우 건조한 조건과 비가 아주 많이 내리는 조건 사이에서 기후가 왔다 갔다 했다.

하지만 이러한 우주의 주기적 현상과 그것이 초래한 기후의 진동은 수만 년에 걸쳐 일어난다. 인류의 진화를 이해하려고 할 때, 동아프리카에 가장 큰 영향을 미친 과정들—이 지역 내에서 판의 융기와 균열로 인한 전체적인 건조 효과나 자전축의 세차 운동과 같은 기후 리듬—이 동물의 한평생에 비해 엄청나게 느리게 작용한다는 사실이 수수께끼처럼 보일 수 있다. 하지만 지능과 그것에서 유래하는 다양한 행동은 다용도 스위스 군용 칼과 비슷한 적응으로, 개체가 한평생을 살아가는 동안 환경이 크게 변하면서 생겨나는 다양한 도전에 대처하는 데 도움을 준다. 훨씬 긴 시간에 걸쳐 일어나는 환경 변화에 맞서 진화는 많은 세대가 지나는 동안 종의 신체나 생리를 적응시키는 방법(예컨대 낙타를 건조한 환경에서 잘 살아가도록 적응시킴으로써)으로 대처할 수 있다. 반면에 지능은 자연 선택이 신체를 적응시키는 것보다 더 빨리 일어나는 환경 변화에 대처하기 위해 진화가 내놓은 해결책이다. 따라서 호미닌에게 더 유연하고 지능적인 행동을 하게 할 만큼 큰 진화의 압력이 작용했다면, 아주 짧은 시간에 우리의 조상에게 영향을 미친 요인이 있었던 게 틀림없다.

동아프리카의 환경에서 진화를 통해 우리처럼 지능이 매우 높은 호미닌을 탄생시킨 특별한 조건은 무엇일까? 최근에 나온 답은 또다시 이 지역의 특이한 판 구조 환경을 가리킨다. 앞에서 보았듯이, 동아프리카는 아래에서 솟아오르는 마그마 기둥 때문에 위로 불룩 솟아오르고 있었고, 이 때문에 지각이 늘어나다가 균열과 단층이 생겼다. 그래서 거대한 지각 덩어리가 내려앉아서 생긴 편평한 골짜기 바닥과 그 양쪽으로 늘어선 산등성이들로 이루어진 동아프리카 지구대라는 지리적 특징이 생겨났다. 특히 약 300만 년 전부터 골짜기 바닥 여기저기에 큰 분지들이 많이 생겨났는데, 비가 많은 기후가 계속되는 시기에는 이곳들은 물이 차 호수가 되었다. 이 깊은 호수들이 중요한 이유는 매년 건조한 시기에 하천보다 더 믿을 수 있게 호미닌에게 물을 공급했기 때문이다. 하지만 많은 호수는 오래 지속하지 못하고 일시적으로만 존재했다. 이 호수들은 시간이 흐르면서 그때그때의 기후 변화에 따라 생겨났다가 사라져갔다.

지구대(판의 활동으로 생긴 열곡 지대)에서는 고지대와 골짜기 바

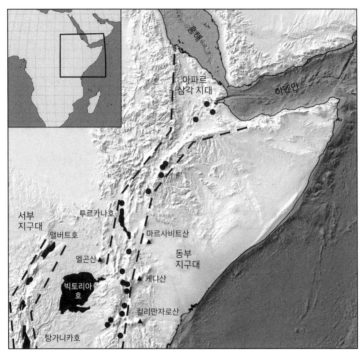

주요 호수들과 증폭기 호수 분지들을 나타낸 동아프리카 지구대

닥의 환경이 아주 대조적으로 나타난다. 높은 지구대 벽과 화산 봉우리에 비가 쏟아지면서 그 빗물이 골짜기 바닥 여기저기에 흩어져 있는 호수들로 흘러드는데, 이곳은 더 따뜻하기 때문에 증발률이 더 높다. 이것은 동아프리카 지구대의 많은 호수들이 강수와 증발 사이의 균형에 매우 민감한 영향을 받는다는 뜻이다. 심지어 기후가 아주 조금만 변하더라도 호수 수위가 아주 크게 그리고 빠르게 변할 수 있다(전 세계의 다른 호수들보다 그리고 아프리카의 다른 곳에 있는 호수들보다 훨씬 더). 국지적 기후가 조금만 변하더라도 이 중요한 호수들의 수위에 아주 큰 변화가 일어날

38

수 있기 때문에 이 호수들을 '증폭기 호수amplifier lake'라고 부르는 데, 약한 신호를 증폭시키는 하이파이 앰프와 비슷하게 행동한다는 뜻에서 이런 이름이 붙었다. 지구대를 만들어내는 판들의 장기적 활동 추세와 지구의 기후 변동과 우리의 진화에 직접적으로 그리고 극적으로 영향을 미친 서식지의 급격한 요동 사이의 핵심 연결 고리를 제공한 요인은 바로 이 증폭기 호수들이다.

여기에는 지구의 우주 환경 중 특별한 두 가지 측면이 중요한 역할을 한다. 하나는 태양 주위를 도는 지구의 궤도가 길게 늘어나는 것(이심률)이고, 또 하나는 지구 자전축의 선회 운동(세차 운동)이다. 지구의 궤도가 더 긴 모양(최대 이심률)으로 변할 때마다 동아프리카의 기후는 매우 불안정하게 변했다. 각각의 기후 변동 단계에서 세차 운동의 주기에 따라 북반구에 햇빛이 조금 더 많이 쏟아질 때마다 동아프리카 지구대의 벽에 더 많은 비가 쏟아졌다. 증폭기 호수들이 나타나면서 확대되었고, 호수 주위에 삼림 지대가 생겨났다. 반대로 세차 운동의 주기가 정반대 국면에 이르렀을 때에는 비가 덜 내리면서 호수가 줄어들거나 완전히 사라졌다. 동아프리카 지구대는 나무가 최소한으로 줄어들고 매우 메마른 상태로 되돌아갔다. 따라서 지난 수백만 년 동안 동아프리카의 환경은 전반적으로 매우 건조했지만, 이 전반적인 상태 사이사이에 강수량이 많았다가 다시 건조한 상태로 되돌아가는 일이 가끔 반복되면서 기후 변동이 아주 심한 시기들이 있었다.

이러한 기후 변동은 약 80만 년마다 한 번씩 일어났는데, 이 기간에 증폭기 호수들은 헐거워진 전구처럼 불이 들어왔다 나갔다

했다. 그리고 각각의 변동은 구할 수 있는 물과 식물과 먹이에 큰 변화를 초래했고, 이것은 우리 조상에게 큰 영향을 미쳤다. 빠르게 요동하는 환경 조건은 다재다능하고 적응력이 뛰어난 호미닌의 생존에 유리하게 작용했고, 따라서 더 큰 뇌와 더 높은 지능의 진화를 촉진했다.

최근에 극심한 기후 변동이 일어난 세 시기는 270만~250만 년 전, 190만~170만 년 전, 110만~90만 년 전이다. 화석 기록을 살펴보던 과학자들이 흥미로운 사실을 발견했다. 새로운 호미닌 종(대개 뇌 용량 증가와 연관이 있는)이 출현하거나 멸종한 시기는 바로 습한 기후와 건조한 기후가 요동한 이 시기들과 일치하는 경향이 있다. 예를 들면, 인류의 진화에서 가장 중요한 사건 중 하나는 190만~170만 년 전의 기후 변동 시기에 일어났는데, 이 시기에 7개의 주요 호수 분지 중 5개가 물로 채워졌다 말라붙는 일이 반복적으로 일어났다. 바로 이 시기에 호미닌 종수가 정점에 이르렀으며, 뇌 용량이 극적으로 증가한 호모 에렉투스도 이때 나타났다. 우리가 아는 호미닌 15종 중에서 처음에 출현한 12종이 이 세 가지 기후 변동 시기에 나타났다. 게다가 제각각 다른 도구 기술—올도완 공작, 아슐리안 공작, 무스테리안 공작—단계의 발달과 확산이 일어난 시기도 극단적인 기후 변동 시기와 일치한다.

그리고 기후 변동 시기들은 우리의 진화를 결정하는 데 중요한 역할을 했을 뿐만 아니라, 여러 호미닌 종을 태어난 곳에서 떠나 유라시아로 이주하게 만든 것으로 보인다. 다음 장에서 우리 종인 호모 사피엔스가 어떻게 지구 전체로 확산할 수 있었는지 자세히 살펴볼 테지만, 그 전에 호미닌을 아프리카 밖으로 내몬 조건들은 동아프리카 지구대에 일어난 기후 변동에서 생겨났다.

강수량이 많은 시기에는 큰 증폭기 호수들이 물로 채워지고 여분의 물과 먹이를 구할 수 있어 인구가 급증한 반면, 그와 동시에 나무가 늘어선 지구대 어깨 부분에 해당하는 서식지 공간이 줄어들었다. 이 때문에 세차 운동의 주기에 따라 강수량이 많은 단계로 접어들 때마다 호미닌은 동아프리카 지구대의 관을 따라 이동하다가 결국에는 동아프리카 밖으로 나갔을 것이다. 습한 기후는 또한 호미닌을 나일강 지류를 따라 북쪽으로 이동하게 만들고, 결국에는 시나이반도와 레반트 지역의 푸르른 회랑을 지나 유라시아로 건너가게 하는 요인으로 작용한 것으로 보인다. 호모 에렉투스는 약 180만 년 전의 기후 변동 시기에 아프리카를 떠났고, 결국에는 멀리 중국까지 퍼져갔다. *H.* 에렉투스는 유럽에서는 네안데르탈인으로 진화해갔고, 동아프리카에 남아 있던 *H.* 에렉투스 개체군은 결국 30만~20만 년 전에 현생 인류로 진화했다.

다음 장에서 보겠지만, 우리 종은 약 6만 년 전에 아프리카 밖으로 퍼져갔다. 그리고 유럽과 아시아로 퍼져가면서 앞서 떠난 호미닌 이주자들의 후손들—네안데르탈인과 데니소바인—을 만났다. 하지만 이들은 약 4만 년 전에 멸종했고, 오직 현생 인류만 살아남았다. 약 200만 년 전에 아프리카에서 호미닌 종수가 정점을 찍고 난 뒤, 우리가 유라시아로 퍼져나가면서 가까운 인류 종들과 상호 작용(그리고 이종 교배)이 일어난 끝에 결국 호모 사피엔스는 홀로 남은 종이 되었다. 오늘날 우리는 호모속에서 유일하게 살아남은 종이자 전체 호미닌 나무에서도 홀로 살아남은 종이다.

이것은 그 자체만으로도 아주 흥미로운 사실이다. 우리는 광범위한 고고학적 증거로부터 네안데르탈인이 적응 능력과 지능이 아주 높은 종이었다는 사실을 알고 있다. 네안데르탈인은 석기를 만들었고, 창으로 사냥을 했고, 불을 다루었고, 몸을 장식했고, 심지어 죽은 자를 매장했다. 신체적으로도 우리 호모 사피엔스보다 더 튼튼했다. 그런데도 우리가 유럽에 도착한 것과 거의 때를 같이하여 네안데르탈인은 사라지고 말았다. 빙하 시대가 절정에 이르렀을 때 혹독한 기후 때문에 무너졌거나(비록 그 시기가 기묘하게도 우리가 도착한 시점과 일치한다는 사실은 이 설명의 신빙성을 떨어뜨리지만) 현생 인류들과 유럽에 먼저 자리를 잡고 있던 이들 사이에 폭력적 충돌이 일어나 우리가 그들을 말살시켰을 수도 있다. 하지만 가장 그럴듯한 설명은 공유 환경에서 자원을 놓고 벌어진 경쟁에서 우리가 우위에 섰을 가능성이다. 현생 인류는 언어 능력이 훨씬 뛰어났고, 그래서 사회적 협응과 혁신 능력도 더 나았으며, 도구 제작 능력도 더 발달했다. 그리고 더 최근에 열대 아프리카를 떠났지만, 우리는 바늘을 만들 수 있었고, 따라서 더 따뜻하고 몸을 꼭 감싸는 옷을 지어 빙하 시대가 아주 혹독한 단계로 접어들 때 잘 대처할 수 있었다.

현생 인류는 체력 대신에 머리로 네안데르탈인과의 경쟁에서 우위에 설 수 있었고, 그 뒤에 세상을 지배하게 되었다. 그렇게 할 수 있었던 이유는 아마도 우리 조상이 기후가 심하게 요동친 동아프리카에서 더 오랫동안 진화의 역사를 보냈기 때문일 것이다. 그 덕분에 네안데르탈인보다 다재다능한 능력과 지능이 더 발달하게 되었다. 우리는 동아프리카 지구대의 습한 기후와 건조한 기후가 교대로 반복되는 기후 변동에 더 오랫동안 적응했는데, 그 덕분에 북반구의 빙하 시대 기후를 포함해 나머지 세계로 퍼져나가면서 마주친 다양한 기후에 더 잘 대처할 수 있었다.

인간이라는 동물은 지난 수백만 년 동안 동아프리카에서 일어난 모든 지구 과정들의 특별한 조합이 만들어낸 존재이다. 땅속에서 솟아오른 마그마 기둥 때문에 지각이 부풀어 올랐고, 그 결과로 우리 영장류 조상이 살던 비교적 편평하고 숲이 우거진 서식지가 메마른 사바나로 변해갔다. 하지만 그렇다고 해서 이곳이 단순히 건조한 지역으로 변한 것은 아니다. 전체 자연 경관은 가파른 단층 절벽과 용암이 굳어서 생긴 산등성이가 이리저리 뻗어 있는 기복이 심한 지형으로 변했다. 이곳은 갈기갈기 쪼개진 다양한 서식지들이 복잡한 모자이크를 이루어 존재하는 세계였고, 이마저도 시간이 지나면서 계속 변해갔다. 특히 동아프리카에서 지각을 확장시킨 판들의 활동으로 동아프리카 지구대가 갈라지면서 비를 붙들어 쏟아지게 하는 거대한 벽들과 뜨거운 골짜기 바닥으로 이루어진, 이곳만의 독특한 지형이 생겨났다. 지구의 궤도와 자전축의 기울기에 일어난 우주적 변화는 주기적으로 지구대 바닥에 있는 분지들을 물로 채웠는데, 증폭기 호수들은 사소한 기후 변동에도 급격히 반응함으로써 이 지역에서 살아간 모든 생물에게 강한 진화 압력을 가했다.

호미닌이 살았던 이 고향의 독특한 환경이 적응력과 재주가 뛰어난 종의 발달을 견인했다. 우리 조상은 갈수록 지능에 더 많이 의존하고 사회적 집단을 이루어 협력하게 되었다. 시간적으로나 공간적으로 큰 변화가 일어난 이 다양한 자연 환경이 호미닌을 진화시킨 요람이었고, 거기에서 털이 없고 수다스럽고 자신의 기원을 이해할 만큼 충분히 똑똑한 유인원이 나타났다. 호모 사피엔스의 특징(농업을 발전시키고 도시에서 살고 문명을 건설하게 한 지능과 언어, 도구 사용, 사회 학습, 협력 행동)은 이러한 극단적인 기후 변동이 낳은 결과이자, 동아프리카 지구대의 특별한 환경이 만들어낸 것이다. 모든 종과 마찬가지로 우리는 환경의 산물이다. 우리는 동아프리카에서 일어난 기후 변화와 판들의 활동이 낳은 유인원 종이다.

우리는 판들의 활동이 낳은 자식이다

판들의 활동은 그곳에서 우리가 종으로 진화하게 한 다양하고 역동적인 동아프리카 환경을 만들어내는 데 그치지 않았다. 그와 함께 인류가 초기 문명을 건설한 장소들을 결정한 주요 요인이 되었다.

판들의 경계를 나타낸 지도 위에 주요 고대 문명 장소들을 겹쳐보면, 놀랍도록 밀접한 관계가 나타난다. 대부분의 고대 문명들은 판의 가장자리에 아주 가까운 지점에 자리잡고 있다. 지구에서 인간이 살아갈 수 있는 육지 면적을 고려할 때 이것은 아주 놀라운 상관관계인데, 순전히 우연의 일치로 이런 일이 일어났다고 볼 수 없다. 초기 문명들은 과학자들이 그 존재를 확인하기 수천 년 전에 판들의 균열 지점에 가까운 곳을 발상지로 선택한 것처럼 보인다. 지각의 균열이 초래하는 지진과 쓰나미, 화산의 위험에도 불구하고, 고대 문명이 판의 경계 지점을 선호한 데에는 뭔가 큰 비밀이 숨어 있는 게 분명하다.

인더스강 유역에서는 기원전 3200년경에 히말라야산맥 기슭을 따라 죽 뻗은 골짜기 분지에서 메소포타미아 문명과 이집트 문명과 함께 세계 최초의 3대 문명인 하라파 문명이 나타났다. 판들의 충돌은 높은 산맥(인도판이 유라시아판과 충돌하면서 생겨난 히말라야산맥 같은)을 만들어내지만, 그 주변의 지각이 산맥의 엄청난 무게에 짓눌려서 침강하는 저지대 분지도 생겨난다. 히말라야산맥에서 흘러내려오는 인더스강과 갠지스강은 그 앞쪽에 위치한 이 분지(전면 분지)를 지나가면서 산에서 싣고 내려온 퇴적물을 쌓아 초기의 농업에 유리한 기름진 토양을 만들었다. 따라서 하라파 문명은 인도판과 유라시아판의 충돌이 낳은 산물이라고 말할 수 있다.

메소포타미아에서는 아라비아판이 유라시아판 아래로 섭입할 때(104쪽 그림 참고) 생겨난 자그로스산맥의 무게에 짓눌려 침강하는 전면 분지 위로 티그리스강과 유프라테스강이 지나간다. 따라서 메소포타미아의 토양 역시 이 산맥에서 침식되어 내려온 퇴적물이 쌓여 매우 비옥했다. 아시리아 문명과 페르시아 문명은 둘 다 아라비아판과 유라시아판이 교차하는 이 지점 위에서 생겨났다.

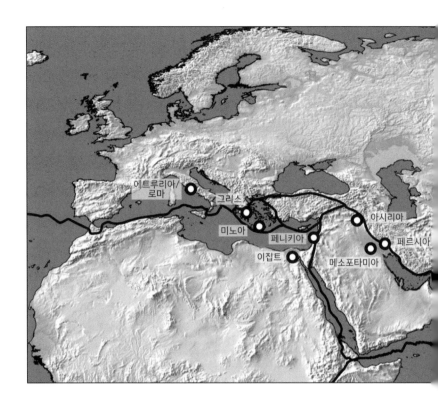

    미노아 문명과 그리스 문명, 에트루리아 문명, 로마 문명도 모두 판들이 복잡하게 활동하는 지중해 분지 환경에서 판의 경계에 아주 가까운 지점에서 발달했다. 메소아메리카에서는 기원전 2200년경에 마야 문명이 나타나 멕시코 남동부 대부분과 과테말라, 벨리즈 지역으로 뻗어나갔고, 코코스판이 북아메리카판과 카리프판 아래로 밀고 들어가면서 생겨난 산맥들 사이에 큰 도시들을 많이 건설했다. 후기 아즈텍 문명은 동일한 수렴 경계에 가까운 지점에서 번성했는데, 아즈텍 사람들은 시신과 포포카테페틀산('연기가 나는 산'이라는 뜻) 같은 화산에 큰 두려움을 느끼

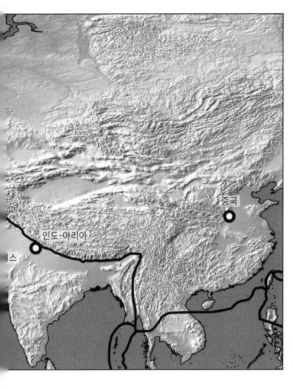

주요 고대 문명 발상지와
판들의 경계

며 살아갔다.*

비옥한 농토가 생기는 곳은 메소포타미아처럼 대륙의 충돌로

---

* 판의 경계 지점에서 초기 문명들이 나타난 이 패턴에서 벗어나는 대표적인 예외 두 가지는 이집트 문명과 중국 문명이다. 하지만 이집트 문명은 비옥한 퇴적물을 정기적으로 실어다주는 나일강의 범람에 큰 도움을 받았는데, 이 퇴적물은 판의 활동으로 생긴 에티오피아와 르완다의 지구대 주위에 위치한 산들에서 침식되어 흘러내려왔다. 그리고 중국 문명은 남쪽의 양쯔강 유역으로 퍼져가기 전에 황허강 평원에서 시작되었는데, 두 강 모두 인도판과 유라시아판의 충돌로 솟아오른 티베트고원에서 발원해 흘러내려온다. 따라서 이집트 문명과 중국 문명은 판의 경계에 위치하지는 않았지만, 농업(그리고 부)의 발달은 판의 활동에 큰 도움을 받았다.

솟아오른 산맥 기슭의 함몰 분지뿐만이 아니다. 화산도 비옥한 토양을 공급한다. 화산은 섭입대 경계로부터 100여 km 떨어진 지점에 넓은 선을 이루어 나타나는데, 다른 판 아래로 들어간 판의 물질이 뜨거운 내부로 깊숙이 들어가 녹고 그 마그마 거품이 솟아올라 지표면으로 분출한다. 그리스 문명, 에트루리아 문명, 로마 문명 같은 지중해 지역의 고대 문명은 아프리카판이 지중해 지역의 더 작은 판들 밑으로 섭입하는 장소들에 띠를 이루어 분포한 비옥한 화산토 지역에서 발달했다.

판의 변형력은 또한 암석에 균열을 만들거나 지괴地塊를 밀어 올려 충상衝上 단층을 만드는데, 이곳에 지하수가 솟는 샘이 생기는 경우가 많다. 아프리카판과 아라비아판과 인도판의 충돌로 접혀 올라가면서 생겨나 긴 줄을 이루어 늘어선 남유라시아의 산맥들은 우연히도 지표면 위를 가로지르며 길게 뻗어 있는 건조한 띠 지역과 일치한다. 여기에는 아라비아사막과 타르사막(인도사막이라고도 함)도 있는데, 이 건조 지역은 대기 순환의 건조한 하강 공기에 의해 생겨났다(더 자세한 내용은 8장에 나온다). 이 지역의 황량한 저지대 사막과 살기 힘든 높은 산이나 고원 사이에는 대개 충상 단층이 있으며, 이 지질학적 경계를 따라 무역로가 지나가는 경우가 많다. 이 길을 따라 산기슭에서 솟아나는 샘을 중심으로 곳곳에 생겨난 도시와 마을이 여행하는 상인들을 맞이했다. 그런데 판들의 움직임은 건조한 환경에 물을 공급할 수 있기는 하지만, 이 정착촌들은 지각이 한 번씩 삐끗할 때마다 일어나는 파괴적인 지진에 취약했다.

1994년, 이란 남동부 사막에 위치한 작은 마을 세피다베가 지진에 완전히 파괴되었다. 흥미로운 사실은 세피다베가 아주 외딴 곳에 있다는 점이다. 인도양으로 향하는 긴 무역로에서 몇 안 되는 기착지 중 하나로, 사방 100km 이내에는 다른 정착촌이 없다. 그런데 기묘하게도 지진은 이 마을을 표적으로 삼아 아주 정밀하게 타격한 것처럼 보였다. 세피다베는 지하 깊은 곳에 있는 충상 단층 바로 위에 있었다. 단층은 너무 깊숙한 곳에 위치해 단층애斷層崖(단층 운동으로 생긴 절벽)처럼 그 존재를 분명하게 알려주는 징후가 지표면에 전혀 나타나지 않았고, 그래서 이전에 지질학자들이 단층의 존재를 확인한 적이 없었다. 돌이켜보면, 유일한 징후는 마을을 따라 나란히 뻗어 있는 산등성이였는데, 습곡이 살짝 일어난 것 외에는 눈길을 끄는 특징이 별로 없었다. 이 산등성이는 수십만 년의 지진 활동을 통해 생겨난 것이었다. 이곳에 정착촌이 생긴 이유는 판이 위로 계속 밀어 올리는 힘 덕분에 산등성이 아래에 샘들이 계속 유지되었기 때문이다. 이 샘들은 사방 수십 킬로미터 이내 지역에서 유일한 수원지였다. 판의 활동으로 생긴 단층은 사막에서 생물들이 살아갈 수 있는 환경 조건을 만들어냈지만, 한편으로는 생물들을 죽일 수 있는 잠재력도 지니고 있었다.

충상 단층이 제공한 수원은 수천 년 동안 사용되어 왔으며, 많은 고대 정착촌이 판의 경계에 자리잡은 이유도 이것으로 설명할 수 있다. 하지만 현대 세계에서 이곳들은 갈수록 큰 우려 대상이 되고 있다. 이란의 수도 테헤란은 엘부르즈산맥 아래의 주요 교역로에 세워진 작은 마을들의 집단으로 시작되었다. 이 도시는 1950년대부터 빠르게 성장하여 지금은 상주인구가 800만 명이 넘고, 근로 시간대에 도시에 머무는 인구는 1000만 명을 넘어 인구 밀도가 매우 높다. 하지만 이 장소에 세워졌던 작은 교역촌들은 수백 년 동안 반복적으로 일어난 지진에 큰 피해를 입거나 완전히 파괴되었는데, 축적된 변형력을 줄이기 위해 충상 단층이 움직이는 과정에서 지진이 발생했다. 테헤란에서 산맥을 따라 북서쪽으로 멀리 떨어진 곳에 있는 타브리즈는 1721년과 1780년에 지진으로 파괴되었는데, 그때마다 4만 명 이상이 사망했다. 그 당시 대부분의 도시 인구가 오늘날에 비해 아주 적었다는 사실을 감안하면 이것은 엄청난 피해 규모이다. 이 충상 단층에서 또다시 큰 지진이 일어난다면, 테헤란의 피해는 어마어마할 것이다. 사람들은 충상 단층이 공급하는 물과 판의 경계를 따라 지나가는 교역로에 끌려 수천 년 전부터 이러한 충상 단층 위에 정착해왔다. 이곳에 발달한 오늘날의 대도시들은 이 지질학적 유산 때문에 특히 취약한 환경에 놓여 있다.

우리는 판의 활동이 낳은 자식이다. 오늘날 전 세계의 대도시들 중 일부는 판의 활동이 만든 단층 위에 세워져 있고, 역사를 통해 많은 초기 문명이 지각을 구성하는 판들의 경계 지점에 세워졌다. 더 기본적으로는 동아프리카에서 일어난 판들의 활동은 호미닌의 진화에 그리고 지능과 적응 능력이 특별히 높은 우리 종을 만들어내는 데 중요한 역할을 했다. 이제 지구의 역사에서 우리를 태어난 장소인 동아프리카 지구대를 떠나 지구 전체를 지배하게 만든 특별한 시기를 자세히 살펴보기로 하자.

제 2 장

·

사피엔스는 왜
이동을 시작했는가

우리는 현재 특별한 지질 시대에 살고 있다. 이 시대는 지배적인 특징이 눈길을 끄는데, 그것은 바로 얼음이다. 지구 온난화에 대한 우려가 커져가는 상황을 감안하면, 이 말은 놀랍게 들릴 수 있다. 산업 혁명 이래 평균 기온이 꾸준히 그리고 특히 지난 60년 동안 급속히 상승했다는 사실은 아무도 부인할 수 없다. 하지만 인간 활동이 초래한 최근의 이 기온 상승은 제4기의 장기적 빙하 시대 안에서 일어나는 사건이다. 현재의 지질 시대가 막 시작된 약 260만 년 전에 지구는 새로운 기후형으로 접어들었는데, 빙기가 반복적으로 되풀이되는 것이 그 특징이다. 이 조건은 오늘날의 세계를 만들어내는 데 그리고 우리가 세계 곳곳에서 자리를 잡고 살아가는 데 큰 영향을 미쳤다.

현재 우리는 기온이 비교적 높고, 육지를 덮은 얼음이 줄어들어 그 결과로 해수면이 높아지는 간빙기에 있다. 하지만 지난 260만 년 동안의 평균 조건은 현재보다 훨씬 추웠다. 아마도 여러분은 박물관의 전시물과 텔레비전 다큐멘터리를 통해 마지막 빙기 때 세상의 모습이 어떠했는지 잘 알고 있을 것이다. 거대한 대륙 빙하가 북반구 대부분을 뒤덮고, 털매머드가 툰드라 비슷한 곳을 걸어 다니고, 검치호가 그런 털매머드를 공격하고, 털가죽을 입은 구석기 시대 인류가 돌을 매단 창으로 사냥을 하던 시절이었다.

하지만 이것은 최근의 지구 역사에서 일어난 많은 빙기들 중 마지막 단계에 지나지 않는다. 지난 260만 년 동안 빙기는 40~50번이나 있었는데, 갈수록 그 기간은 점점 더 길어지고 기온은 더 내려갔다. 사실, 제4기는 지구 기후가 예외적으로 불안정한 시기였는데, 혹독한 빙기와 따뜻한 간빙기가 반복되면서 거대한 대륙 빙하가 주기적으로 팽창과 수축을 거듭했다. 빙기는 평균적으로 8만 년 동안 계속되고, 빙기들 사이의 간빙기는 그보다 훨씬 짧은 1만 5000년 정도만 지속된다. 1만 1700년 전부터 시작된 홀로세(약 1만 년 전부터 현재까지의 지질 시대. 충적세沖積世 또는 현세現世라고도 한다)처럼 각각의 간빙기는 기후가 다시 빙기로 돌아가기 전의 짧은 휴식기에 지나지 않는다. 우리 행성이 왜 이렇게 변덕스러운 기후 국면에 접어들었는지 그 이유는 나중에 살펴보겠지만, 여기에서는 먼저 마지막 빙기의 조건을 살펴보기로 하자.

쌀쌀한 시절

마지막 빙기는 약 11만 7000년 전에 시작되어 현재의 홀로세 간빙기가 시작될 때까지 약 10만 년간 계속되었다. 2만 5000년 전부터 2만 2000년 전까지 빙기가 절정에 이르렀을 때에는 두께가 최대 4km에 이르는 거대한 대륙 빙하(빙상)가 북쪽에서 뻗어

나와 북유럽과 아메리카를 뒤덮었다. 그보다 작은 또 다른 대륙 빙하는 시베리아를 가로지르며 뻗어 나갔고, 알프스산맥과 안데스산맥, 히말라야산맥 그리고 뉴질랜드의 남알프스산맥 같은 산맥들에서 거대한 빙하들이 흘러내려왔다.

이 광범위한 대륙 빙하와 빙하는 엄청난 양의 물을 가두었는데, 이 때문에 전 세계의 해수면이 최대 120m까지 낮아져 큰 땅덩어리 가장자리 주변의 많은 대륙붕 지역이 마른 땅으로 드러났다. 북아메리카와 그린란드, 스칸디나비아의 대륙 빙하는 이 대륙붕들의 가장자리까지 뻗어 나갔고, 그 주변의 바다는 둥둥 떠다니는 얼음층으로 덮였을 것이다.

대륙 빙하 부근 지역이 엄청나게 추웠을 뿐만 아니라, 차가운 바다에서 증발이 줄어들어 세계 기후는 더 건조해졌을 것이다. 황량한 평원 위로 매서운 바람이 불면서 심한 먼지 폭풍을 일으켰다. 유럽과 북아메리카의 많은 지역은 툰드라 비슷한 환경으로 변해, 지표면 아래의 땅은 일 년 내내 얼어붙었고(영구 동토층), 건조한 스텝 지대(러시아와 아시아의 중위도에 위치한 온대 초원 지대)가 멀리 남쪽까지 뻗어 있었다. 오늘날 유럽 전역에 자라는 나무들은 지중해 주변의 고립된 피난처들에서만 살아남았다. 오늘날 중앙유럽의 울창한 숲과 삼림 지대는 2만 년 전에는 오늘날의 시베리아 북부와 비슷한 모습이었을 것이다.

각각의 빙기가 끝날 때마다 해수면이 높아지면서 대륙붕 지역이 다시 물에 잠겼다. 간빙기 기후가 돌아오면, 환경 조건이 점점 좋아짐에 따라 전 세계의 생태계가 후퇴하는 대륙 빙하 뒤를 따라가며 양 극 쪽으로 서서히 다시 퍼져나갔다. 동물계에서는 이동―겨울에 남쪽으로 날아가는 새들이나 세렝게티를 물결처럼 가로지르는 거대한 누 떼처럼―이 보편적으로 일어났지만, 숲도 이동하기 시작했다. 물론 개개 나무가 땅에서 뿌리를 뽑아 이동하는 것은 아니지만, 기후가 따뜻해지면서 씨와 어린나무가 살아남는 장소가 조금씩 더 북쪽으로 이동하기 때문에 시간이 지나면 실제로 숲이 행진하듯이 이동한다. 마지막 빙기 이후에 유럽과 아시아의 나무 종들은 평균적으로 매년 100m 이상의 속도로 북쪽으로 이동한 것으로 추정된다. 동물들도 그 뒤를 따랐다―식물을 먹고 사는 초식 동물이 먼저 이동했고, 포식 동물도 그 뒤를 따라갔다. 반복적인 빙기 때문에 동식물의 이동 패턴은 살아 있는 조수처럼 북쪽으로 올라갔다 남쪽으로 내려갔다 하길 반복했다.

빙기는 그 정도가 다양하며, 간빙기도 마찬가지다. 13만~11만 5000년 전에 일어난 바로 앞의 간빙기는 현재의 간빙기보다 일반적으로 더 따뜻했다. 평균 기온은 오늘날보다 적어도 2°C 이상 높았고, 해수면은 약 5m 더 높았으며, 오늘날 아프리카에 살고 있는 동물들이 유럽에서 돌아다녔다. 1950년대 후반에 공사 인부들이 런던 중심부의 트래펄가 광장을 파헤치다가 이전 빙기 때 살았던 대형 동물들(코뿔소, 하마, 코끼리, 사자)의 유해를 발견했다. 오늘날 관광객들은 넬슨 기념탑 아래의 네 모퉁이를 지키고 있는 청동 사자상 옆에서 사진 찍길 좋아한다. 하지만 지난 간빙기에는 그 근처 어딘가에서 진짜 사자가 튀어나오지 않을까 하

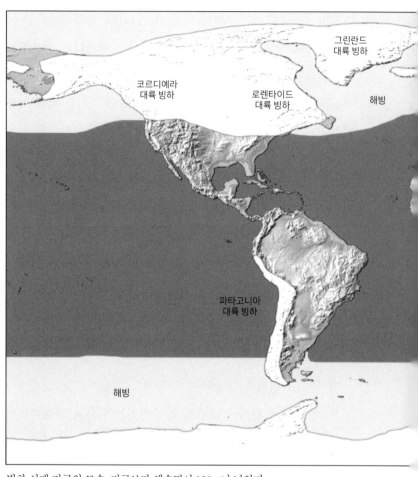

빙하 시대 지구의 모습. 지금보다 해수면이 120m나 낮았다.

고 마음을 졸이며 살아야 했다는 사실을 아는 사람이 몇이나 있을까?

하지만 이 동물들의 확산을 도운 따뜻한 시기들이 잠깐씩 있긴 했어도, 제4기는 기본적으로 하나의 긴 빙하 시대였다. 심지어 간빙기에도 양 극지방은 두꺼운 얼음으로 덮여 있었다. 최근

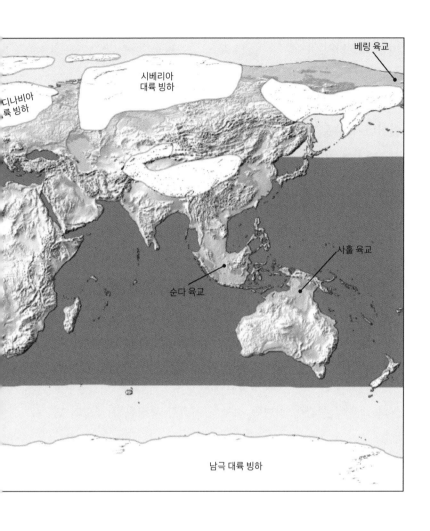

베링 육교

시베리아
대륙 빙하

디나비아
륙 빙하

사훌 육교

순다 육교

남극 대륙 빙하

의 역사에서 지구에 어떤 일이 일어났기에 이렇게 요동치는 추
운 기후가 나타났을까? 빙기가 반복적으로 찾아오는 이 패턴 뒤
에는 우주적 원인이 있는 것으로 드러났다. 이 현상은 태양에 대
한 지구 자전축의 기울기와 그 궤도에 일어나는 변화로 설명할
수 있다.

하늘의 시계 장치

만약 지구가 완벽하게 똑바로 선 자세로 돈다면, 계절 변화는 일어나지 않을 것이다. 하지만 자전축이 비스듬히 기울어져 있어 일 년 중 절반은 태양 쪽을 향해 기울어진 북반구가 남반구보다 햇빛을 더 많이 받아 여름이 된다(이 동안 북반구에서는 태양이 하늘 높이 떠올라 햇빛이 직사광선에 가까운 각도로 비친다). 하지만 6개월 뒤에는 사정이 바뀌어 북반구는 겨울이 되고, 남반구는 여름이 된다. 지구가 태양 주위를 도는 궤도도 완전한 원이 아니다. 그 궤도는 길쭉한 달걀 모양으로 타원을 그린다. 그래서 지구는 일 년 동안 태양 주위를 한 바퀴 도는 동안 어떤 때에는 태양에 조금 더 가까워지고, 6개월 뒤에는 조금 더 멀어진다.*

게다가 태양계 내 다른 행성들(특히 거대한 목성)이 미치는 중력 효과 때문에 시간이 지나면 지구의 이러한 특징들과 궤도가 변해 문제가 더 복잡해진다. 지구의 우주적 조건이 변하는 방법은 크게 세 가지가 있는데, 이것들은 앞 장에서 짧게 소개했던 하늘의 주기들을 초래한다. 첫째, 지구의 궤도는 약 10만 년의 '이심률' 주기에 따라 원에 더 가까운 모양과 조금 더 길쭉한 모양 사이에서 변한다. 둘째, 약 4만 1000년을 주기로 태양에 대한 지구 자전축의 기울기가 22.2°와 24.5° 사이에서 변하면서 양 극 쪽이 태양에 더 가깝게 혹은 더 멀리 기울어진다. 자전축 기울기 변화

---

* 현재 북반구의 여름은 실제로는 지구가 타원 궤도를 도는 동안 태양에서 가장 멀어졌을 때 일어난다.

는 계절의 강도에 큰 영향을 미치는데, 그래서 각도가 조금만 변해도 북극 지방이 여름에 받는 햇빛의 양에 많은 차이가 생긴다. 셋째, 지구의 자전축이 약 2만 6000년을 주기로 뒤뚱거리며 도는 팽이처럼 원을 그리는데, 이 현상을 세차歲差라고 부른다. 세차는 북반구와 남반구가 태양을 향해 기울어지는 시기에 변화를 가져오는데, 따라서 계절이 찾아오는 시기도 변화시킨다(세차는 분점 세차라고 부르기도 한다. 여기에서 분점은 춘분점과 추분점을 가리킨다). 현재 북극점은 북극성을 향하고 있지만(8장에서 보겠지만, 이 사실은 항해자들에게 아주 유용하게 쓰인다), 약 1만 2000년 뒤에는 지구의 자전축은 빙 돌아 새로운 북극성인 직녀성(베가)을 향하게 될 것이다. 그리고 북반구의 여름은 12월에 찾아올 것이다.

따라서 지구의 궤도 이심률, 자전축의 기울기와 그 흔들림은 모두 지구의 기후에 영향을 미치며, 이것들은 시간이 흐르면서 주기적으로 변한다. 이 주기적 변화들을 앞 장에서 짧게 언급한 밀란코비치 주기라고 부른다. 이 우주적 주기성이 지구의 기후에 어떻게 변화를 초래하는지 설명한 세르비아 과학자 밀루틴 밀란코비치Milutin Milanković의 이름에서 딴 것이다. 밀란코비치 주기는 지구가 일 년 동안 태양 주위를 도는 동안 지표면에 쏟아지는 햇빛의 전체 양에는 아무 변화를 가져오지 않는다. 하지만 태양열이 남반구와 북반구에 분포되는 양상에 변화를 가져오며, 따라서 계절의 강도에도 영향을 미친다.

여러분이 직관적으로 생각하는 것과는 반대로, 빙기를 촉발하는 핵심 요인은 극지방의 겨울철 기온 하강이 아니라 여름철 기

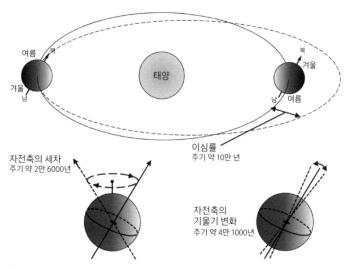

밀란코비치 주기: 기후에 영향을 미치는 지구의 궤도와 자전축의 변화

온 하강이다. 서늘한 여름이 계속되면 매년 겨울에 새로 내리는 눈이 완전히 녹지 않고 쌓여 해가 갈수록 점점 더 두껍게 쌓인다. 북극 지방의 서늘한 여름은 더 따뜻한 겨울을 동반할 때가 많은 데, 이것 역시 대륙 빙하의 축적을 촉진하는 요인이 될 수 있다. 더 따뜻해진 바다에서 증발이 많이 일어나 눈이 더 많이 내리기 때문이다. 지구 궤도의 이심률은 특히 세차 운동을 하는 지구 자전축의 방향이 초래하는 효과를 증폭시킨다. 예를 들면, 이 두 주기가 일치할 때마다, 그래서 북극점이 태양을 향해 기울어진 시기가 지구가 타원 궤도에서 가장 먼 지점에 있는 시기와 일치할 때마다 북극 지방에는 예외적으로 서늘한 여름이 찾아온다. 그리고 그 결과로 겨울철에 쌓인 얼음이 완전히 녹지 않고 쌓이기 시작한다. 지구는 또 한 번 빙기로 접어들기 시작한다.

밀란코비치 주기가 변해 다시 북쪽에 많은 열이 쏟아지고 대륙 빙하가 녹아 후퇴하기 시작할 때까지 지구는 이렇게 표면이 하얗게 변한 상태로 머물면서 많은 태양열을 반사해 우주로 내보낸다. 각각의 빙기가 끝날 때 얼음이 녹는 과정은 처음에 얼음이 언 과정보다 항상 훨씬 빨리 일어난다. 밀란코비치 주기가 북반구를 다시 따뜻하게 하면, 바다에서 이산화탄소와 수증기가 더 많이 빠져나오는데, 둘 다 온실가스여서 지구를 따뜻하게 만드는 효과를 증폭시킨다. 해수면 상승도 대륙 빙하의 가장자리를 녹여 없애므로, 하얀 얼음에 비해 햇빛을 더 많이 흡수하는 육지와 바다의 면적이 더 많이 늘어난다. 따라서 빙기의 리듬은 얼어붙는 상황으로 접어들 때에는 천천히 진행되다가 얼음이 녹을 때에는 급속히 진행된다.

약 260만 년 전에 이 얼음 저장고 시기가 시작될 때부터 빙기의 맥박은 지구의 자전축 기울기를 좌우하는 4만 1000년의 밀란코비치 주기를 따랐지만, 분명하게 밝혀지지 않은 이유로 약 100만 년 전부터 더 느리지만 더 극단적인 주기로 건너갔는데, 바로 약 10만 년에 이르는 지구의 궤도 이심률 주기로 옮겨간 것이다. 빙기들은 더 느리지만 더 크게 울리는 다른 북에 장단을 맞추게 되었다. 각각의 빙기는 더 강력해지고 더 오래 지속되었다. 북극점에서 시작된 주요 대륙 빙하들은 유라시아와 북아메리카의 육지까지 곧장 뻗어나갔고, 간빙기의 따뜻한 시기에도 완전히 녹지 않았다(남극 대륙을 덮고 있는 대륙 빙하도 팽창했다 수축했다 하지만, 그 정도는 훨씬 덜하다).

이 맥락에서는 점성술사들의 말이 옳다고 할 수 있다(다만 그들이 생각하는 방식대로는 아니지만). 다른 행성들의 움직임이 우리의 기분이나 운을 결정하지는 않지만, 우리 세계에 미치는 중력효과는 그보다 훨씬 큰 것에 영향을 미치는데, 그것은 바로 지구의 기후이다. 지난 수백만 년 동안 빙기들의 맥동을 조절한 하늘의 시계 장치는 비교적 간단하게 이해할 수 있다. 하지만 만약 세계 기후가 이미 빙기로 접어들려는 불안정한 상태에 있다면, 밀란코비치 주기의 미묘한 효과는 기후를 빙기와 간빙기 사이에서 왔다 갔다 하도록 만들 수 있다. 따라서 여기에서 훨씬 큰 질문은 애초에 이 얼음 저장고 조건을 초래한 원인이 무엇이냐 하는 것이다.

온실에서 얼음 저장고로

현재 지구는 전체 생애 중 약간 기묘한 시기에 있다. 지구가 지금까지 존재한 전체 시간 중 80~90%는 지금보다 상당히 따뜻했다. 사실, 양 극지방이 얼음으로 뒤덮이는 시기는 희귀한 편이다. 지난 30억 년 동안 지구가 상당량의 얼음으로 뒤덮인 시기는 단여섯 차례밖에 없었던 걸로 추정된다. 하지만 지난 5500만 년 동안 지구는 계속 냉각되었고, 지구의 기후는 온실에서 얼음 저장고로 변했다. 이 사건을 그것이 일어난 지질 시대의 이름을 따 신생대 냉각화라 부른다.

지질학자들은 발밑의 다양한 암석층을 분석해 지구의 긴 역사를 대代와 기紀와 세世의 단위로 분류하는데, 암석층에서 발견되는 화석의 종류에서 그 이름을 따는 경우가 많다. 포유류와 속씨식물(지구의 동물상과 식물상은 3장에서 자세히 다룰 것이다)이 지배하는 현 시대를 신생대('새로운 생명의 시대'라는 뜻)라 부르는데, 6600만 년 전에 공룡이 번성하던 중생대('중간 생명의 시대'라는 뜻)를 끝낸 대멸종과 함께 시작되었다. 신생대 내에서 가장 최근의 시기는 제4기인데, 제4기는 빙기와 간빙기가 교대로 반복되는 기후가 특징이다. 시간을 조금 더 세분해서 나누면, 제4기 중 마지막 시기는 홀로세Holocene世(현세現世라고도 함)로, 인류 문명의 모든 역사를 포함하는 현재의 간빙기를 가리킨다.

6600만 년 전에 공룡을 사라지게 한 대멸종 직전인 백악기 말에 지구의 기후는 뜨겁고 습했으며, 극지방에도 숲이 무성하게 자라고 있었다. 해수면은 현재보다 300m는 더 높아 오늘날 전 세계의 대륙 지역 중 절반이 물에 잠겨 있었다. 전체 지표면 중 18%만이 마른 땅이었다. 이 따뜻한 시기는 1000만 동안 계속되다가 5550만 년 전에 팔레오세-에오세 최고온기Palaeocene-Eocene Thermal Maximum와 함께 절정에 이르렀고, 그 후에 지구의 기후는 냉각화가 지속되는 국면으로 돌아섰다. 약 3500만 년 전에 남극 대륙에 최초의 영구 대륙 빙하가 나타났고, 2000만~1500만 년 전에는 그린란드에도 대륙 빙하가 생기기 시작했으며, 제4기가 시작될 무렵에는 냉각화 국면이 문턱을 넘어서 북극점을 덮고 있던 얼음이 팽창하기 시작했다. 그리고 나서 현재의 맥동 빙기 국면으로 접어들

대代	기紀	세世	시간 단위: 100만 년 전	
신생대	제4기	홀로세	0.017	← 현재의 간빙기
		플라이스토세	2.588	← 현재의 빙기 주기 시작
	신제3기	플라이오세	5.333	← 호미닌의 기원
		마이오세	23.03	← 초본 식물 생태계의 확산
	고제3기	올리고세	33.9	
		에오세	56	팔레오세-에오세 최고온기, ← 영장류와 유제류의 기원
		팔레오세	66	← 백악기 대멸종 끝
중생대	백악기	후기	100.5	█ 석유가 생성된 주요 시기
		전기	145	
	쥐라기	후기	163.5	
		중기	174.1	
		전기	201.3	
	트라이아스기	후기	235	
		중기	247.2	
		전기	252.6	← 페름기 대멸종 끝
고생대	페름기	로핑기아세	259.9	
		과달루페세	273.3	
		시스룰리아세	298.9	
	석탄기	펜실베이니아기	323.2	█ 석탄이 생성된 주요 시기
		미시시피기	358.9	
	데본기	후기	382.7	
		중기	393.3	
		전기	419.2	
	실루리아기	프리돌리세	423	
		루드로세	427.4	
		웬록세	433.4	
		슬란도버리세	443.4	
	오르도비스기	후기	458.4	
		중기	470	← 최초의 육상 식물
		전기	485.4	
	캄브리아기	푸롱통	497	
		제3통	509	
		제2통	521	
		테르뇌브통	541	← 생명의 기원

지구의 지질 시대 구분

었다.

　지구는 냉각되려고 혼신의 힘을 쏟아붓기로 작정한 것처럼 보였다. 이 전 지구적 냉각화를 촉발하기 위해 공모한 행성 차원의 대규모 과정에는 어떤 것들이 있었을까?

　대기 중의 이산화탄소와 메탄 그리고 수증기 같은 기체는 온실의 판유리와 같은 작용을 한다. 즉, 파장이 짧은 태양의 가시광선은 통과시켜 지표면을 데우게 하는 반면, 따뜻한 지표면에서 방출되는 파장이 더 긴 적외선은 밖으로 나가지 못하게 차단한다. 이 온실가스들이 열에너지를 우주 공간으로 빠져나가지 못하게 가두어 지구를 따뜻하게 보온하는 효과는 지구의 기온을 높이는 결과를 낳는다. 따라서 대기 중에서 온실가스의 양을 감소시키는 메커니즘은 어떤 것이건 지구를 냉각시키는 효과가 있다.

　앞 장에서 보았듯이 5500만 년 전에 대륙들의 이동 과정에서 인도가 유라시아와 충돌하면서 거대한 히말라야산맥이 생겨났다. 그 후 이 웅장한 산맥은 높은 고도에 쌓인 빙하와 비에 심하게 침식되었다. 암석 속의 광물들이 빗물에 녹아 있던 이산화탄소와 반응하면서 녹아나와 강물에 실려 바다로 흘러갔고, 그곳에서 탄산칼슘 껍데기를 만드는 해양 생물에게 흡수되었다. 이 해양 생물들이 죽으면, 그 껍데기는 바닥으로 가라앉아 쌓였다. 따라서 히말라야산맥은 조금씩 분해되었고, 그 과정에서 대기 중의 이산화탄소가 고체 탄산칼슘에 갇히게 되었다. 이것은 대기 중에서 CO_2를 효과적으로 제거하는 메커니즘이기는 하지만, 극지방에 얼음이 다시 생겨나도록 지구의 기온을 충분히 낮출

만큼 백악기의 높은 온실가스 농도가 감소하기까지는 약 2000만 년이 걸렸다.

어린 히말라야산맥이 침식되는 동안 대륙 이동 때문에 남극 대륙은 남극점 위의 현재 위치로 옮겨갔고, 오스트레일리아와 남아메리카는 북쪽으로 옮겨갔다. 이 때문에 남극 대륙은 나머지 대륙들과 고립되었고, 남극점 주위에 탁 트인 해로가 넓게 열렸다. 마치 남극 대륙이 거대한 해양 해자로 둘러싸인 형국이었다. 남극 대륙 주위를 빙 도는 강한 해류가 생겼는데, 이것은 적도에서 따뜻한 해류가 남극 대륙 해안으로 밀려오지 못하도록 막아 남극 대륙을 냉각시키는 작용을 했다. 약 3500만 년 전에 남극 대륙에 최초의 영구 대륙 빙하가 생기기 시작했다.

판들의 활동 결과로 다른 대륙들도 재배열이 일어났는데, 그 결과로 대부분의 대륙들이 북반구로 옮겨간 반면, 지구의 나머지 남쪽 절반 대부분은 광활한 바다로 뒤덮였다(이 특징은 8장에서 로어링 포티즈Roaring Forties를 다룰 때 다시 살펴볼 것이다). 지난 3000만 년 동안 전체 대륙 중 68%는 북반구에 있었고, 지구의 전체 육지 중 3분의 1만 적도 아래에 있었다.

이렇게 육지가 많이 몰려 있는 북반구와 육지가 적은 남반구의 지형적 차이는 태양에서 받는 열의 계절적 차이를 증폭시킨다. 겨울철에 육지는 바다보다 훨씬 빨리 식어 두꺼운 대륙 빙하가 성장하는 데 도움을 준다. 그런데 남반구보다 북반구에 육지가 더 많은 것이 사실이긴 하지만, 현재 남극점 위에는 대륙(남극 대륙)이 자리잡고 있는 반면, 북극점 주변은 바다이다. 이것은 남극점이 북극점보다 훨씬 먼저 두꺼운 얼음으로 뒤덮인 이유를 설명해준다. 얼음이 바다에서 더 쉽게 녹는 북극점에서는 260만 년 전에야 여름이 되어도 얼음이 녹지 않고 매년 쌓일 만큼 기후가 충분히 추워졌다.

오늘날과 같은 얼음 저장고 조건을 만들어낸 마지막 지질학적 요인은 파나마 지협의 형성이다. 북아메리카와 남아메리카를 연결하는 이 가느다란 땅덩어리 역시 대륙 충돌의 결과로 생겨났다. 침강하는 판이 먼저 일련의 화산섬들을 만들었고, 그 다음에 해저를 들어 올려 물 위로 드러나게 했다. 태평양과 대서양 사이의 연결을 차단한 이 사건은 280만 년 전에 일어났고, 이 때문에 적도 해류가 북쪽으로 방향을 틀면서 북대서양 주변의 육지에 따뜻한 물을 공급하는 멕시코 만류에 힘을 보태주었다. 이 난류는 북쪽 지역의 빙결을 약간 지연시켰을지 모르지만, 전체적으로는 증발량의 증가로 대기 중 습도가 높아짐에 따라 겨울철에 눈이 더 많이 내렸고, 그래서 북반구에서 대륙 빙하의 성장을 촉진했다.

처음에는 남극점 주위에, 나중에는 북극점 주위에 두꺼운 얼음이 생기자, 밝은 흰색 표면이 더 많은 햇빛을 우주 공간으로 반사함으로써 지구 냉각을 촉진했다(과학자들이 피드백 고리라고 부르는 눈덩이 효과).

산맥 생성과 그에 잇따른 침식으로 일어난 대기 중 이산화탄소 감소, 남극 대륙을 남극점 위에 고립시키면서 파나마 지협을 만들어 해류의 패턴을 변화시킨 판들의 활동, 대부분의 육지를 한쪽 반구로 몰아넣은 대륙 이동, 이 모든 효과들이 합쳐져 지구를 얼음 저장고로 변화시키는 조건이 만들어졌다. 260만 년 전에 북반구에 거대한 대륙 빙하가 생기는 단계까지 지구가 냉각된 것이 결정적 문턱이었고, 그러자 지구 전체의 기후가 완전히 불안정한 상태로 돌입했다. 이제 밀란코비치 주기의 작용으로 북극점 부근이 약간 냉각될 때마다 두꺼운 얼음층이 유럽과 아시아와 북아메리카로 팽창해갔고, 대륙 빙하가 북반구의 이 거대한 대륙들을 두껍게 뒤덮었다. 하얀 얼음으로 뒤덮인 면적이 조금만 증가해도 더 많은 햇빛이 반사되어 냉각 효과가 더 커졌고, 그 결과로 폭주 과정이 시작되어 대륙 빙하가 더 넓게 팽창하면서 더 많은 바닷물을 얼음에 가두어 해수면이 낮아졌다.

신생대에 접어들어 지난 5500만 년 동안 이러한 지구의 지속적인 냉각은 지구 자체와 우리의 진화에 큰 영향을 미쳤다. 앞 장에서 본 것처럼 기후가 더 차갑고 건조하게 변하자 동아프리카의 숲이 줄어들면서 초원으로 변했고, 이것은 호미닌의 발달을 촉진하는 조건이 되었다. 그리고 우리를 다재다능하고 지능이 높은 종으로 발달하게 한 동아프리카 지구대 증폭기 호수들의 급격한 요동은 밀란코비치 주기 중 세차 운동의 리듬이 그 원인이었다.

약 10만 년 전부터 지구의 주기들이 서서히 일치하기 시작했다. 북반구에 여름을 가져오는 지구 자전축의 기울기가 지구가 타원 궤도를 도는 중에 태양으로부터 가장 멀어지는 시점과 일치하기 시작했다. 이것은 북반구의 여름이 더 서늘해졌다는 것을 의미한다. 그 결과로 겨울철에 생긴 얼음이 녹지 않고 쌓이기 시작했다. 지구가 또 한 번의 빙기로 접어들면서 북쪽의 대륙 빙하가 성장했고, 남쪽으로 팽창하기 시작했다.

이제 최근에 일어난 이 빙기와 그 결과로 일어난 전 세계의 해수면 하강이 우리가 전 세계로 퍼져가는 데 어떻게 중요한 기회를 제공했는지 살펴보기로 하자. 우리 모두는 아프리카에서 태어났지만, 요람에 계속 머물지는 않았다.

대탈출

약 6만 년 전에 우리 조상들은 아프리카를 벗어나 퍼져나가기 시작했다. 정확하게 어떤 길을 따라 전 세계로 퍼져나갔는지 혹은 새로운 지역에 맨 처음 도착한 때가 정확하게 언제인지는 알기 어려운데, 화석 기록이 매우 드문드문 남아 있는 데다가 그것을 남긴 호미닌 갈래가 정확하게 어떤 것인지 고고학적 증거로부터 알아내기 어려운 경우가 많기 때문이다. 따라서 인류의 확산에 대해 우리가 아는 것은 대부분 오늘날 세계 각지에 살고 있는 토착민의 유전자 연구에서 나온다. 그들의 DNA를 분석하고 유전 암호에 돌연변이가 누적되는 속도를 추정함으로써 서로 다른 개체군들이 얼마나 오래전에 갈라져 나갔는지 알아낼 수 있다. 전 세계의 이 유전적 변이를 지도로 작성함으로써 인류가 각 지역에 맨 처음 도착한 시기를 추정할 수 있고, 따라서 먼 옛날에 일어난 이동 경로를 추적할 수 있다.

두 종류의 DNA가 이 연구에 아주 유용하다. 우리 몸의 각 세포에는 미토콘드리아라는 작은 구조가 있는데, 여기에서는 에너지를 만드는 생화학 반응이 일어난다. 세포의 발전소에 해당하는 미토콘드리아에는 작은 고리 모양의 자체 DNA가 있다. 여러분은 수태될 때 미토콘드리아 DNA를 어머니의 난자로부터 물려받았지만, 아버지의 정자로부터는 전혀 물려받지 않았다. 미토콘드리아 DNA는 어머니로부터 딸로 모계를 따라 전달된다. 미토콘드리아 DNA의 유전적 특징을 분석하고, 서로 다른 개체군들이 갈라져 나가는 데 걸린 시간을 계산하면, 그 개체군들이 수렴하는 곳—오늘날 살아 있는 모든 사람들의 어머니 조상에 해당하는 먼 과거의 특정 여성—을 역추적할 수 있다. 이 공통 모계 조상을 미토콘드리아 이브라고 부르는데, 그 여성은 약 15만 년 전에 아프리카에 살았다. 만약 아버지로부터 아들에게만 전달되는 Y 염색체의 DNA를 살펴본다면, 공통 부계 조상을 역추적할 수 있는데, 이 사람을 Y 염색체 아담이라 부른다. 이 유전자 나무가 기원한 날짜를 추정하는 것은 훨씬 불확실하지만, 공통 부계 조상은 20만~15만 년 전에 살았던 것으로 추정된다.

그렇다고 해서 그 당시에 오직 한 여성과 한 남성만 살았다거나 인류의 공통 조상에 해당하는 이 두 남녀가 서로 만났다는 이야기는 절대 아니다. 두 사람은 서로 다른 시대와 서로 다른 장소에서 살았다. 사실, 만약 여성 미토콘드리아 계통이 우연히도 남성 Y 염색체 계통과 같은 시기에 나타났다면, 그것은 아주 놀라운 우연의 일치가 될 것이다(이런 점에서 성경에서 따온 아담과 이브라는 이름은 오해를 불러일으킬 소지가 있다). 미토콘드리아 이브(그리고 Y 염색체 아담)가 지닌 유일한 중요성은 그녀가 딸들을 낳았고, 그 딸들이 다시 딸들을 낳고, 그것이 계속되어 오늘날 살고 있는 모든 사람들까지 죽 이어졌다는 것이다. 우연히도 가계도의 다른 계통들은 모두 죽어서 사라지거나 여성 자손을 낳지 못했다.

전 세계 사람들의 유전자 조사에서 나온 가장 놀라운 결과는 사람이라는 종이 놀랍도록 균일하다는 사실이다. 머리카락 색과 피부색 또는 머리뼈 모양의 지역적 차이에도 불구하고, 오늘날 지구에 살고 있는 75억 명 사이의 유전적 다양성은 놀랍도록 낮다. 사실, 지구 정반대편에 살고 있는 두 인간 집단 사이의 유전적 다양성보다 중앙아프리카의 어느 강 양쪽에 살고 있는 두 침팬지 집단 사이의 유전적 다양성이 더 크다. 하지만 사람의 유전적 다양성은 아프리카 내에 살고 있는 사람들 사이에서 가장 크게 나타난다. 따라서 설사 우리가 화석 뼈나 초기의 고고학적 증거를 전혀 발견하지 못하고 가진 것이라곤 현재 살고 있는 사람들의 DNA밖에 없다고 하더라도, 우리 모두가 아프리카에서 기원해 사방으로 퍼져나갔다는 사실은 여전히 확실하다. 게다가 유전자 연구는 오늘날 전 세계에 살고 있는 사람들이 여러 차례에 걸친 이주 물결을 통해서가 아니라 단 한 번의 아프리카 대탈출 사건에서 유래했으며, 그때 이주한 사람들이 수천 명을 넘지 않았다고 시사한다.

현생 인류인 호모 사피엔스는 처음에 아라비아반도로 건너갔는데, 이 사건은 국지적 기후 변동이 일어나 이 지역의 기후가 더 습해지고 식물이 잘 자라는 조건으로 변했을 때 일어났다. 걸어서 북쪽에서 시나이반도를 건너갔거나 더 남쪽에서 뗏목을 타고 바브엘만데브해협을 건너갔을 것이다. 우리 조상들은 유라시아로 퍼져가기 시작하면서 훨씬 이전에 아프리카를 떠났던 다른 호미닌 종들을 만났다. 중동에서 현생 인류와 네안데르탈인 사이에 약간의 이종 교배가 일어났는데, 그 결과로 우리는 네안데르탈인의 DNA를 약간 지닌 채 전 세계로 퍼져나갔다. 오늘날 아프리카인이 아닌 사람들의 유전 암호 중 약 2%는 네안데르탈인에게서 유래했다. 오늘날의 동아시아인이 유럽인보다 네안데르탈인의 DNA를 더 많이 지니고 있다는 사실은 우리가 동쪽으로 이동하면서 유라시아를 지나갈 때 네안데르탈인과 섞이는 일이 더 많이 일어났음을 시사한다.

우리가 중앙아시아로 이동할 때, 데니소바인이라는 또 하나의 불가사의한 멸종 호미닌 종과 이종 교배가 일어난 것으로 보인다. 데니소바인에 대해 우리가 아는 것이라곤 시베리아와 몽골 사이의 국경 지역에 위치한 알타이산맥의 한 동굴에서 발견된 이빨 몇 개와 손가락뼈 하나와 발가락뼈 하나의 파편뿐이다. DNA 분석 결과에 따르면, 데니소바인은 네안데르탈인의 자매종이었던 것으로 보인다. 멜라네시아와 오세아니아에 살고 있는 현대인의 DNA 중 4~6%가 데니소바인으로부터 유래했으며, 이들의 유전자는 아메리카 원주민의 유전 암호에도 약간 섞여 있다. 불과 수만 년 전에 우리와 함께 살아갔던 사람속의 친척 종

전체에 대한 정보가 겨우 뼛조각 약간과 우리의 유전체에 남긴 DNA 흔적밖에 없다는 사실은 선뜻 믿기 어렵다. 그보다 훨씬 앞에 존재한 호미닌 종인 호모 에렉투스는 약 200만 년 전에 아프리카를 떠나 멀리 중국과 인도네시아까지 퍼져나갔지만, 현생 인류가 아시아로 퍼져나갈 무렵에는 이미 멸종하고 없었다. 아프리카에 남은 원주민 중에서 네안데르탈인이나 데니소바인의 DNA가 있는 사람은 아무도 없다.

최초의 인류 이주민이 새로운 땅에 도착하면 그곳에서 개체군이 커지다가 그 후손들이 계속 더 먼 곳으로 퍼져나갔다. 오늘날의 이라크와 이란에 해당하는 지역이 확산 중심지가 되었는데, 이주 물결이 유럽으로 북상하거나 아시아 지역으로 퍼져가거나 오스트레일리아와 아메리카로 건너가기 전에 반드시 거치는 경유지였다. 처음에 사람들은 동쪽으로 향했던 것으로 보이는데, 유라시아 남쪽 가장자리를 따라 인도와 동남아시아로 갔다. 이 물결에서 이른 시기에 한 갈래가 따로 갈라져 나와 약 4만 5000년 전에 유럽으로 뻗어갔다. 동쪽으로 향하던 이주 물결은 마치 바위를 돌아가는 강물처럼 히말라야산맥에서 양쪽으로 갈라졌는데, 한 갈래는 북쪽으로 시베리아를 가로질러 결국에는 아메리카로 건너갔고, 다른 갈래는 남쪽 경로를 따라 동남아시아를 지나 오스트레일리아까지 나아갔다. 남아시아 지역을 지나간 확산은 비교적 빨리 일어난 것으로 보이는데, 아마도 이곳의 기후가 우리 조상들이 살던 사하라 이남 아프리카 지역의 기후와 비슷했기 때문일 것이다. 우리는 5만~4만 5000년 전에 동남아시아와 중국에 도착했다.

우리는 약 4만 년 전에 인도차이나반도에서 뉴기니와 오스트레일리아로 건너갔다. 그 당시는 빙기여서 전 세계의 해수면이 오늘날보다 100m 이상 낮아 인도네시아 주변의 얕은 바다들이 마른 땅으로 드러나 있었다. 인도네시아 군도는 동남아시아 끝에 들러붙은 순다랜드Sundaland 지역이 되었고, 오스트레일리아와 뉴기니, 태즈메이니아는 사훌Sahul이라는 하나의 큰 땅덩어리로 합쳐져 있었다. 이 두 육지는 여기저기 열도들이 널린 좁은 바다를 사이에 두고 서로를 마주 보고 있었는데, 열도들은 우리가 지구의 이 동남쪽 구석으로 이주하는 데 도움을 주었다.

천천히 진행된 확산의 물결은 결국 유라시아 북동쪽 끝에까지 이르렀는데, 바로 이곳에서 빙기의 조건이 인류의 이주에 매우 중요한 역할을 한 일이 일어났다. 아메리카로 건너가는 길을 열어준 것이다.

오늘날 러시아 해안과 미국 해안은 폭 80km의 베링 해협을 사이에 둔 채 서로 마주보고 있는데, 해협 중간에는 대大다이오메드섬과 소小다이오메드섬이 있다.* 마지막 빙기 때 해수면이 낮아지자, 마치 미켈란젤로Michelangelo가 시스티나 성당 천장에 그린 그림에서 아담과 하느님이 뻗은 손가락이 서로 맞닿은 것처럼 시베리아와 알래스카 땅이 서로를 향해 뻗어나가다가 마침내 서로 맞

---

* 세라 페일린(Sarah Palin)이 2008년에 한 유명한 말처럼 실제로 알래스카에서는 러시아가 보인다. 덧붙이자면, 다이오메드 제도 중 대다이오메드섬은 러시아 영토이고, 소다이오메드섬은 미국 영토이다. 그리고 국제 날짜 변경선이 두 섬 사이를 지나가기 때문에, 이 작은 두 섬은 불과 수 킬로미터밖에 떨어져 있지 않지만, 시간대는 하루 차이가 난다.

닿아 광대한 두 대륙 유라시아와 아메리카가 연결되었다. 이 육교는 폭이 점점 넓어지다가 마지막 빙기 최성기인 약 2만 5000년 전에는 남북 방향의 길이가 1000km에 이르렀다.

비록 대륙 빙하는 아직 없었지만, 베링 육교의 환경은 분명히 아주 혹독했을 것이다. 기후는 춥고 건조했으며, 빙하에 침식되어 바람에 날려 온 실트가 쌓인 언덕이 여기저기 널려 있었다. 베링 육교는 북극 지방의 황무지와 비슷했지만, 생명력이 질긴 식물이 충분히 자라 털매머드, 땅늘보, 스텝들소 그리고 이들을 잡아먹고 산 검치호 같은 동물들이 살아갈 수 있었다.

인류는 2만 년 전 이후의 어느 시점에 이 육교를 건너 아메리카로 옮겨갔다. 하지만 더 이른 빙기에 반대 방향인 유라시아 쪽으로 육교를 건넌 동물들이 있었는데, 그중 일부는 역사를 통해 인류 문명에 중요한 기여를 했다. 낙타와 말은 북아메리카에서 진화한 뒤, 베링 육교를 건너 유라시아로 넘어왔는데, 고향에 남아 있던 낙타와 말은 모두 죽고 말았다(이 사건의 중요성은 7장에서 다시 다룰 것이다).

인류는 걸어서 육교를 건너 알래스카로 간 뒤, 대륙 빙하가 후퇴하자 아메리카 대륙에서 남쪽으로 계속 내려갔다. 그 당시에는 두 거대한 대륙 빙하—코르디예라 대륙 빙하와 로렌타이드 대륙 빙하—가 캐나다 대부분과 미국 북부의 넓은 지역을 뒤덮고 있었다. 로렌타이드 대륙 빙하는 최성기 때 오늘날 남극 대륙 전체를 덮고 있는 얼음보다도 더 거대했다. 두께가 4km나 되는 엄청난 얼음 돔이 허드슨만을 뒤덮고 있었기 때문에, 이주자들

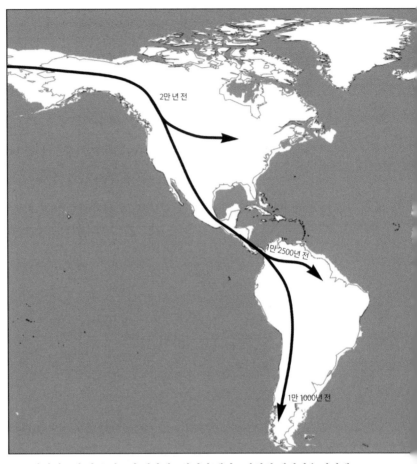

2만 년 전

1만 2500년 전

1만 1000년 전

호모 사피엔스의 이동 경로와 네안데르탈인과 데니소바인의 세력권을 나타낸
빙기의 세계

은 이 대륙 빙하를 피해 남쪽으로 가기 위해 서쪽 해안선을 따라
내려갔거나 두 대륙 빙하 사이에 얼음이 없는 통로를 따라 이동
했을 것이다. 하지만 일단 북아메리카에서 대륙 빙하를 무시히
지나자, 인류는 빙기의 위세가 약해지는 틈을 타 빠른 속도로 대

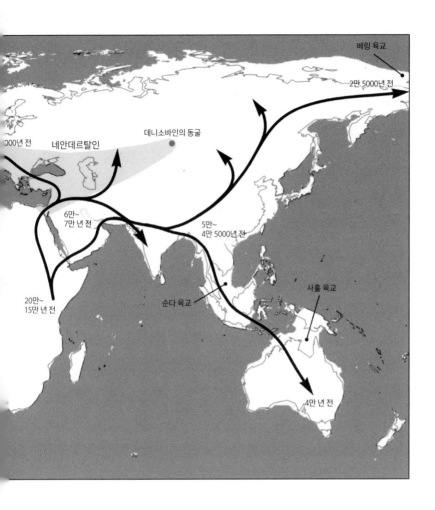

베링 육교

2만 5000년 전

000년 전

네안데르탈인

데니소바인의 동굴

6만~
7만 년 전

5만~
4만 5000년 전

20만~
15만 년 전

순다 육교

사훌 육교

4만 년 전

류 전체로 퍼져나갔다. 그들은 약 1만 2500년 전에 파나마 지협을 지나 남아메리카로 건너갔고, 그로부터 1000년이 지나기 전에 남아메리카 남단에 이르렀다. 이로써 인류는 지구 전체로 퍼져나갔다.

따라서 마지막 빙기와 그에 따른 해수면 하강은 인류가 아메리카에 정착하는 데 큰 도움을 주었다. 유럽과 아시아로 퍼져나갈 때에는 네안데르탈인과 데니소바인을 만났지만, 아메리카에서는 그전부터 이미 그곳에 살고 있던 사람들을 만난 적이 전혀 없다. 베링 육교를 건너 신세계에 발을 디딘 후로는 이전에 어떤 호미닌 종도 밟은 적이 없는 땅을 걸어갔다.

그러다가 약 1만 1000년 전에 마지막 빙기 최성기가 지나면서 세계가 다시 따뜻해지고 해수면이 상승하자, 베링 육교가 물 밑으로 사라졌다. 알래스카와 시베리아 사이의 연결이 끊어졌고, 동반구와 서반구가 단절되었다. 1492년에 콜럼버스Columbus가 카리브해 섬들에 상륙할 때까지 그 후 1만 6000년 동안 구세계와 신세계 주민들 사이에 지속적인 접촉은 다시 일어나지 않았다. 유전적으로는 비슷하지만 서로 다른 자연 환경에서 다른 동식물을 접하면서 서로 격리되어 살아온 이 두 인류 개체군은 각자 독자적인 문명을 세웠다. 하지만 농작물과 가축을 길들이고 농업을 발달시킨 방식은 놀랍도록 서로 비슷했다.*

* 인류가 전 세계로 퍼져나간 과정을 추적하는 조사에는 정확한 시기와 이동 경로에 많은 불확실성이 따르며, 유전학적 증거와 화석의 증거, 고고학적 증거가 서로 일치하지 않는 경우도 많다. 나는 이 책에서 대다수가 동의하는 견해를 소개했지만, 인류가 중국이나 오스트레일리아, 북아메리카에 더 일찍 도착했다는 주장들도 있다. 예를 들면, 논란이 되고 있는 최근의 한 연구는 이전 빙기인 13만 년 전에 미확인 호미닌 종이 캘리포니아주에 도착했다고 주장한다. 하지만 약 6만 년 전에 현생 인류가 아프리카를 떠나 오늘날의 전 세계 사람들의 조상이 되었다는 대탈출 사건은 최초의 아프리카 탈출 사건이 아닐 가능성이 높다. 이스라엘의 동굴들에서 발견된 화석 유해와 아라비아 반도에서 발견된 석기들은 그보다 앞서 약 10만 년 전에도 이주가 일어났음을 시사하지만, 이들은 막다른 길에 이르렀고, 나머지 세계를 자신들의 자손으로 채우지 못했다. 인간성의 불꽃은 더 일찍 아프리카에서 튀어나왔지만, 불이 붙지는 못했던 것으로 보인다.

지금까지 내가 한 이야기가 인류의 확산이 세계 모든 곳으로 빠르게 그리고 심지어 방향성을 가지고 일어났다는 인상을 줄 수도 있다. 마치 우리 조상들이 불굴의 의지가 이글거리는, 눈살을 잔뜩 찌푸린 표정으로 아프리카의 고향에 결연히 등을 돌리고 지평선을 향해 과감하게 걸어가 대륙들 가장자리에 위치한 온 구석구석을 체계적으로 채워간 것처럼 보일 수 있다. 하지만 수렵 채집인 집단들이 인구 밀도가 매우 낮은 상태에서 온 사방을 배회하면서 전 세계로 퍼져갔다고 표현하는 것이 더 정확하다. 그들은 국지적 기후 변화에 따라 추위와 가뭄을 피해 그리고 더 따뜻하고 강수량이 더 많고 식량을 구하기에 더 좋은 곳을 찾아, 계절에 따라 그리고 오랜 세월에 걸쳐 서서히 이동해갔다. 세대가 지날수록 우리는 점점 더 멀리 나아갔다. 예를 들면, 아라비아반도에서 남유라시아 해안을 따라 중국까지 인류가 확산해간 평균 속도는 1년에 0.5km도 안 되었다.

하지만 결국 인류는 지구를 물려받았다. 우리의 사촌 호미닌 종들—네안데르탈인과 데니소바인—은 멸종하고 말았다. 앞 장에서 언급한 것처럼 이들은 사냥당하고 살해당해 사라진 것이 아니라, 단순히 현생 인류와의 경쟁에서 밀려났거나 절정에 달한 빙기의 혹독한 환경을 견디지 못하고 무너졌을 가능성이 높다. 마지막 네안데르탈인이 사라진 시기는 4만~2만 4000년 전으로 추정되는데, 그 후로 우리는 지구상에서 유일하게 살아남은 인류 종이 되었다. 아프리카를 떠난 지 5만 년이 지나기 전에 우리는 남극·대륙을 제외한 모든 대륙에 정착하여 지구상에서 가장 광범위하게 확산된 동물 종이 되었다. 사바나에서 살던 유인원이었던 우리는 불을 다루고 옷을 만들고 도구를 사용하는 능력 덕분에 열대 지방에서부터 툰드라에 이르기까지 모든 기후대에서 살아가게 되었다. 우리는 우리를 만든 환경을 떠나 오두막과 농장, 마을, 도시 같은 인공 서식지를 만드는 법을 배웠다.*

이렇게 인류가 전 세계로 확산해간 사건이 마지막 빙기의 혹독하게 추운 기후 속에서 일어났다는 사실이 놀랍게 보일 수도 있지만, 우리가 이 대단한 일을 해낼 수 있었던 것은 바로 얼음 저장고 환경 덕분이었다. 북쪽 대륙 빙하가 성장하면서 바다에서 다량의 물을 흡수한 덕분에 해수면이 낮아져 광대한 대륙붕 지역이 마른 땅으로 드러났다. 우리가 마른 땅을 걸어 인도네시아로 건너가고, 얕은 바다를 건너 오스트레일리아로 이주하고, 베링 육교를 지나 아메리카로 건너갈 수 있었던 건 바로 빙기가 가져다준 조건 덕분이었다. 또한 낮은 해수면은 살아갈 육지 면적이 더 늘어났다는 것을 뜻한다. 2500만 km^2의 땅이 새로 생겼는데, 이것은 오늘날의 북아메리카와 거의 비슷한 크기이다.

....

* 자신들이 살던 환경에 나타난 현생 인류 때문에 큰 영향을 받은 종은 네안데르탈인뿐만이 아니다. 현생 인류가 새로운 지리적 지역들로 확산된 사건은 세계 각지의 생태계에 영향을 미쳤는데, 특히 대형 동물들이 큰 피해를 입었다. 약 1만 2000년 전에 유라시아에 살던 대형 포유류 중 약 3분의 1이 그리고 북아메리카에 살던 대형 포유류 중 약 3분의 2가 멸종했다. 가장 가능성이 높은 원인은 뛰어난 능력을 지닌 인간 사냥꾼이었다. 이 대형 초식 동물들은 이전에 이러한 사냥꾼을 만난 적이 없었다. 유일하게 대형 동물을 온전히 유지한 대륙은 아프리카였는데, 이곳에서는 대형 동물들이 수백만 년 동안 호미닌에게 적응하면서 살아온 반면, 호미닌의 사냥 능력은 느리게 발전했다.

하지만 마지막 빙기는 인류를 지구 전체로 확산하도록 도운 조건을 제공한 것 외에 우리가 살아가는 자연을 만들고 역사의 방향을 결정하는 데에도 중요한 영향을 미쳤다.

빙기가 남긴 여러 가지 영향

수많은 U자 모양의 피오르로 이루어진 노르웨이의 삐죽삐죽한 해안선이 빙기 때 확장된 빙하에 깎여 생겨났다는 사실을 알고 있는가? 스코틀랜드의 많은 호수와 후미도 마찬가지다. 비록 남반구에서는 빙하 활동이 훨씬 덜했지만, 칠레 지도를 보면 남아메리카 남단에서 태평양 해안선을 따라 동일한 피오르의 특징을 볼 수 있다. 빙기 동안 파타고니아 대륙 빙하가 안데스산맥에서 뻗어나와 최성기에는 칠레 전체 면적의 약 3분의 1을 뒤덮었고, 빙하의 침식 작용으로 이런 골짜기들이 생겨났다. 그리고 나서 해수면이 상승하자 물 밑으로 잠기면서 작은 섬들과 곶들과 서로 연결된 수로들로 이루어진 매우 복잡한 구조를 만들어냈다. 마치 해안선 자체가 결빙되어 산산이 부서진 것처럼 말이다.

최초의 세계 일주 항해에 나선 포르투갈의 탐험가 페르디난드 마젤란Ferdinand Magellan은 1520년에 남아메리카 남단을 도는 항로를 발견했는데, 빙하에 깎인 뒤 물속에 잠긴 골짜기들이 만들어낸 길을 따라감으로써 그것을 발견했다. 대서양에서 마젤란해협으로 진입하는 길목에서 가장 좁은 지점들은 '말단 빙퇴석'(종퇴석 또는 단퇴석이라고도 함)이 만든 것이다. 말단 빙퇴석은 불도저처럼 밀고 내려오는 빙하에 휩쓸려 내려오다가 빙기가 끝나 빙하가 후퇴하자 빙하 말단에 쌓인 암석 부스러기를 말한다. 길이가 600km에 이르는 마젤란해협은 1914년에 파나마 운하가 건설될 때까지 지구의 두 대양을 잇는 중요한 항로였다. 비록 폭이 좁고 예측불허의 해류 때문에 항해하기가 힘들긴 하지만, 1578년에 프랜시스 드레이크^{Francis Drake}가 발견한 남아메리카 남단의 곶과 남극 대륙 사이의 항로보다 훨씬 짧고 (내륙의 수로처럼) 바람과 파도가 거칠지 않았다.

빙하는 북아메리카의 지리와 미국의 역사에도 중요한 영향을 미쳤다. 북아메리카에서 광범위한 대륙 빙하는 거대한 미주리강과 오하이오강의 물줄기를 바꿔놓았고, 빙하가 녹을 때 이 강들은 대륙 빙하의 가장자리를 따라 흘러갔다. 오늘날 이 강들은 거대한 Ψ자 모양을 이루며 미시시피강과 만나 대륙 내륙을 곧장 가로지르는 동서 방향의 운송로를 제공한다. 특히 미주리강은 로키산맥까지 서쪽으로 2000km 이상을 흘러간다. 탐험가 루이스^{Lewis}와 클라크^{Clark}가 1804년에 태평양 해안을 향해 탐험에 나섰을 때 전체 여정 중 대부분을 책임진 것도, 루이지애나와 노스웨스트 준주를 가로지르는 광대한 땅에 미국인이 진출하게 해준 것도 바로 빙기 때 물줄기가 바뀐 이 강이었다. 테이즈강과 세인트로렌스강을 비롯해 다른 강들 역시 빙하 때문에 물줄기가 바뀌었다. 애팔래치아산맥을 돌아가는 이 강들이 제공한 운송로가 없었더라면, 미국은 대서양 해안 지역에 국한된 처음의 13개 식민지 상태에 머물러 있었을 것이다.

북아메리카의 5대호 역시 빙기가 남긴 지형인데, 호수의 깊은 분지는 전진하던 로렌타이드 대륙 빙하가 깎아낸 것이고, 약 1만 2000년 전에 빙하가 후퇴할 때 녹은 물이 그곳을 채웠다. 5대호가 운하로 연결되자, 이 광범위한 수로는 장거리 철도가 건설되기 전까지 대서양 연안에서 내륙으로 물자를 운송하는 데 아주 중요한 역할을 했고, 그 덕분에 뉴욕, 버펄로, 클리블랜드, 디트로이트, 시카고가 주요 상업 중심지로 발전했다.

미국 북부를 따라 높이 40~50m의 빙퇴석 더미가 죽 늘어선 광경을 곳곳에서 볼 수 있다. 뉴욕주의 롱아일랜드섬은 로렌타이드 대륙 빙하 전면에 쌓인 두 개의 긴 빙퇴석 언덕으로 만들어졌고, 더 위쪽의 매사추세츠주 해안에 위치한 코드곶 역시 똑같은 방법으로 만들어졌다. 게다가 보스턴과 시카고, 뉴욕은 이 대륙 빙하가 녹으면서 남기고 간 두꺼운 퇴적층 위에 세워졌다. 우리는 세계 각지에서 빙퇴석과 빙하 퇴적물에서 콘크리트와 도로 포장 그리고 건물 토대나 철도에 쓸 골재를 채취한다. 또한, 북아메리카 대륙 빙하들의 차가운 전면은 강한 바람을 몰고 왔는데, 이 바람은 기반암에서 깎여 나온 미세한 실트와 모래, 점토 입자를 멀리 남쪽으로 실어 날라 중서부 지역에 매우 기름진 황토 토양을 만들었다.

하지만 빙기가 역사에 가장 명백하게 영향을 미친 예는 대서양 건너편에서 일어났다.

섬나라

50만 년 전에 영국은 섬이 아니었다. 도버와 칼레 사이의 지협을 통해 물리적으로 프랑스와 연결된 채 여전히 유럽 대륙의 일부로 남아 있었다―몸이 붙어 있는 샴쌍둥이처럼. 이 육교는 영국 남동부에서 프랑스 북부까지 뻗어 있는, 혹처럼 생긴 지질 구조인 윌드-아루투아 배사 구조Weald-Artois anticline의 연장선상에 있다. 윌드-아루투아 배사 구조는 판의 활동으로 아프리카가 유라시아에 충돌할 때 알프스산맥을 만들었던 지각 융기 때문에 위로 접힌 암석층으로 이루어져 있다.

영국과 프랑스 사이의 육교가 침식되면서 이 연결이 끊어졌는데, 이것은 갑작스러운 격변적 사건을 통해 일어났던 것 같다. 영국 해협 해저를 수중 음파 탐지기로 조사해 작성한 지도를 보면, 해저에 특이하게 넓은 골짜기가 똑바로 뻗어 있는 모습이 분명히 드러나는데, 여기에는 유선형 섬들과 침식으로 생긴 수 km 폭의 기다란 홈이 포함돼 있다. 이것은 엄청난 양의 물이 땅 위를 덮치면서 큰 홍수가 일어났음을 보여주는 증거이다.

앞에서 보았듯이, 현재의 맥동 빙기 시대 동안에 빙하 성장은 전 세계의 해수면을 100m 이상 낮추는 결과를 가져왔다. 이 때문에 북해와 영국 해협 분지 주변의 얕은 대륙붕이 마른 땅으로 드러났다. 약 42만 5000년 전의 빙기(최근의 빙기에서 다섯 번 이전의 빙기) 동안 스코틀랜드와 스칸디나비아 대륙 빙하와 영국과 프랑스를 잇고 있던 폭 30km의 바위 언덕 사이에 방대한 양의 물이 갇혀 호수가 생겨났다. 이 호수에는 빙하에서 녹은 물뿐만 아니라 템스강과 라인강 같은 강의 물도 흘러들었다. 빠져나갈 구멍이 하나도 없는 상태에서 호수의 수위는 점점 상승했고, 그러다가 마침내 육교 꼭대기로 흘러넘치기 시작했다. 이 웅장한 폭포들은 영국 해협 바다 곳곳에 거대한 용소龍沼(폭포수가 떨어지는 지점에 생긴 깊은 웅덩이)를 만들었고, 점점 장벽 뒤쪽을 향해 나아가면서 지면을 깎아내 결국에는 이 천연 댐을 허물어뜨렸다. 갇혀 있던 호숫물이 한꺼번에 격변적인 대홍수처럼 쏟아져 나오면서 장벽의 갈라진 틈을 더 벌렸고, 영국 해협 바다을 깎아내면서 오늘날 음파 탐지기에 나타나는 것과 같은 지형을 만들어냈다. 42만 5000년 전에 일어난 이 첫 번째 대홍수 뒤에 약 20만 년 전에 두 번째 대홍수가 일어난 것으로 추정되는데, 이 두 사건의 침식 작용으로 오늘날의 도버 해협이 만들어졌다. 이곳의 유명한 백악 절벽들은 이전 지협에서 남은 부분이다. 그 후 빙기가 끝나고 간빙기가 될 때마다 빙하가 녹으면서 해수면이 상승해 이 통로는 영국 해협이 되었다. 이로써 영국은 유럽 대륙과 영원히 분리되었다.

영국 해협의 생성은 역사를 통해 영국과 전체 유럽에 큰 영향을 미쳤다. 유럽의 역사에서 영국 해협은 천연 해자 역할을 하면서 영국을 보호했다. 마지막 대규모 영국 침공 사건인 1066년의 노르만 정복(1066년에 노르망디 공 윌리엄 1세가 영국을 정복한 사건. 이 결과로 노르만 왕조가 세워졌다)은 거의 1000년 전에 일어났다.

영국은 교역을 수월하게 할 수 있을 만큼 유럽 대륙에 충분히 가까이 위치했고, 유럽 대륙의 정치에 깊숙이 관여했지만, 그와 동시에 천연 장벽 덕분에 충분한 보호를 받았다.

유럽 대륙에서 끊이지 않은 다툼과 갈등과 국경 변화가 일어나는 와중에도 영국은 자신의 영토에 전쟁의 참화가 번지는 것을 피하면서 유럽 정치에 거리를 둔 채 안전하게 지낼 수 있었고, 큰 이해가 걸렸을 때에만 선택적으로 개입했다. 예를 들어 17세기에 영국은 유럽의 가톨릭 국가들과 프로테스탄트 국가들 사이의 분쟁으로 시작해 중앙유럽 대부분을 파괴하고, 그로 인한 기아와 질병으로 대규모 인구 감소(일부 지역에서는 50%가 넘게)를 초래한 30년 전쟁의 참화를 피할 수 있었다. 천연 해자 뒤에서 안전하게 지낼 수 있었던 영국의 상황은 북쪽은 바다로, 남쪽은 알프스산맥으로 막혀 있지만 양 옆으로는 유럽 평원에 노출된 독일의 상황과 많은 점에서 대조적이다. 천연 방어벽 부족으로 인한 취약성은 이 지역 국가들—신성로마제국, 프로이센, 통일 독일—의 불안정과 군사적 야심을 설명해준다.

분명하게 설정된 천연 국경과 비교적 작은 면적 덕분에 영국은 봉건 영주들이 지배하던 영지들을 일찍 통일해 단일 국가를 건설할 수 있었다. 1215년의 마그나 카르타Magna Carta부터 시작해 오늘날의 의회 제도 확립에 이르기까지 영국이 전제 군주제로부터 더 균형 잡힌 민주주의 제도로 점진적으로 이행하는 데에는 외부의 위협에 대한 상대적 안전성이 큰 도움을 주었다는 주장도 있다.

게다가 방어해야 할 육상 국경이 없는 영국은 유럽 대륙의 경쟁국에 비해 군사비 지출을 아주 낮은 수준으로 유지할 수 있었다. 대신에 해군을 건설하고 유지하는 데 집중할 수 있었는데, 영국 해군은 단지 국가를 방어하는(1805년에 프랑스와 에스파냐 연합함대를 격파함으로써 영국을 침공하려던 나폴레옹의 꿈을 수장시킨 트라팔가르 해전이 가장 대표적인 예이다) 데에만 몰두한 게 아니라, 에스파냐와 프랑스와 네덜란드를 대체해 해상 제국을 건설하는 과정에서 해외 식민지를 방어하고 상업적 이익과 교역로를 보호하는 역할도 했다.

물론 영국이 섬나라가 아니었더라면 유럽의 역사가 어떻게 펼쳐졌을지 확실하게 말하기는 어렵다. 만약 스코틀랜드와 스칸디나비아의 대륙 빙하가 합쳐져 빙하호를 만들고 그 물이 영국 해협을 통해 쏟아져 나가면서 지협을 침식해 도버 해협이 열리지 않았다면, 어떤 일이 일어났을까? 만약 빙기 동안에 얼음이 약간 덜 얼었더라면, 어떤 일이 일어났을까? 여기는 사실에 반하는 역사를 추측하는 자리가 아니지만, 잠재적으로 큰 의미가 있는 대체 결과를 생각해보면, 오늘날 전 세계에서 보는 지질학적 특징의 중요성을 이해할 수 있다. 만약 영국이 여전히 육교를 통해 유럽 대륙과 연결되어 있다면, 나치 독일에 저항하던 이 최후의 보루도 유럽을 휩쓴 독일군의 전격전 앞에서 무너지지 않았을까? 또 영국은 1805년에 나폴레옹의 프랑스 대육군에 무릎을 꿇었거나, 1588년에 에스파냐 군대가 함대를 동원할 필요도 없이 영국을 침공하지 않았을까?

강한 섬나라가 침공에 저항하면서 특정 국가가 통합 유럽 제국을 세우지 못하게 함으로써 유럽 대륙의 역사에서 힘의 균형을 유지하는 데 도움을 주었다고 주장할 수도 있다. 반면에 영국의 지리적 격리 상태는 공통의 이해와 운명에도 불구하고, 영국인에게 유럽 대륙과 다소 거리를 두고 이웃 나라들과 더 긴밀한 관계를 꺼리는 섬나라 사고방식을 만들어냈다.

지구 역사에서 최근의 시기는 우리 종이 지구 전체로 퍼져나가는 데 도움을 주었고, 맥동 빙기가 자연 지형에 남긴 영속적인 자국은 인류의 역사에도 큰 영향을 미쳤다. 문명의 전체 이야기는 현재의 간빙기 동안에 펼쳐졌는데, 이제 인류 이야기에서 이 기본적인 이행 과정 뒤에서 작용한 지구의 힘들을 살펴보기로 하자. 그것은 바로 야생 동식물 종을 길들이고 농업이 발달한 이야기이다.

제 3 장

•

인류 진화를 도운
생물지리학적 환경

•

　　2만 년 전부터 1만 5000년 전까지 밀란코비치 주기들의 리듬
이 겹치면서 북반구의 기후가 또다시 따뜻해지기 시작했다. 거
대한 대륙 빙하들이 녹아 후퇴하기 시작하면서 마지막 빙기의
동결 상태가 끝났다. 북아메리카에서는 빙하가 녹아 흘러나온
물 중 상당량이 후퇴하는 빙하 말단에 남은 퇴적물 언덕 뒤쪽에
갇혔다. 이것은 엄청나게 큰 해빙수 호수들을 만들었는데, 그중
가장 큰 것은 아가시즈호이다. 이 명칭은 과거의 빙기 때 빙하가
북반구를 뒤덮었다는 (그 당시로서는) 급진적 개념을 처음 주장한
스위스 출신의 미국 지질학자 루이 아가시^{Louis Agassiz}의 이름에서
딴 것이다. 기원전 1만 1000년경에 아가시즈호는 크게 팽창해
캐나다와 미국 북부에서 약 50만 km²(거의 흑해와 맞먹는 크기)의
면적을 차지했다. 그러다가 결국 올 것이 오고 말았다. 천연 댐
이 터져 엄청난 양의 물이 콸콸 흘러나오면서 대홍수가 일어났
다. 이 물은 현재의 매켄지강이 흐르는 경로를 따라 노스웨스트
준주를 지나 북극해로 들어갔다. 갇혀 있던 막대한 양의 물이 갑
자기 흘러나오는 바람에 전 세계의 해수면이 급격히 상승했다.
하지만 이보다 훨씬 중요한 것은 그곳에서 약 1만 km 떨어진 지
중해 동부의 레반트 지역에서 발달하고 있던 문화에 미친 영향
이다.*

새로 발견한 낙원과 잃어버린 낙원

대륙 빙하가 후퇴하는 동안 숲이 다시 팽창하면서 넓은 띠를 이루며 뻗어 있던 건조한 스텝과 관목 지역을 대체했고, 강들이 불어나고 사막은 줄어들었다. 기후가 따뜻해지고 강수량이 많아지자 식물이 무성하게 자라면서 확산되었고, 풀을 뜯는 포유류 개체군이 증가했다. 지구에 봄철이 돌아오고 있었고, 우리의 수렵 채집인 조상들은 살아가기가 한결 편해졌다. 레반트에서는 야생 밀과 호밀, 보리가 풍성하게 자랐고 삼림 지대가 회복되었다. 농업이 발달하기도 전에 세계 최초의 정착 사회를 형성한 것으로 보이는 나투프인이 이곳에서 나타났다. 이들은 돌과 나무로 집을 지은 마을을 이루어 정착 생활을 했으며, 삼림 지대에서 열매와 견과와 함께 야생 곡류를 채집하고 가젤을 사냥했다. 만약 수렵 채집인이 살던 에덴동산이 있었다고 한다면, 이곳이 바로 거기였을지 모른다.

하지만 이 황금시대는 오래가지 못했다. 약 1만 3000년 전에 급작스러운 기후 요동이 1000년 이상 지속되면서 근동의 이 지역과 북반구 전체를 덮쳤다. 이 사건을 영거 드리아스^{Younger Dryas}(추운 툰드라 지대에서 피는 '드리아스'라는 꽃이 유럽 전역에 만발했기 때문에 이런 이름이 붙었다)라고 부르는데, 불과 수십 년 사이에 훨씬 더 춥고

---

* 사실, 기원전 1만 1000년에 일어난 이 에피소드는 아가시즈호가 말라붙었다가 그곳에 다시 빙하가 녹은 물이 쌓인 뒤 천연 댐이 또다시 무너진 여러 차례의 사건 중 하나인데, 이런 사건이 일어날 때마다 매번 전 세계의 해수면이 갑자기 급상승했다.

건조한 기후로 급속하게 되돌아갔다. 그런데 지구의 기후를 돌연히 빙기의 조건으로 되돌린 원인은 무엇이었을까? 아가시즈호에서 방출된 물이 그 원인이었던 것으로 보인다.

이 거대한 호수에서 갑자기 쏟아져 나온 민물이 북대서양의 표층수를 뒤덮으면서 정상적인 해양 순환 패턴을 일시적으로 중단시켰다. 오늘날 전 세계의 바다는 활발한 컨베이어 벨트처럼 작용하면서 적도 부근의 열을 극 쪽으로 실어 날라 물을 순환시킨다. 이것을 열염 순환熱鹽循環, thermohaline circulation이라고 부르는데, 바닷물의 온도 차와 염도 차가 순환의 원동력이기 때문이다. 바람이 적도 부근의 따뜻한 표층수를 고위도 지역으로 밀어 보내면서(더 자세한 내용은 8장에서 다룰 것이다), 예컨대 카리브해의 열과 습기를 북유럽 쪽으로 전달하는 멕시코 만류를 유지시킨다. 도중에 일어나는 증발 때문에 바닷물은 염도가 높아지고, 또 북쪽으로 이동함에 따라 온도도 낮아진다. 이 두 가지 효과 때문에 바닷물은 밀도가 더 높아져 극에 가까워지면 해저 바닥으로 가라앉아 깊은 곳에서 다시 적도 쪽으로 돌아간다. 극지방의 바닷물이 아래로 가라앉으면, 그 자리를 메우려고 더 많은 물이 밀려오기 때문에 해류의 흐름이 계속 유지된다. 하지만 아가시즈호에서 방출된 막대한 양의 민물이 북대서양으로 흘러들자, 이 컨베이어 벨트를 작동시키던 염분 펌프가 돌연히 중단되었다. 적도 지역의 열을 재분배하던 해양 순환 시스템의 작동이 멈추자, 북반구 중 많은 지역이 빙기의 최성기 때 경험했던 조건으로 되돌아갔다.

기온이 크게 떨어지고 강수량이 줄어든 환경 위기 때문에 나투프인이 살던 땅은 건조하고 나무가 없이 가시 많은 관목과 풀만 자라는 스텝으로 되돌아갔고, 풍부하던 야생 식량 자원이 눈앞에서 확 줄어들었다. 이에 반응해 적어도 일부 나투프인은 막 피어나던 정착 생활 방식을 버리고 이동 채집 생활로 돌아간 것으로 보인다. 하지만 고고학자들은 다른 나투프인은 이 영거 드리아스 사건 때문에 수렵 채집인으로 살아가던 생활 방식을 버리고 농업을 발달시켰다고 믿는다. 이들은 살아남기 위해 충분한 식량을 구하려고 더 멀리 배회하는 대신에 씨를 가지고 돌아와 땅에 심었다. 이것은 순화馴化, domestication의 첫 단계였다. 나투프인이 살던 마을에서 발견된 통통한 호밀 씨는 이러한 발전을 알려주는 증거로 해석되었다. 이 주장은 논란이 있지만, 만약 사실이라면 나투프인은 세계 최초의 농부였다. 우리의 생활 방식을 되돌릴 수 없게 바꾼 발명은 갑작스런 기후 변화의 역경 속에서 태어났다.

지구에서 일어난 일련의 사건들—아가시즈호에 갇혔던 물의 방출, 대서양 순환 시스템 중단, 영거 드리아스 사건의 충격—의 여파로 나투프인은 씨를 뿌려 농사를 지은 최초의 인류가 되었을지 모르지만, 이미 정착 생활 문화를 발전시킨 이들은 아마도 그 당시에 최초의 농사 실험을 시도할 준비가 되어 있던 유일한 사람들이었을지 모른다. 하지만 그로부터 수천 년이 지나기 전에 마지막 빙기가 지나 지구가 다시 따뜻해지자, 전 세계 각지에 살던 사람들이 이들의 뒤를 따르기 시작했다. 약 1만 1000년 전부터 5000년 전까지 최소한 지구 각지의 일곱 곳에서 농업이 발달했다.

신석기 혁명

해부학적 현생 인류가 아프리카에 나타난 것은 약 20만 년 전인 반면, 우리 조상이 행동학적으로도 현생 인류가 된 것은 10만 ~5만 년 전이다. 이제 이들은 언어적으로나 인지적으로나 오늘날의 우리와 동일한 능력을 지녔고, 사회적 집단을 이루어 살았으며, 도구와 불을 능숙하게 만들고 사용했다. 죽은 자를 정성 들여 매장했고, 옷을 만들었으며, 동굴 벽화와 뼈나 돌에 새긴 조각품에 자신들과 주변의 자연계를 표현한 예술품을 만들었다. 이들은 능숙한 사냥꾼이었고, 물고기도 잡았으며, 아주 다용한 식용 식물을 채집했다. 심지어 야생 곡물을 단순한 맷돌에 갈아 가루로 만들기 시작했다.

앞 장에서 보았듯이, 약 6만 년 전부터 인류는 아프리카에서 벗어나 전 세계로 확산해가기 시작했다. 하지만 농업과 정착 생활을 향해 지속적인 발걸음을 처음 내디딘 것은 신석기 혁명이 일어난 약 1만 1000년 전이었다. 중동 동부의 비옥한 초승달 지대에서 최초의 농작물을 길들여 재배하고 있을 때, 북아메리카에서는 여전히 대륙 빙하가 캐나다의 절반 이상을 뒤덮고 있었다. 그리고 얼마 후 중국 북부의 황허강 유역에서도 농작물을 재배하기 시작했다. 그로부터 불과 수천 년 사이에 세계 각지에 살던 우리 조상들도 농작물을 재배했다. 북아프리카 사헬 지역(사하라 사막 남쪽 가장자리에 동서로 띠 모양으로 퍼진 지역. 건조한 사하라 사막에서 열대 아프리카로 옮아가는 지역으로 가뭄이 잦다), 메소아메리카 저지대, 남아메리카 안데스-아마존 지역, 북아메리카 동부 삼림 지대, 뉴기니에서도 농업이 시작되었다. 마지막 빙기의 약 10만 년을 수렵 채집인으로 살아가다가 지구가 따뜻해진 시기에 발맞추어 세계 각지에서 다양한 사람들이 우리 종을 돌이킬 수 없게 변화시킨 농업과 문명의 길을 향해 나아갔다. 그것은 마치 경주의 시작을 알리는 총성이 울린 것과 같았다. 인류에게 이 결정적 한 걸음을 내딛도록 배후에서 작용한 지구의 힘들은 무엇이었을까?

세계 각지의 서로 다른 장소에서 살던 사람들이 의도적으로 씨를 뿌리고 작물을 정성 들여 가꾸면서 농작물을 길들이고 선택적 품종 개량을 하는 시도를 처음에 왜 시작했는지는 확실히 알 수 없다. 농업의 발전은 농사를 덜 위험하고 더 매력적으로 보이게 만든 기후 변화에 자극을 받아 일어났을 수도 있고, 반대로 기후 조건의 악화(영거 드리아스 사건 같은)가 가져온 지역적 충격 때문에 정착 생활을 하던 공동체가 식량을 구하는 대안을 모색하는 과정에서 일어났을 수도 있다. 하지만 어느 쪽이건 마지막 빙기가 끝난 사건이 결정적 계기가 된 것이 분명하다.

비록 추운 기후가 큰 이유는 아니지만, 인류가 빙기 동안에 농사를 짓기 위해 정착하지 않았다는 것은 그다지 놀랄 만한 일이 아닐 수도 있다. 북쪽의 대륙 빙하들이 북극 지방에서 아래쪽으로 확장되면서 아메리카와 유럽, 아시아의 고위도 지역들을 뒤덮긴 했지만, 다른 지역들의 기후는 살기 힘들 정도로 아주 심하게 춥지는 않았다. 적도 지역의 평균 기온은 오늘날보다 겨우 1~2도 낮은 수준에 그쳤다. 그리고 비록 빙기의 지구가 전체적으로는 지금보다 더 건조했다고는 하지만, 모든 곳이 다 농업의 발달을 막을 만큼 아주 건조하지는 않았다. 제한 요인은 심하게 춥거나 건조한 기후보다는 매우 큰 기후의 변동성이었다. 국지적 기후와 강수량이 갑자기 그리고 극적으로 변할 수 있었다. 빙기에 살았던 어떤 부족이 때 이른 실험을 시도했다 하더라도, 그러한 노력은 급작스런 기후 요동 때문에 물거품으로 돌아갔을 가능성이 높다. 우리의 역사에서 훨씬 후대에도 국지적 기후가 건조해져 농업의 기반이 붕괴하는 바람에 잘 유지되던 문명이 무너지는 일이 일어났다. 인도의 하라파 문명이나 이집트의 고왕국, 고전기 마야 문명이 그런 예이다.*

반면에 현재 우리가 살고 있는 것과 같은 간빙기는 비교적 안정적인 기후 조건이 특징이다. 실제로 지난 1만 1000년 동안 지속된 홀로세 간빙기는 지난 50만 년 사이에 따뜻한 기후가 가장 오랫동안 안정적으로 유지된 시기였다. 그리고 식물의 생장에 도움을 주었을 마지막 빙기 이후의 대기 중 이산화탄소 농도 증

---

* 사실, 이보다 앞서 존재했지만 고고학적 흔적을 전혀 남기지 않고 사라진 정착 농경 사회들이 있었을지 모른다. 특히 빙기의 연안 평야 지역에 세워졌던 정착촌들은 해수면이 상승하면서 모두 물 밑으로 가라앉았을 것이다.

가는 전 지구적으로 작용한 효과였다. 전 세계 각지의 문화들에서 거의 동시에 농업이 발달한 이유는 이것으로 설명할 수 있다. 안정적이고 따뜻하고 강수량이 많은 조건은 큰 낟알이 열리는 초본 식물을 믿을 수 있게 생산하는 지역들에서 사람들이 광범위한 지역을 배회하며 살아가는 대신에 선별된 일부 종들을 직접 재배하면서 정착 생활을 하는 동기가 되었을 수 있다. 간빙기는 농부에게 필수 조건이었던 것처럼 보인다.

이제 우리가 야생 식물과 동물을 어떻게 길들였는지 그리고 인류가 어떤 종을 선택하는 데 영향을 미친 결정적 요인이 무엇인지 자세히 살펴보자.

변화의 씨앗

홀로세는 현생 인류가 경험한 최초의 간빙기인데, 간빙기가 시작된 직후에 전 세계 각지에서 사람들이 농업을 발달시키기 시작했다. 밀과 보리는 약 1만 1000년 전에 터키 남부의 비가 많이 내리는 구릉진 지역에서 처음 순화된 뒤, 티그리스강과 유프라테스강 사이의 메소포타미아^Mesopotamia('강들 사이의 땅'이라는 뜻)라는 평야 지역으로 확산되었다. 관개는 2000여 년 뒤에 터키의 고지대에서 처음 발달했는데, 7300~5700년 전에 메소포타미아 지역에서 두 강의 홍수 때 불어난 물을 통제하고 분배하기 위해 이 기술을 받아들였다. 메소포타미아와 레반트, 나일강 사이에서 구부러지며 뻗어 있는 이 지역을 비옥한 초승달 지대라 부른다. 이곳은 북아프리카와 중동의 메마른 환경에서 경작이 가능한 호 모양의 지역이다.

중국에서는 약 9500년 전부터 더 서늘하고 계절에 따라 더 건조한 북서부의 황허강 유역에서 기장을 재배했다. 기장과 약 8000년 전에 순화된 콩은 이 지역의 부드럽고 비옥한 황토 토양에서 재배되었다. 거의 같은 무렵에 더 따뜻하고 강수량이 더 많은 열대 지역인 중국 남부 양쯔강 주변에서 벼농사가 시작되었다. 이곳에서는 논과 언덕의 계단식 논에서 엄청나게 많은 벼를 재배했는데, 논에 물을 수 cm 높이로 계속 댔다가 수확 전에 다시 빼내야 하기 때문에 물을 상당히 능숙하게 관리하는 기술이 필요했다.

비옥한 초승달 지대에서 순화된 농작물은 9000~8000년 전에 인더스강 유역으로 확산되었고, 갠지스강 삼각주에서는 벼농사가 시작되었는데, 이것은 아마도 중국과 상관없이 독자적으로 발달했을 것이다. 사하라 사막과 더 남쪽의 사바나 사이에 띠 모양으로 늘어선 반건조 기후 지역인 사헬에서는 약 5000년 전에 수수와 아프리카벼 재배가 시작되었지만, 그 후 계속되는 건조한 기후 때문에 농사를 짓던 사람들이 강수량이 더 많은 서아프리카 지역으로 옮겨갔다.

아메리카에서는 약 1만 년 전에 메소아메리카에서 스쿼시(호박의 일종)를 순화시켰고, 약 9000년 진부터 멕시코 남부에서 옥수수를 재배했다. 나중에 콩과 토마토도 이곳의 주요 작물이 되었다. 감자는 약 7000년 전부터 안데스산맥 지역에서 많은 품종이 재배되었다. 열대 뉴기니 고지대에서는 7000년 전부터 4000년 전 사이에 녹말이 많은 덩이줄기 작물인 얌과 토란이 재배되었다.*

따라서 기원전 5000년 무렵에 인류는 메소포타미아의 범람원에서부터 페루 안데스산맥 고지대와 아프리카와 뉴기니의 열대 지역까지 다양한 기후대와 지형에서 광범위한 식용 종을 길들여 재배하는 법을 배웠다. 우리가 재배한 식물 중 가장 중요한 것은 곡물이었다. 밀과 쌀, 옥수수 같은 곡물은 기장, 보리, 수수, 귀리, 호밀과 함께 인류 문명을 수천 년 동안 지탱해왔다. 전 세계 대부분의 지역에 확산된 가장 중요한 농업 방식 세 가지는 비옥한 초승달 지대에서 시작된 밀, 중국의 쌀, 메소아메리카의 옥수수 생산 방식이다. 오늘날 이 세 가지 곡물은 전 세계 인류의 전체 에너지 섭취량 중 약 절반을 공급한다.

----

* 흥미로운 사실이 있는데, 우리가 재배하는 식물 중 여럿은 만약 사람들이 의도치 않게 구해주지 않았더라면 영영 멸종했을지 모른다. 예를 들면, 스쿼시와 박, 호박, 주키니호박의 야생종 조상 열매는 모두 역겨울 정도로 쓰고 단단한 껍질 속에 들어 있다. 그래서 그것을 깨서 속의 씨를 퍼뜨리려면 매머드나 마스토돈처럼 큰 동물에게 의존해야 했다. 그런 대형 동물들이 멸종하자, 이 식물들의 운명은 바람 앞의 등불 같은 신세가 되었다. 하지만 약 1만 년 전에 이 식물들은 새로운 동물 종인 사람과 공생 관계를 맺으면서 간신히 살아남았다. 우리는 이 식물들을 순화시키고, 밭과 농장에 새로운 인공 서식지를 마련해주었으며, 여러 세대에 걸친 선택적 품종 개량을 통해 더 크고 껍질이 부드럽고 맛이 더 좋은 품종으로 개량했다. 아보카도와 코코아도 원래는 멸종한 지 얼마 안 된 대형 포유류에 의존해 씨를 확산시킨 것으로 보이는데, 멸종할 뻔한 이 종들도 우리가 이 유령 종들을 받아들여 씨를 대신 확산시켜준 덕분에 살아남았다.

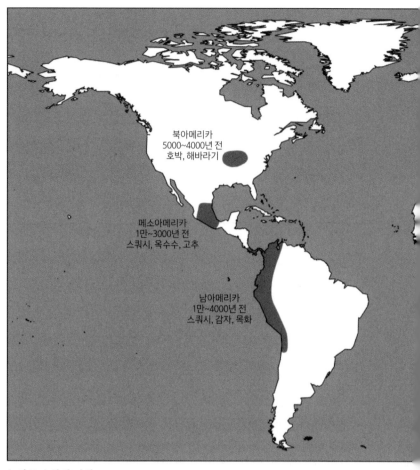

북아메리카
5000~4000년 전
호박, 해바라기

메소아메리카
1만~3000년 전
스쿼시, 옥수수, 고추

남아메리카
1만~4000년 전
스쿼시, 감자, 목화

농작물 순화의 기원

주요 곡물은 모두 초본 식물, 즉 풀이다. 여기서 놀라운 사실은 우리가 목초지에서 방목하는 소나 양, 염소와 다를 바가 없다는 점이다. 인류도 풀을 먹고 살아가기 때문이다.

많은 풀은 생명력이 질긴 식물 종으로, 기후가 점점 건조해짐에 따라 기존의 숲이 사라진 곳이나 불이 나 황폐해진 곳 또는 기

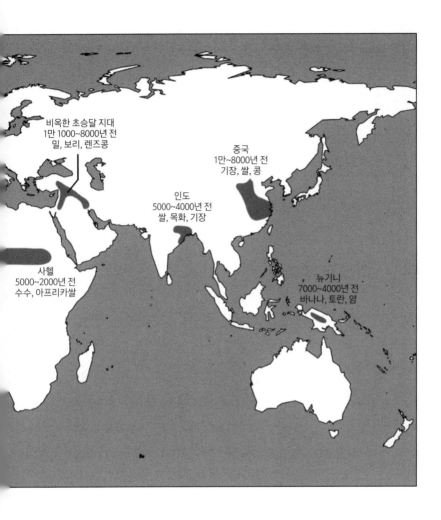

비옥한 초승달 지대
1만 1000~8000년 전
밀, 보리, 렌즈콩

중국
1만~8000년 전
기장, 쌀, 콩

인도
5000~4000년 전
쌀, 목화, 기장

사헬
5000~2000년 전
수수, 아프리카쌀

뉴기니
7000~4000년 전
바나나, 토란, 얌

존의 생태계에 큰 교란이 일어난 장소에 자리를 잡고 잘 살아갈 수 있다. 풀의 생존 전략은 빨리 자라고, 태양에서 얻은 에너지 대부분을 나무처럼 튼튼한 뼈대를 만드는 대신에 씨를 만드는 데 투입하는 것이다. 이 특성 때문에 씨를 먹는 우리는 이 식물을 재배하고 싶은 동기가 생긴다. 오늘날 많은 사람들이 아침에

토스트나 시리얼을 먹는 생태학적 이유는 바로 여기에 있다—밀빵, 콘플레이크, 쌀 크리스피, 오트밀은 모두 빨리 자라는 초본식물 종에서 나온 것이다(그리고 곡물은 다른 음식들에도 주 재료로 쓰인다).

하지만 곡물을 이용하려면 해결해야 할 생물학적 문제가 한가지 있다. 우리는 소가 아니어서 질긴 식물 물질을 분해해 영양분을 추출하는 데 도움을 주는 4개의 위가 없다. 그래서 우리는에너지를 낟알(식물학적으로 말하자면 열매)에 농축한 식물 종을 선택했고, 이 문제를 해결하는 데 위보다는 뇌를 많이 사용했다. 낟알을 갈아 가루를 만드는 데 사용하는 맷돌(그리고 그것을 돌리는힘을 얻기 위해 발명한 수차나 풍차 같은 메커니즘)은 우리의 어금니를기술적으로 확장한 것이다. 그리고 곡물 가루를 조리해 빵으로만드는 오븐이나 쌀과 채소를 끓이는 데 사용하는 솥은 몸 밖의전소화前消化 계통과 같다. 우리는 열과 불의 화학적 변화 능력을사용해 복잡한 식물 화합물을 분해함으로써 영양분을 흡수하기쉬운 형태로 바꾸었다.

돌아올 수 없는 다리를 건너다

농업의 발달은 땅을 일구고 작물을 재배하는 데 계속 많은 노동을 투입해야 했지만, 그것을 받아들인 사회들에 엄청난 이득을 가져다주었다. 정착한 사람들은 수렵 채집인보다 인구 증가

속도가 훨씬 더 빨랐다. 어린이를 먼 거리로 함께 데려가지 않아도 되었고, 아기의 젖을 훨씬 일찍 뗄 수 있었는데(곡물 가루를 먹임으로써), 그 덕분에 여성은 아이를 더 자주 낳을 수 있게 되었다. 그리고 농경 사회에서는 아이가 더 많다는 것은 작물과 가축을 돌보고 어린 형제를 보살피고 집에서 음식을 손질할 손이 많아진다는 뜻이기 때문에 큰 이점이다. 농부들은 아주 효율적으로 더 많은 농부들을 낳았다.

동일한 면적의 기름진 땅에서 작물을 재배할 경우, 원시적인 기술로도 채집이나 사냥을 할 때보다 10배나 많은 식량을 생산할 수 있었다. 하지만 농업은 덫이기도 하다. 어떤 사회가 일단 농업을 받아들이고 구성원 수가 증가하면, 더 단순한 생활 방식으로 되돌아가기가 불가능하다. 많은 인구를 모두 먹여 살릴 만큼 충분한 식량을 생산하려면 농업에 완전히 의존해야 하기 때문이다. 즉, 일단 건너가면 돌아올 수 없는 다리를 건너는 셈이다. 그리고 이것은 다른 결과들도 낳는다. 농업에 의존해 인구 밀도가 높은 상태로 정착해 살아가면, 얼마 지나지 않아 고도로 계층화된 사회 구조가 발달하는데, 수렵 채집인 사회에 비해 평등이 줄어들고, 계층 간 부와 자유의 격차가 커진다.

기원전 6000~5000년에 농부들이 순화한 농작물을 가지고 오늘날의 터키 산지에서 내려와 메소포타미아 평야 지대로 처음 옮겨갔을 때, 지구는 밀란코비치 주기에서 가장 따뜻하고 강수량이 많은 단계로 진입하고 있었다. 메소포타미아 저지대의 습지 땅은 북쪽 고지대에서 침식된 뒤 페르시아만으로 흘러가는 강물에 실

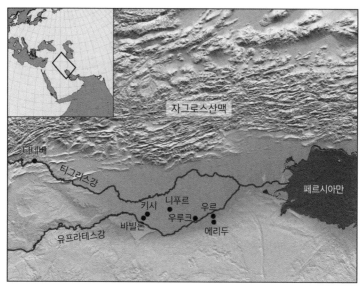

메소포타미아는 판의 활동으로 자그로스산맥과 함께 생긴
지각의 골에 위치한다.

려 온 충적토가 두껍게 쌓여 아주 비옥했다(1장에서 보았듯이, 메소
포타미아는 판의 활동으로 생긴 골을 따라 뻗어 있다). 생산성이 높은 농
업은 인구 증가에 기름을 부었지만, 기원전 3800년 무렵에 기후
가 또다시 서늘해지고 강수량도 줄어들었다. 강들 사이의 비옥한
땅은 말라붙기 시작했다. 이에 대응해 마을 농부들은 자원과 인
력을 공유하면서 함께 모여 점점 더 큰 정착 사회를 이루었는데,
이를 기반으로 더 광범위한 관개 조직을 운영할 수 있었다. 농업
과 운송을 위해 이러한 수로를 건설하고 유지하려면 중앙 집권적
행정 조직과 점점 더 복잡해지는 사회 조직이 필요했다. 그래서
농업을 통해 세계 최초의 도시화된 사회가 탄생한 사건은 바로
이곳 메소포타미아에서 일어났다. 기원전 3000년경까지 건설된

도시는 10여 개가 넘었는데, 에리두, 우루크, 우르, 니푸르, 키시, 니네베 그리고 나중의 바빌론을 비롯해 그 이름들은 아직도 우리의 문화적 기억에 남아 있다. 강들 사이의 땅은 도시들의 땅이 되었고, 주민들은 그 땅을 수메르라고 불렀다. 기원전 2000년 무렵에는 수메르 인구의 90%가 도시에서 살았다.*

고대 이집트에서 문명이 출현한 사건도 기후 변화의 산물로 보인다. 이전의 간빙기들 동안에 북아프리카는 강수량이 상당히 많았고, 큰 호수와 광범위한 하천계가 여기저기 널려 있어 사하라 지역은 초원과 무성한 숲으로 푸르렀다. 부족들은 이러한 사바나와 삼림 지대 자연 환경에서 배회하면서 사냥을 하고 호수와 강에서 물고기를 잡았다. 이 지역에 한때 이렇게 야생 생물이 번성했음을 알려주는 증거는 사냥꾼들이 남긴 암벽화밖에 없는데, 이 그림들에는 악어와 코끼리, 가젤, 타조 등이 묘사되어 있다.

하지만 이러한 최적의 기후 조건은 오래 지속되지 못했다. 메소포타미아의 기후가 건조해지기 시작하자, 몬순도 북아프리카에서 후퇴해버렸다. 사하라 지역에 고여 있던 지표수 지역들은 곧 사라져버렸고, 기원전 4000년 무렵에 이 지역은 급속하게 말라붙었다. 이곳에 살던 사람들은 기후가 오늘날처럼 아주 건조하게 변하면서 주변 환경이 악화되어 가는 것을 지켜보았다. 처음에는 남아 있던 오아시스 근처에서 살아남을 수 있었지만, 이 지역이 계속 메말라가자 이들도 결국 죽어가는 땅을 버리고 나

---

* 비옥한 충적토가 먹여 살린 수메르의 도시들은 대체로 그들의 발밑에 있던 강의 진흙으로 건설되었다. 자세한 내용은 5장에 나온다.

일강 유역으로 옮겨갔다. 이집트는 근동에서 길들인 작물과 동물을 물려받았고, 기원전 4000년 무렵부터 농경 마을들이 처음에는 삼각주에서 그리고 나중에는 나일강 상류를 따라 나났다. 사하라 지역이 마침내 완전히 메마른 땅으로 변한 기원전 3150년 무렵에 이 지역은 이집트 왕조의 파라오가 지배하는 통일 국가가 되었다. 따라서 이집트 문명의 시작을 알리는 인구 밀도와 사회 계층화, 국가의 통제가 높아져간 과정의 배경에는 사막으로 변해가는 사하라 지역을 떠나 좁은 나일강 유역으로 몰려든 기후 난민이 있었다.

고대 이집트는 지리적 환경과 기후가 가져다준 제약과 기회가 결합해 문명의 발달에 어떻게 큰 영향을 미치는지 아주 분명하게 보여주는 사례이다. 리본처럼 사막을 가로지르며 뻗어 있는 오아시스인 나일강은 여름만 되면 어김없이 범람하는데, 에티오피아 고원의 발원지를 침식해 내려오는 강물은 미네랄을 듬뿍 함유한 퇴적물을 강 양안에 쌓아 평야 지역에 생기를 다시 불어넣는다. 거대한 나일강은 또한 단순한 운송 수단도 제공했다. 북아프리카의 이 위도대에서는 늘 북동 무역풍이 부는데(더 자세한 내용은 8장에서 다룰 것이다), 그래서 배들은 바람을 타고 상이집트로 갈 수 있다. 그리고 부드럽게 흐르는 나일강의 물살을 타면 하류 쪽으로도 쉽게 갈 수 있다. 이러한 자연적 양방향 운송 체계는 곡물과 목재, 석재, 군인의 수송을 용이하게 했을 뿐만 아니라, 남북 방향을 따라 이집트 전역의 커뮤니케이션을 원활하게 해 통일 국가를 유지하는 데 큰 도움을 주었다.

나일강 양편에는 건너기 힘든 사막이 길게 뻗어 있는데, 이 천연 장벽은 오랫동안 외적의 침공을 막아주었다. 하지만 이 환경 조건은 이집트가 영토를 확장해 제국으로 발전하는 것도 막았다. 기원전 2000년대 후반에 레반트 해안으로 팽창한 것 말고는 이집트는 나일강 주변의 지역 강국에 머물렀다. 나일강 유역은 곡물 생산에는 아주 좋았지만(이 지역은 고대 그리스의 도시 국가들을 먹여 살리는 데 도움을 주었고, 나중에는 로마 제국에 식량을 공급하는 곡창 지대가 되었다), 나무가 부족했다. 삼나무 목재는 레반트에서 수입했지만, 그 비용이 너무 비싸 이집트의 군사력을 지중해 전역이나 홍해 너머까지 과시할 만큼 거대한 규모의 해군을 육성할 여력이 없었다.

단순한 국내 운송 체계, 나일강이 제공한 농업의 생태학적 지속 가능성, 사막이 제공한 천연 방어 장벽 같은 환경의 이점들이 결합된 결과로 이집트 문명은 안정 상태를 오래 지속할 수 있었다. 이 지역에 번영을 가져다준 핵심 요인은 나일강이었다. 그래서 기원전 5세기에 그리스 역사가 헤로도토스Herodotos는 이집트를 "나일강의 선물"이라고 묘사했다.

따라서 수메르에 최초의 도시 중심지들이 생긴 지 수백 년이 지나기 전에 나일강과 인더스강, 황허강 유역에서도 도시들과 더 큰 사회 조직 체계들이 나타나기 시작했다. 풍요로운 농업으로 곡물을 많이 생산함으로써 인구가 점점 늘어나는 정착촌 주민을 먹여 살렸고, 통치자들은 식량 생산을 더 늘리고 생산한 식량을 분배하기 위해 증가하는 노동력을 통합 조정하여 광범위한 관개 시스템과 도로와 운하 같은 대규모 토목 공사를 벌였다. 그리고 도시에서는 식량 생산에서 자유로워진 사람들이 목공이나 금속 세공, 심지어 자연계 조사 같은 다양한 재주를 전문적으로 발전시켜나갔다. 저장된 잉여 곡물은 군대를 대규모로 유지하는 데 도움을 주었고, 장군들은 곧 세계 최초의 제국들을 건설했다.

야생 동물을 길들이다

문명의 탄생은 식물 종의 재배에만 의존해 일어난 게 아니다. 야생 동물을 가축으로 길들인 것도 문명의 탄생에 기여했다.

동물을 최초로 가축화한 사건은 인류의 정착 생활보다 더 앞서서 일어났다. 개는 유럽의 수렵 채집인들이 1만 8000년도 더 전인 마지막 빙기 동안에 사냥을 돕거나 접근하는 포식 동물의 위험을 사람에게 경고할 목적으로 늑대를 길들여 만들어냈다. 하지만 오늘날 우리가 기르는 동물 중 대다수는 농작물을 최초로 재배한 시기와 엇비슷한 훨씬 최근에 가축으로 길들여졌다. 양과 염소는 1만 년에서 조금 더 전에 레반트에서 가축화되었다ㅡ양은 토로스산맥의 산기슭에서, 염소는 자그로스산맥의 산기슭에서. 돼지는 1만~9000년 전에 아시아와 유럽에서 가축화되었고, 닭은 약 8000년 전에 남아시아에서 가축화되었다. 아메리카에서는 야마가 약 5000년 전에 안데스산맥에서, 칠면조가 3000년 전에 멕시코에서 가축화되었다. 사헬에서는 뿔닭이 가축화되었다.

이 모든 가축화는 그 가축의 조상들이 야생에서 오랜 동안 우리와 함께 살아가다가 일어났을 것이다. 해당 동물의 습성과 용도를 잘 알고 있지 않았더라면, 사람들은 그 동물을 번식시키고 먹이고 키우고 보호하는 데 시간과 에너지를 쓰려고 하지 않았을 것이다. 따라서 주변의 동물들과 오랫동안 상호 작용을 한 끝에 우리는 동물 사체를 뜯어먹던 생활 방식에서 사냥으로 전환했고, 그다음에는 동물들을 가축으로 기르기 시작했다.

앞에서 보았듯이, 야생 식물 종을 작물로 재배하면, 비록 시간과 노력은 더 많이 투자해야 하긴 했지만, 식량 생산량을 아주 크게 늘릴 수 있었다. 그리고 동물을 가축화하자, 오랫동안 사냥을 해야 하는 노력을 들이지 않고도 고기를 안정적으로 얻을 수 있었다. 그런데 가축화는 이리저리 떠돌이 생활을 하던 수렵 채집인은 누릴 수 없었던 다른 기회도 제공했다. 사냥해 잡은 동물로부터 고기와 피, 뼈, 가죽을 얻을 수 있다. 이것들은 모두 식량과 도구, 몸을 보호하는 재료로 아주 유용한 산물이지만, 딱 한 번만 얻을 수 있다. 하지만 동물을 보호하면서 기르면, 필요할 때 동물을 죽임으로써 이러한 산물을 훨씬 안정적으로 얻을 수 있다. 그리고 일단 동물을 가축화시켜 평생 동안 돌보면서 기르면, 야생 동물에게서는 쉽게 얻을 수 없는 유용한 산물과 서비스를 연속적으로 얻을 수 있다. 가축 사육은 완전히 새로운 자원도 제공했다. 이것을 '부산물 혁명'이라 부른다.

새로운 자원 중 하나는 젖이다. 처음에는 염소와 양에게서, 그

다음에는 소에게서 그리고 어떤 문화에서는 말과 낙타에게서도 젖을 짜 이용했다. 사실상 사람의 입이 그 동물 새끼의 입을 대체한 셈이다. 동물의 젖은 신뢰할 만한 영양 공급원(지방과 단백질뿐만 아니라 칼슘도 풍부하다)이며, 요구르트와 버터, 치즈처럼 그것으로 만든 제품은 그 영양분을 훨씬 오랫동안 보존할 수 있다. 암말을 평생 동안 기르면서 젖을 짠다면, 단순히 암말을 죽여 그 고기에서 얻는 것보다 4배나 많은 에너지원을 얻을 수 있다. 하지만 유럽과 아라비아, 남아시아, 서아프리카 원주민만 신선한 우유를 소화할 수 있다. 다른 포유류는 창자에서 젖을 소화하는 효소가 어린 시절에만 존재하지만, 이들은 이 효소가 어른이 된 뒤에도 평생 동안 계속 만들어지도록 진화했다. 이것은 우리가 가축으로 만들어 선택적으로 품종 개량한 동물 종과 공진화해왔다는 것을 명백하게 보여주는 한 예이다.

양털 역시 가축화한 양에게서 계속 수확할 수 있다. 야생 양은 털이 아주 많지만, 짧고 보송보송한 섬유로 이루어진 솜털은 얼마 되지 않는다. 많은 세대에 걸친 선택적 품종 개량 끝에 솜털이 많이 나는 양을 만들 수 있었다. 처음에는 털을 뽑다가 나중에는 깎아내 천으로 짜 옷을 만들었는데, 이 과정의 발전은 5000~6000년 전에 일어났다. 야마와 알파카도 남아메리카에서 동일한 목적으로 활용되었다.

그리고 큰 동물의 가축화는 수렵 채집인 사회에서는 이용할 수 없었던 중요한 자원을 또 하나 제공했다. 즉, 동물이 가진 근육의 힘을 운송이나 견인 목적에 이용할 수 있게 된 것이다. 무거운 짐을 나르는 데 맨 처음 사용된 종은 당나귀였지만, 얼마 지나지 않아 말과 노새(말과 당나귀 사이에서 태어난 불임 잡종)와 낙타로 대체되었는데, 이들은 모두 더 무거운 짐을 더 멀리 나를 수 있었다. (쟁기나 수레를 끄는) 견인력을 제공하는 데 쓰인 최초의 동물은 소였는데, 뿔에 멍에를 걸기가 상대적으로 쉬웠기 때문이다. 특히 거세한 황소는 힘이 세면서도 얌전하다. 동물의 견인력은 사람 근육의 힘에 의존해 괭이나 뾰족한 막대기처럼 작은 도구를 사용하던 농업을 쟁기를 사용하는 농업으로 전환하게 해주었다. 쟁기를 끄는 가축은 식량 생산량을 증가시킨 또 하나의 요인이었다. 그 덕분에 전에는 토질이 나빠 불모지로 여겨졌던 땅에도 농사를 지을 수 있게 되었다. 울퉁불퉁한 땅 위로 짐을 운반하는 동물이나 편평한 땅 위로 수레와 마차를 끄는 동물은 운송할 수 있는 상품의 양과 종류를 크게 늘렸고, 그래서 장거리 육상 교역로를 개척하는 데 매우 중요한 역할을 했다. 게다가 말이 끄는 전차는 기원전 2000~1000년에 유라시아의 전쟁에 혁명을 가져왔다. 그리고 나중에 선택 교배를 통해 더 크고 튼튼한 말이 만들어지자 말을 타는 것이 가능해졌고, 기병이 가장 효과적인 전쟁 무기로 부상했다.

가축은 다른 종들을 서로 결합해 사용할 때 특별히 큰 효과를 발휘했다. 이 방법은 유목 사회에서 특히 중요하게 쓰였다. 경작지가 적은 지역에 사는 사람들은 대규모로 기르는 가축에 거의 전적으로 의존하는 생활 방식을 채택했는데, 이들은 가축을 몰고 목초지들 사이를 돌아다니며 살아갔다. 양, 염소, 소 같은 동물은 식량을 가공 처리하는 기계와 같다. 이 동물들은 사람이 섭취할 수 없는 풀이 잘 자라는 평원에서 잘 살아가는데, 풀을 섭취해 영양분이 많은 고기와 골수와 젖으로 변화시킨다. 또한, 옷과 침구류, 천막을 만드는 데 쓰이는 털과 펠트, 가죽도 생산한다. 유목 사회에서 이 동물들은 생존의 기반과 교역 가능한 부의 원천을 제공한다. 빠른 말을 탄 목자는 넓은 땅에서 풀을 뜯는 큰 가축 무리를 통제할 수 있어 유목민이 유지할 수 있는 동물 자원을 크게 증대시켰다. 그리고 소가 끄는 수레(이동식 주택 역할도 한)가 제공한 화물 운송 능력 덕분에 가족 집단이 가축 떼를 이끌고 아주 넓은 지역을 돌아다닐 수 있었다. 이렇게 가축을 몰고 목초지를 찾아 이동하는 생활과 말을 탄 목자의 동물 통제 능력 그리고 동물의 견인력이 결합된 결과로 중앙유라시아의 광대한 초원은 유목민의 서식지가 되었다. 7장에서 보게 되겠지만, 스텝 지역을 따라 흩어져 살고 있던 이 유목민 부족들과 그 가장자리 주변에 정착해 살고 있던 농경 사회들 사이의 상호 작용(그리고 종종 일어난 폭력적 갈등)은 유라시아의 역사에서 중요한 역할을 했다.

동물 근육의 힘을 활용하자, 인간 사회의 능력이 크게 확대되었다. 말과 노새와 낙타는 다른 환경들 사이의 장거리 교역과 여행을 가능하게 했고, 소와 물소처럼 튼튼하지만 느린 동물은 수레와 쟁기를 끄는 견인력을 제공했다. 그리고 5세기에 중국에서 목사리가 발명되어 말도 쟁기를 끄는 용도로 쓸 수 있게 되었다. 이것은 중세 시대에 북유럽의 거친 땅에서 농업 생산성을 크게 증가시키는 계기가 되었다. 이 동물들의 가축화를 통해 인간의 근육을 대체한 사건은 인류가 갈수록 점점 더 많은 에너지원을 활용하는 과정에서 일어난 첫 번째 단계의 진전이었다. 석탄을 이용하는 증기 기관이 열차와 배를 추진하고, 원유를 정제한 액체 연료로 작동하는 내연 기관이 우리를 놀라운 속도로 아주 먼 거리까지 운송한 산업 혁명기의 화석 에너지 사용 이전까지 동물의 힘은 약 6000년 동안 문명의 발전을 견인한 주요 원동력이었다.

이제 우리가 가축화한 이 중요한 동식물 종들을 만들어낸 지구의 힘들이 어떤 것이었는지 살펴보기로 하자.

생식 혁명

번쩍이는 초고층 건물들이 우뚝 솟고 비행기들이 대륙들 사이를 날아다니는 현대 세계는 여전히 우리 조상이 약 1만 년 전에 길들인 초본 식물 종들을 바탕으로 굴러간다. 이 곡물들은 우리에게 일상적으로 필요한 에너지 중 대부분을 공급하지만, 당연히 인류는 빵만 먹고 살아가지는 않는다. 우리가 섭취하는 음식물에는 그 외에도 많은 열매와 채소가 포함되어 있다. 그런데 얼핏 보기에는 아주 다양한 종류가 있는 것처럼 보이지만, 우리가 소비하는 식물은 거의 다 속씨식물이라는 한 특정 집단에 속한다. 속씨식물의 특징은 뒤에서 자세히 설명할 테지만, 우선 속씨식물의 놀라운 진화적 혁신을 제대로 알기 위해 그보다 앞서 존재했던 식물 형태들을 살펴보기로 하자.

산업 혁명에 연료를 공급하고 지금도 우리가 소비하는 전체 에너지 중 약 3분의 1을 차지하는 막대한 석탄 자원은 석탄기의 원시적인 나무들에서 만들어졌는데, 이 나무들은 포자식물에 속한다. 오늘날의 양치식물처럼 포자식물은 바람에 포자(홀씨)를 날려 보냄으로써 번식한다. 포자가 적절한 조건의 땅에 떨어지면 발아해 작고 푸르고 잎이 많이 달린 식물로 자라지만, 이 식물은 완전한 유전 물질 중 절반만 가지고 있다. 포자식물이 유성 생식을 위한 도구를 가진 것은 바로 이 단계인데, 이 단계에서 만들어진 정세포가 땅 위에 고인 물속에서 헤엄을 쳐 가까이 있는 식물의 난세포를 찾아간다. 수정이 일어나 두 벌의 염색체가 합쳐져 완전한 유전 물질을 갖춘 난세포는 새로운 나무로 성장한다. 이것은 아주 기묘한 생식 방법처럼 보인다. 이것은 사람이 정자와 난자를 땅 위에 뿌리면, 각각의 정자와 난자가 아주 작은 남자와 여자로 발달한 뒤, 다시 서로 짝짓기를 하여 완전한 어른으로 성장한다는 이야기와 같다. 게다가 이러한 생식 전략은 석탄기의 습한 분지에서 포자를 만들던 식물에게는 잘 통했지만, 세대교번(생물의 생활사에서 무성 생식을 하는 무성 세대와 유성 생식을 하는 유성 세대가 번갈아 나타나는 현상)이 일어나는 생물의 생활사 중 축축한 땅에서 살아가는 동안에만 통하는 방법이다.

겉씨식물(밑씨가 씨방 안에 있지 않고 드러나 있는 식물)은 석탄기 말에 나타나 오늘날 우리가 잘 아는 전나무, 소나무, 삼나무, 가

문비나무, 주목, 레드우드를 포함해 온갖 종류의 구과 식물로 발달해갔다. 겉씨식물은 생활사에서 포자식물에서 나타나는 중간 단계를 효과적으로 억누르는 방향으로 진화했다. 겉씨식물은 일단 수분이 일어나면, 솔방울 비늘에 노출된 씨를 만든다. 껍질 속에 안전하게 들어 있으면서 저장된 에너지를 약간 포함한 이 씨는 땅에 떨어져 발아하기에 적절한 때가 오기를 기다린다. 이 진화적 혁신 덕분에 식물은 습지에서 탈출할 수 있었다(겉씨식물의 진화는 양서류와 달리 생식을 위해 물로 돌아갈 필요가 없는 파충류의 진화와 비슷한 면이 있다).

겉씨식물이 전 세계로 퍼져나가자, 다른 식물 종들은 문자 그대로 그 그늘 밑에서 살아가거나(고사리류와 그 밖의 양치식물은 대부분 숲의 어두침침한 하층에서 살아가게 되었다) 중국 중부의 은행나무처럼 고립된 장소에서만 번성했다. 겉씨식물은 오늘날에도 흔히 볼 수 있는데, 북극 지방의 툰드라와 북아메리카의 프레리와 유라시아의 스텝 사이에 뻗어 있는 타이가 생태계에서 가문비나무, 소나무, 자작나무 등이 무성한 침엽수림을 이루고 있다. 겉씨식물은 인류의 역사를 통해 건축용 목재나 종이 펄프의 재료로 그리고 예컨대 샐러드에 섞거나 갈아서 페스토로 만드는 잣처럼 식품으로도 쓰이는 등 아주 중요한 역할을 했다.

겉씨식물은 약 1억 6000만 년 동안 지구의 식물계를 지배했지만, 종의 다양성으로 보나 지구 곳곳의 광범위한 서식지(온대 지역의 낙엽수림, 열대우림, 건조한 지역의 광대한 초원, 사막의 선인장 등)로 보나 오늘날 식물계를 지배하는 것은 속씨식물이다. 속씨식물은 생식 방법을 더 정교한 수준으로 끌어올렸다. 속씨식물은 난세포를 겉으로 노출시키지 않고 씨방이라는 특별한 기관에 담아 보관하며, 이 속에서 난세포가 씨로 발달한다. 씨방은 원래는 잎이었던 것이 둥그렇게 말려서 생긴 것이다.

하지만 속씨식물을 정의하는 특징 중 더 주목할 만한 것은 자신의 생식 기관을 꽃이 발달하는 과정으로 화려하게 과시하면서 꾸미고 선전하는 방식이다. 이 진화적 발명으로 속씨식물은 광범위한 곤충(심지어 새와 일부 박쥐와 그 밖의 포유류까지)을 끌어들여 꽃가루를 한 식물에서 다른 식물로 옮기게 만들었다. 최초의 꽃들은 아마도 단순한 흰색이었겠지만, 이 식물들과 수분 매개자들이 함께 발달하면서(생명의 역사에서 일어난 가장 위대한 공진화 이야기 중 하나) 세상은 화려한 꽃의 색들과 자극적인 냄새들이 넘쳐나게 되었다. 꽃이 피는 속씨식물의 전문화된 생식 기관은 자신의 생식을 돕도록 동물을 끌어들였을 뿐만 아니라, 씨가 들어 있는 씨방은 씨의 확산을 돕는 과육질 수단으로 발달했다. 즉, 열매를 맺게 된 것이다.

공룡이 살았던 마지막 시기인 백악기 후기에 지구상의 식물계는 버즘나무, 플라타너스, 참나무, 자작나무, 오리나무 등의 과科들이 확립되어 이미 오늘날과 거의 비슷한 모습을 띠기 시작했다. 하지만 두드러진 예외가 하나 있었다. 대륙들의 더 건조한 지역에서 숲이 없이 탁 트인 평원들은 아주 기이할 정도로 오늘날과는 다른 모습을 하고 있었다. 비록 초기 형태의 헤더와 쐐기풀이 자라긴 했지만, 초본 식물 종들은 백악기가 끝날 때까지도 진화하지 않았다. 공룡들은 풀이 전혀 없는 땅 위를 돌아다녔다.

우리가 영장류로 진화하고 수렵 채집인으로 발달한 과정은 속씨식물의 열매와 덩이줄기와 잎에 의존해 일어났다. 우리가 채택한 농업 또한 거의 전적으로 속씨식물에 의존했다. 곡류는 속씨식물이다. 사실, 우리가 수확하는 곡물은 식물학적으로 초본 식물의 열매이다. 초본 식물이 존재했다는 최초의 증거는 약 5500만 년 전에 생긴 화석에서 발견되지만, 신생대 내내 지구가 지속적으로 냉각되고 건조해짐에 따라 2000만~1000만 년 전에 초본 식물이 지배하는 생태계가 세계 곳곳의 많은 지역에 생겼다. 따라서 우리의 진화를 이끈 요인은 단지 동아프리카가 건조한 기후로 변한 것뿐만이 아니었다. 우리가 길들임으로써 역사를 통해 문명들을 먹여 살린 곡식들이 된 식물이 전 세계로 퍼져 나갈 조건은 바로 지구 전체적인 냉각화와 건조화 과정이 만들어냈다. 그리고 우리가 먹는 식물은 대부분 여덟 가지 속씨식물 과 중 하나에 속한다.

초본 식물 다음으로 두 번째로 중요한 과는 콩과 식물인데, 완두와 콩, 대두, 병아리콩뿐만 아니라, 가축에게 먹이는 알팔파와 클로버도 모두 이에 포함된다. 배추과 식물에는 유채와 순무가 포함되며, 이 과의 한 종인 배추를 품종 개량을 통해 각각 다른 특징을 발달시키는 방법으로 양배추, 케일, 방울다다기양배추, 콜리플라워, 브로콜리, 콜라비 등이 만들어졌다. 다른 속씨식물 집단에는 감자, 피망, 토마토를 포함하는 가지과 식물, 호박과 멜

론을 포함하는 박과 식물, 파스닙과 당근, 셀러리를 포함하는 파슬리과 식물이 있다.

우리가 소비하는 대부분의 과일은 장미과 식물(사과, 복숭아, 배, 자두, 체리, 딸기) 혹은 감귤과 식물(오렌지, 레몬, 그레이프프루트, 금귤)이다. 야자나무과 식물도 우리에게 코코넛을 주고, 더 중요하게는 중동의 사막을 건너던 대상隊商에게 가볍고 영양분이 농축된 식량원인 대추야자를 제공함으로써 역사를 통해 중요한 역할을 했다.

속씨식물에는 이렇게 다양한 과들이 있는데, 과에 따라 우리가 먹는 부위가 제각각 다르다. 우리는 씨를 퍼뜨리는 데 도움을 얻기 위해 동물에게 매력적이고 맛있게 진화한 속씨식물의 열매를 좋아한다. 또한 다음 해 봄에 성장을 돕기 위해 내부 에너지 저장소를 만드는 식물도 있는데, 우리가 재배하는 뿌리채소와 줄기채소가 그런 종류이다. 통통한 뿌리에 영양분을 축적하는 식물로는 카사바, 순무, 당근, 스웨덴순무, 비트, 무 등이 있고, 감자나 얌의 덩이줄기는 식물의 줄기가 통통하게 부풀어 오른 부분이다. 우리는 양배추, 시금치, 근대, 청경채의 잎을 먹으며, 그밖에도 여러 샐러드 식물과 허브의 잎을 먹는다. 그리고 우리가 먹는 콜리플라워와 브로콜리는 사실은 다 자라지 않은 두상화(꽃대 끝에 많은 꽃이 뭉쳐 붙어서 머리 모양을 이룬 꽃)이다. 따라서 전체적으로 우리는 단지 풀만 먹는 게 아니라 장미나무와 벨라도나의 친척 식물도 먹는다. 그리고 속씨식물은 우리에게 식품뿐만 아니라, 목화와 아마, 사이잘삼, 삼처럼 섬유도 주며, 다양한 천연 의약품도 제공한다.

문명과 APP 포유류

우리가 아주 광범위한 종류의 속씨식물을 재배하고 먹은 반면, 가축화한 큰 동물들의 종류는 매우 제한적이었다. 우리가 선택해 가축화한 동물은 단 두 범주의 포유류뿐이다.

최초의 진정한 포유류는 약 1억 5000만 년 전에 나타났지만, 6600만 년 전에 공룡을 모조리 사라지게 한 대멸종이 일어나고 나서야 우리의 포유류 조상들이 파충류가 떠난 뒤에 비어 있던 생태적 지위들로 퍼져나갈 수 있었다. 하지만 오늘날 지구를 지배하는 세 종류의 주요 포유목은 그로부터 1000만 년이 지난 뒤에야 나타나 다양하게 분화하기 시작했다. 이 세 포유목은 우제류artiodactyl(소목이라고도 함)와 기제류perissodactyl(말목이라고도 함), 영장류primate인데, 뭉뚱그려 APP 포유류라고 부른다.*

우리는 영장류에 속하는데, 굳이 더 자세한 소개를 할 필요는 없을 것이다. 반면에 우제류와 기제류는 매우 이질적인 종들처럼 들릴 수 있지만, 우리는 이 동물들을 아주 잘 안다. 사실, 이들은 인류 문명의 기반을 형성하는 데 중요한 역할을 했다. 발굽이

---

* 생물을 분류하기 위해 만든 체계에서는 우제류와 기제류와 영장류를 각각 다른 목(目)으로 분류한다. 이들은 모두 포유강(그리고 그 위로는 동물계)에 속하며, 각 목에는 많은 종이 존재한다. 예컨대 우제목에는 소(*Bos taurus*)가 포함되어 있다.

달린 포유류인 유제류有蹄類에는 두 집단이 있다. 우제류는 발굽의 수가 짝수 개이거나 발굽이 갈라진 유제류이고, 기제류는 발굽의 수가 홀수 개인 유제류이다.

우제류에는 돼지와 낙타 그리고 모든 반추동물(영양, 사슴, 기린, 소, 염소, 양)이 포함된다. 반추동물은 질긴 풀을 분해해야 하는 문제를 위에서 새김질감을 게워내 다시 씹고, 4개의 위 중 첫 번째 위인 혹위에서 세균을 이용해 식물 물질을 발효시킴으로써 화학적으로 분해하는 데 도움을 받은 뒤, 나머지 소화계를 지나가게 하면서 영양분을 흡수하는 방법으로 대응한다(앞에서 보았듯이 인류는 동일한 생물학적 문제를 기술적으로 해결하는 방법을 찾았다). 우제류는 오늘날 지구에서 가장 많이 존재하는 대형 초식 동물이다. 갈라진 발굽은 2개의 발가락으로 이루어져 있는데, 이것들은 우리 손의 세 번째와 네 번째 손가락에 해당한다.*

기제류에는 말, 당나귀, 얼룩말, 맥, 코뿔소 등이 있다. 기제류는 코뿔소처럼 발가락이 3개인 종도 있고, 말처럼 1개뿐인 종도 있다. 말은 우리가 남을 모욕하려고 할 때 치켜세우는 가운뎃손가락으로 뛰어다니는 셈이다. 기제류는 반추동물과는 대조적으로 위는 단순한 반면, 창자 뒤쪽에 발효조가 있다. 음식물을 발효시키는 세균이 막창자(맹장)라는 아주 큰 주머니에서 식물 물질을 발효시켜 영양분을 추출하는 데 도움을 준다.**

---

* 우제류가 늘 초식 동물이었던 것은 아니다. 2500만 년 전에 하마와 고래의 친척인 아르카이오테리움(Archaeotherium)이 북아메리카에 살았는데, 소만 한 크기에 송곳니가 있었던 이 포식 동물은 심지어 하마를 공격했을지도 모른다.

지난 1만 년 동안 우리가 가축화하여 인류 문명이 그 고기와 부산물과 근육의 힘에 의존해온 대형 동물 중 대다수가 단 한 종류의 포유류 집단에 속한다는 사실이 놀랍다. 하지만 이 유제류가 처음에 나타난 과정도 아주 흥미롭다.

전 지구적인 발열 상태

놀라운 사실은 우제류와 기제류가 영장류와 함께 모두 5550만 년 전에 폭발적으로 일어난 진화적 분화를 통해 약 1만 년 이내에 갑자기 나타났다는 것이다. 나중에 동아프리카에서 호모 사피엔스로 진화하게 될 우리 조상들과 가축화와 문명의 발달에 아주 중요한 역할을 하게 될 동물 집단들이 모두 지구의 역사에서 눈 깜짝할 순간에 해당하는 같은 시기에 출현했다. 그리고 이 중요

***** 우제류와 기제류의 구분은 단순히 진화생물학의 난해한 세부 사실에 불과한 것이 아니라, 종교에도 깊은 뿌리가 있다. 유대교 율법서인 《토라》(구약성경 맨 앞에 나오는 5권인 〈창세기〉, 〈출애굽기〉, 〈레위기〉, 〈민수기〉, 〈신명기〉를 가리킴)는 유대인에게 발굽이 갈라져 있고 되새김질을 하는 포유류만 먹으라고 이야기한다. 따라서 진화적으로 말하면, 우제류 중에서 반추동물만 코셔(kosher, 율법에 맞는 정결한 음식)로 간주된다. 유대교 율법서(〈신명기〉 14장 6~8절)는 또한 낙타를 구체적으로 언급하는데, 낙타는 해부학적으로 발굽이 갈라져 있고 되새김질을 하지만 부정한 동물로 취급한다(낙타의 발은 그 위를 패드처럼 덮고 있는 딱딱한 피부가 발굽을 가리고 있다. 그래서 〈신명기〉는 낙타의 발굽이 갈라지지 않았다고 이야기한다). 반면에 이슬람교는 다른 포유류 종을 먹는 것에 대한 제약이 덜하다. 《코란》은 오직 돼지고기만 금지하며, 유대교와는 대조적으로 낙타는 일반적으로 할랄(이슬람 율법에 따라 허용되는 음식)로 간주된다.

한 APP 포유류들의 급속한 출현을 촉발한 것은 세계 평균 기온이 급격히 치솟은 발작적 사건이었다.*

세계 기후가 이렇게 급작스럽게 따뜻해진 사건은 팔레오세와 에오세를 구분하는 경계에 해당하는 시기에 일어났으며, 팔레오세-에오세 최고온기$^{Palaeocene-Eocene\ Thermal\ Maximum}$, 줄여서 PETM이라 부른다. 지질학적으로 아주 짧은 시간인 1만 년 미만의 시간에 엄청난 양의 탄소(이산화탄소와 메탄)가 대기 중으로 방출되면서 온실 효과가 크게 증가해 세계 평균 기온이 5~8°C나 급상승했다.

이러한 환경 급변에도 불구하고, 전 세계의 생태계들이 크게 변하긴 했지만, 백악기 말이나 페름기 말에 일어난 것과 같은 규모의 대멸종은 일어나지 않았다. 열대 지역의 환경이 극지방까지 확대되면서 활엽수와 악어와 개구리가 극지방에서도 번성했다. 팔레오세-에오세 최고온기는 유공충이라는 일부 심해 아메바를 사라지게 했는데, 이들은 따뜻해진 수온과 심해에서 줄어든 산소에 견뎌낼 수 없었던 반면, 와편모충류 같은 플랑크톤은 햇빛이 환하게 비치고 따뜻한 대양 표면에서 크게 불어났다. 팔레오세-에오세 최고온기 같은 전 지구적 환경 교란은 많은 동물에게 급속한 진화를 촉진했는데, 특히 온도 급상승은 새로운 APP 포유류 목들의 출현에 중요한 요인이 된 것으로 보인다.

지구 대기 온도 급상승은 지구의 역사를 통해 여러 번 일어난

---

* 이 새로운 포유목들에 속하는 최초의 구성원들이 바로 이 시기인 5550만 년 전에 나타났지만, 오늘날 우리가 익히 알고 있는 이 목들의 종들은 세월이 한참 지날 때까지 진화하지 않았다는 사실을 짚고 넘어가야겠다. 예를 들면, 소의 조상은 약 200만 년 전에야 나타났다.

것처럼 화산 활동이 그 원인일 것이라고 생각하기 쉽다. 하지만 흥미롭게도 이번에 온도 급상승을 촉발한 방대한 양의 탄소 배출 원인은 화산 활동이 아니었다. 그 원인은 생물학적인 것에 있었다.**

처음에 화산 분화에서 충분히 많은 이산화탄소가 나오는 바람에 바다의 수온이 크게 높아지면서 해저에 안정하게 쌓여 있던 메탄 클래스레이트^{methane clathrate}(메탄 포접 화합물 또는 메탄 하이드레이트, 메탄 수화물이라고도 함)라는 일종의 얼음을 불안정하게 만든 것으로 보인다. 메탄 클래스레이트 얼음은 깊은 해저의 온도가 낮고 압력이 높은 조건에서 생기며, 분해 세균이 만들어낸 메탄 기체를 붙들어 고체 상태로 저장한다. 하지만 온도가 올라가면 메탄 클래스레이트 얼음이 녹아 갇혀 있던 메탄이 보글거리는 거품이 되어 물 밖으로 빠져나와 대기 중으로 들어간다. 메탄은 효과가 가장 강력한 온실가스 중 하나이기 때문에(열을 붙드는 능력이 이산화탄소보다 80배 이상 강하다), 해저에서 빠져나온 메탄은 지구의 온도를 추가로 높였고, 이 때문에 메탄 클래스레이트

** 해저의 암석에 포함된 탄소를 측정함으로써 이 사실을 알아냈다. 탄소 원자는 동위 원소라고 부르는, 원자량이 제각각 다른 여러 가지 형태로 존재한다. 가벼운 탄소는 중요한 생화학 반응에서 선호되어 흡수되기 때문에, 살아 있는 생물의 분자들이나 생물이 배출하는 이산화탄소나 메탄에는 가벼운 탄소가 더 많이 포함되어 있다. 과학자들은 팔레오세-에오세 최고온기 동안에 해저에 쌓인 석회암에서 탄소 동위 원소들을 분석한 결과(이것은 그 당시의 대기를 측정하는 한 가지 방법이다), 가벼운 탄소의 비율이 크게 증가했다는 사실을 발견했다. 이 결과는 대기 중으로 들어가 온도 급상승을 초래한 이산화탄소나 메탄이 처음에 생물에서 나왔다는 것을 뜻한다.

얼음이 더 불안정해지는 악순환이 일어났다. 메탄 클래스레이트 얼음과 함께 남극 대륙에서 영구 동토층이 녹기 시작했고, 따뜻해지는 기후 때문에 들불이 더 자주 일어나면서 더 많은 온실가스가 대기 중으로 배출되었을 것이다. 처음의 화산 분화는 생물학적 탄소 폭탄을 폭발시키는 기폭제 같은 역할을 했고, 그 결과로 팔레오세-에오세 최고온기라는 뜨거운 기후가 도래했다.

이때 온도가 급상승한 정도가 크긴 했지만, 지속 시간은 지질학적 관점에서 볼 때 아주 짧았다. 대기와 지구 기후는 약 20만 년 이내에 다시 이전 수준으로 되돌아갔다. 이 지구 온난화—바다에 쌓인 막대한 양의 메탄이 배출되면서 일어난 짧지만 강렬했던 전 지구적 발열 상태—는 인류의 역사에서 아주 중요한 역할을 한 세 포유류 목을 탄생시키는 결과를 낳았다. 우제류와 기제류와 우리가 속한 영장류는 모두 팔레오세-에오세 최고온기가 시작된 직후에 갑자기 나타나 아시아와 유럽, 북아메리카로 급속하게 퍼져갔다.

이 온도 급상승이 APP 목들의 출현을 이끌었다면, 우제류와 기제류가 살아갈 생태계를 만든 것은 지난 수천만 년 동안 일어난 지구 냉각화와 건조화였다. 건조한 기후로 변해가는 대륙들에서 초원이 확대됨에 따라 초식 유제류가 그 뒤를 따라가면서 소와 양, 말의 조상을 포함해 많은 종으로 분화해갔다. 따라서 우리가 재배하게 될 곡류를 공급한 초원은 우리가 가축화한 대형 유제류 종들의 출현을 위한 진화의 무대도 제공했다. 하지만 세계가 마지막 빙기에서 벗어나기 시작하고, 세계 각지의 인류 공동체들이 정착 생활을 하면서 주변의 야생 생물을 길들이기 시작했을 때, 곡류와 유제류 종들은 세계 각지에 균일하게 분포하고 있지 않았다. 이것은 그 후 문명의 발전 방향에 중요한 의미를 지니게 된다.

유라시아의 이점

자연계에 존재하는 약 20만 종의 식물 중 사람이 먹을 수 있는 것은 2000여 종에 불과하고, 순화시켜 재배할 수 있는 것은 수백 종에 불과하다. 앞에서 보았듯이, 역사를 통해 세계 각지의 문명을 떠받친 주요 식품은 곡류였지만, 순화를 통해 이러한 곡류를 탄생시킨 야생 초본 식물 종들은 전 세계에 균일하게 분포하고 있지 않았다. 가장 크고 영양분이 많은 씨를 맺는 초본 식물 56종 중 야생에서 자라는 것은 동남아시아와 지중해 주변에서는 32종, 동아시아에서는 6종, 사하라 이남 아프리카에서는 4종, 중앙아메리카에서는 5종, 북아메리카에서는 4종 그리고 남아메리카와 오스트레일리아에서는 각각 2종뿐이다.

따라서 농업과 문명이 시작된 순간부터 유라시아에는 우리가 순화시켜 증가하는 인구를 부양하기에 적절한 야생 초본 식물 종이 풍부하게 널려 있었다. 유라시아는 우연히 이러한 생물학적 풍요를 선물 받았을 뿐만 아니라, 대륙이 늘어선 방향도 먼 지역들 사이에 곡류를 확산시키는 데 큰 도움을 주었다. 초대륙 판게아가 열곡들을 따라 쪼개질 때, 유라시아는 동서 방향으로 길게 늘어선 땅덩어리로 남게 되었다. 유라시아 대륙은 지구 주위를 3분의 1 이상 빙 두르고 있지만, 남북 방향으로는 비교적 좁은 범위에 분포하고 있다. 기후형과 계절의 길이를 결정하는 주요 인자는 위도이기 때문에, 유라시아의 한 지역에서 순화된 작물은 같은 대륙의 다른 곳으로 옮겨 심더라도 새로운 장소에 적응하는 데 그다지 큰 부담이 따르지 않는다. 예컨대 밀 재배는 터키 고지대에서 메소포타미아를 지나 유럽과 인도까지 곧장 쉽게 확산될 수 있었다. 두 쌍둥이 대륙으로 이루어진 아메리카는 이와는 대조적으로 비록 파나마 지협으로 연결되어 있긴 하지만 남북 방향으로 길게 늘어서 있다. 이곳에서는 한 지역에서 길들인 작물이 다른 곳으로 확산되려면 다른 생장 조건에 재적응하는 훨씬 힘든 과정이 필요했다. 판의 활동과 대륙들의 이동이 낳은 구세계와 신세계의 이러한 기본적인 구조적 차이는 역사를 통해 유라시아의 문명들이 발달하는 데 큰 이점이 되었다.

전 세계에 퍼져 사는 대형 동물들의 분포 역시 불균일한데, 여기에서도 유라시아의 사회들은 추가로 이점을 누렸다. 가축화를 용이하게 하는 야생 동물의 속성 중에는 영양분이 많은 식품 제공, 유순한 성격, 사람에 대한 선천적 두려움 부족, 무리를 지어 살아가는 선천적 습성, 사육 상태에서도 잘 번식하는 능력 등이 있다. 하지만 이 모든 조건을 충족시키는 야생 동물은 매우 적다. 전 세계의 대형 포유류(몸무게가 40kg 이상 나가는) 148종 중에서 유라시아에 사는 종은 72종인데, 그중에서 가축화된 것은 13종뿐이다. 아메리카에 사는 24종 중에서는 오직 야마(그리고 가까운 친척인 알파카)만이 남아메리카에서 가축화되었다. 북아메리카와 사하라 이남 아프리카와 오스트레일리아에서는 가축화된 대형 동물이 하나도 없다. 인류의 역사를 통해 가장 중요한 동물 다섯 종—양, 염소, 돼지, 소, 말—과 특정 지역에서 운송 수단을 제공한 당나귀와 낙타는 유라시아에서만 살았으며, 가축화되고 나서 수천 년 이내에 유라시아 대륙 전체로 확산되었다. 역사를 통해 고기뿐만 아니라 부산물(젖, 가죽, 털)과 근육의 힘으로 가장 큰 영향력을 미친 동물은 대형 포유류 종들이다.

말과 동물은 북아메리카의 풀이 자라는 평원에서 진화했지만, 마지막 빙기가 끝날 무렵에 살아남은 말과 동물 집단은 넷뿐이었고 유라시아에서만 살았다. 그 네 집단은 근동의 오나거, 북아프리카의 나귀, 사하라 이남 아프리카의 얼룩말, 유라시아 스텝 지대의 말이다. 이와 비슷하게 낙타(말과 함께 짐이나 사람을 멀리까지 실어 나르는 데 중요한 역할을 한)의 조상은 캐나다 고위도 북극 지역의 추운 기후에서 살았고, 지난 빙기 때 해수면이 낮아지자 베링 육교를 지나 유라시아로 건너왔다. 아시아의 쌍봉낙타는 아메리카에서 건너온 이 조상 낙타의 직계 후손이며, 아프리카와 아라비아의 무더운 사막에 사는 단봉낙타는 표면적을 최소화함으로써 수분 손실을 줄이도록 진화했다. 이 낙타들은 사하라 사막과 아라비아반도, 아시아 스텝 지대의 남쪽 가장자리를 따라 펼쳐져 있는 사막들을 지나가는 긴 교역로에서 중추적 역할을 했다. 낙타과 동물은 또한 파나마 지협을 지나 남아메리카로도 건너가 야마와 알파카로 발달했지만, 야마는 짐 나르는 동물로서는 사람보다 훨씬 많은 짐을 나르지 못하며, 알파카는 오직 그 털을 얻는 용도로만 쓰인다.

아메리카 문명들이 감수해야 했던 이러한 생물학적 빈곤은 어떻게 보면 큰 아이러니라고 할 수 있는데, 유라시아에서 운송과 교역에 아주 중요한 역할을 한 이 두 동물 집단이 사실은 아메리카에서 진화해 베링 육교를 건너 유라시아로 옮겨갔기 때문이다. 하지만 그러고 나서 얼마 후 말과 낙타는 자신의 고향에서는 모두 사라졌는데, 아마도 최근의 빙기 때 반대 방향으로 베링 육교를 건너간 초기 인류가 지나치게 남획을 하는 바람에 멸종했을 것이다. 최초의 아메리카인은 자기도 모르게 그 대륙에서 미래의 문명 발달을 크게 저해하는 짓을 저질렀다.

당나귀와 말과 낙타는 유라시아와 아라비아와 아프리카의 스텝과 사막, 산길을 지나가는 여행로와 무역로에서 매우 중요하게 쓰이면서 구세계에서 경제에 크게 기여하고 사람과 자원과 사상과 기술의 전달을 용이하게 했다. 반면에 아메리카는 생물학적으로 빈곤하여 이러한 혁명의 혜택을 받지 못했다. 유의미한 수의 낙타가 아메리카로 되돌아온 적은 전혀 없었지만, 말은 16세기 초에 에스파냐인 정복자들이 아메리카에 발을 디뎠을 때 고향으로 되돌아왔다. 그리고 16세기에 두 세계 사이의 접촉이 재개되었을 때, 아메리카의 문화를 지배한 것은 축적된 유라시아의 풍요를 물려받은 유럽 국가들이었다.

신생대에 인류가 나타났을 때, 우리는 속씨식물과 포유류가 주류가 된 세계에 들어섰다. 하지만 이 광범위한 범주들 사이에서 우리는 순화하는 종들을 대체로 놀랍도록 까다롭게 선택했다. 역사를 통해 문명들은 지난 수천만 년 동안 기후가 냉각되고 건조하게 변해갈 때 전 세계에서 크게 확산된 야생 초본 식물 종에서 유래한 곡류 위주의 음식을 기반으로 명맥을 유지해왔다. 초원의 확산은 우리가 길들이게 될 유제류 종들의 다양화를 촉진하여 고기와 젖, 털, 운송과 견인력 등의 자원을 신뢰할 수 있게 제공했다. 하지만 마지막 빙기 직후에 인류가 정착하여 농경 생활을 하면서 문명의 길로 나서기 시작하자, 길들일 수 있는 동식물 종의 불균일한 분포와 대륙들이 늘어선 방향이 역사의 패턴에 큰 영향을 미쳤다.

초기 문명 중 다수는 티그리스강과 유프라테스강, 인더스강, 나일강, 황허강처럼 큰 수로 양쪽을 따라 나타났다. 강은 농업과 최초의 도시들에 생명의 피를 공급했고, 관개용수를 통제하는 과정에서 정치 권력이 나타나는 경우가 많았다. 농업의 성공은 전 세계를 순환하는(바다에서 증발했다가 비가 되어 떨어지고, 땅속으로 스며들었다가 다시 바다로 흘러드는) 민물을 확보하는 능력에 전적으로 의존했다. 강은 물의 순환에서 가장 신뢰할 만한 단계인 경우가 많으며, 오늘날에도 전 세계의 수많은 사람들을 먹여 살리는 데 아주 중요한 역할을 한다. 산업화된 농업은 크게 개선되어 현재 76억 명 이상의 사람들을 먹여 살리고 있다. 오늘날 세계 인구 중 40% 이상이 인도, 중국, 동남아시아에 살고 있는데, 이 때문에 티베트의 지정학적 중요성을 자세히 살펴볼 필요가 있다.

급수탑

중국은 몽골족이 중국을 지배한 13세기의 원 왕조와 18세기 초부터의 청 왕조를 비롯해 역사를 통해 여러 시기에 티베트 고원을 지배했다. 마오쩌둥毛澤東이 통치하던 중화인민공화국은 1951년에 티베트를 강제 합병했다. 1959년에 독립을 위한 대규모 봉기가 일어난 후, 티베트의 종교적 지도자 달라이 라마는 인도로 피신해 망명 정부를 세워 독립 운동을 벌이고 있다.

중국이 티베트 고원을 지배하려고 하는 데에는 중요한 전략적 이유가 두 가지 있다. 첫째는 군사적 이유 때문이다. 인도가 티베트 고원을 차지해 문자 그대로 중국 심장부가 내려다보이는 요지를 차지하고, 그와 동시에 그곳을 그 아래의 평원을 침공하는 전진 기지로 삼을 가능성을 중국은 좌시할 수 없었다. 설사 인도가 티베트 고원을 점령하지 않더라도, 만약 티베트에 정치적 자치를 허용한다면, 티베트 정부의 허락을 받아 인도가 그곳에 군사 기지를 건설할 가능성이 있어 중국은 촉각을 곤두세우지 않을 수 없다. 하지만 이보다 훨씬 중요한 이유는 티베트 고원이 공급하는 단순하지만 아주 중요한 자원 때문인데, 그것은 바로 물이다.

티베트는 세상에서 가장 높고 넓은 고원이며, 이곳에 있는 수만 개의 빙하에는 북극 지방과 남극 대륙을 제외하고는 세상에서 가장 많은 빙하 얼음과 영구 동토층이 있다. 그래서 이 높은 고원은 지구의 세 번째 극이라고 부르기도 한다. 빙하와 눈에서

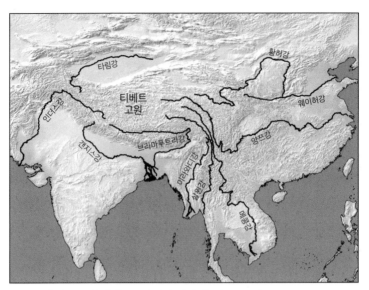

지구의 세 번째 극인 티베트 고원에서 뻗어 나오는 주요 강들

녹은 물은 황허강, 양쯔강, 메콩강, 인더스강, 브라마푸트라강, 살원강을 포함해 동남아시아 전체로 부챗살처럼 뻗어나가는 큰 강 10개의 원류가 된다. 이 큰 강들은 모두 산에서 침식된 엄청난 양의 퇴적물도 실어가 주변의 범람원과 논을 기름지게 만든다.

따라서 티베트 고원은 전체 대륙 지역의 급수탑 역할을 하는데, 소중한 자원을 저장하고 이 강들을 따라 그것을 분배하면서 2억 명 이상의 사람에게 식수와 관개용수, 수력 발전 용수를 공급한다. 중국이 성장하는 인구와 경제를 부양하기 위해 이곳을 확보하려는 이유는 풍부한 구리 광석과 철광석뿐만 아니라 방대한 양의 민물 저장고 때문이다. 2030년경에 중국은 필요한 물 중 25%가 부족할 것으로 예상되기 때문에 티베트 문제는 결코 작은 문제가 아니다. 인도가 실제로 티베트를 점령하려고 시도할지 그리고 강물의 흐름을 제한함으로써 중국으로 가는 물의 공급량을 줄일지는 중요하지 않다. 그 가능성만으로도 중국은 취약한 위치에 놓이게 된다. 마찬가지로 하류에 위치한 인도, 파키스탄, 네팔, 미얀마, 캄보디아, 베트남 같은 나라들도 장래에 중국이 자국의 수요를 충족시키기 위해 티베트 고원에서 흘러내려 오는 이 강들의 물길을 바꾸지 않을까 우려한다.

중국의 티베트 점령에 대한 국제적 비판과 그곳의 인권 문제와 상관없이, 이 고원 지대는 중국에게 지정학적으로 아주 중요한 곳이다. 중국이 고원 전역으로 뻗어나가는 도로망과 철도망을 체계적으로 건설하고 한족의 이주와 정착을 권장하면서 이곳을 계속 지배하려고 하는 이유는 이 때문이다.

제 4 장

·

신드바드의
세계

대양과 바다는 지표면의 약 4분의 3을 차지한다. 아서 클라크Arthur C. Clarke가 우리가 사는 행성을 지구地球, Earth가 아니라 수구水球, Ocean라고 불러야 한다고 농담한 이유는 이 때문이다. 그리고 바다는 우리 세계의 생명과 깊은 우주 사이의 긴밀한 연결 관계를 가장 잘 보여주는 사례 중 하나이다. 지구에서 물은 모든 생명에게 필수적인 것이지만, 원시 태양 주위를 빙빙 돌던 먼지와 가스 원반에서 처음 생성될 때 지구는 매우 건조한 상태였다. 지구는 태양에 너무 가까이 위치하고 있어 초기에 서로 충돌하면서 들러붙어 지구를 만든 암석질 물질에 얼음이 별로 많지 않았고, 생성될 당시에 발생한 높은 열은 지구 전체를 녹이면서 물과 그 밖의 휘발성 화합물을 모두 증발시켜 버렸을 것이다. 따라서 바다를 채우고 있는 물은 지구가 탄생한 후에 우주에서 왔는데, 태양계 바깥쪽의 차가운 지역에서 날아와 지구에 충돌한(마치 깊은 우주에서 날아온 눈보라처럼) 혜성과 소행성에 실려 왔다.

외계에서 날아온 이 얼음에서 생긴 바다는 당연히 지구의 날씨와 기후 체계에 엄청난 영향을 미쳤고, 지각 속의 물은 판의 활동에 윤활 작용을 했다. 하지만 세계의 바다들은 그저 텅 빈 지역으로 간주될 때가 많다. 지도에서 바다는 빈 공간으로, 그저 땅덩어리의 윤곽을 정의하는 여백으로 표시된다. 우리는 역사적 사건이 일어나고, 수천 년 동안 인간의 이야기가 펼쳐진 무대는 대륙과 섬이라고 흔히 생각한다. 하지만 바다에도 자기 나름의 풍부한 이야기가 숨어 있다.

물을 부로 바꾸다

인류는 아주 일찍부터 물에서 먹을 것을 구했다. 강이나 호수, 얕은 연안 바다에서 잡은 물고기는 수만 년 동안 인류에게 쉽게 구할 수 있는 식량을 제공했다. 하지만 육지에서 멀리 떨어진 난바다에서 물고기를 잡으려면, 훨씬 정교한 조선과 항해 기술이 필요했다. 스칸디나비아 뱃사람들은 장거리 항해에 아주 뛰어났는데, 800년 무렵부터는 자신들이 생산한 말린 대구를 팔기 위해 국제 교역 체계를 세웠다. 다른 유럽인도 난바다에서 항해를 하고 물고기를 잡는 기술을 습득했고, 북해는 중요한 어장이 되었다. 여기서 우리는 바다의 지리학—특히 해저 지형—이 역사에서 얼마나 중요한 역할을 했는지 알 수 있다.

영국과 덴마크 사이의 북해 한가운데에 도거뱅크Dogger Bank라는 광대한 모래톱이 있는데, 마지막 빙기 때 스칸디나비아 대륙 빙하 남단에 빙퇴석이 쌓여 생긴 것으로 보인다. 마지막 빙기에 해수면이 낮아졌을 때, 이 전체 지역은 도거랜드Doggerland라고 부르는 건조한 지역이었는데, 우리 조상에게 아주 좋은 사냥터였을 것이다. 오늘날 이곳은 물밑으로 가라앉았지만, 도거뱅크는 아주 넓은 면적에 수심이 얕은 바다가 펼쳐져 있어 대구와 청어를 잡기에 아주 좋은 어장이 되었다('Dogger'는 옛 네덜란드어로 트롤 어선을 가리키는 단어이다). 따라서 빙기에 우리 조상에게 좋은 사냥터였던 이곳은 물밑으로 가라앉아 중세의 어부들에게 아주 좋은 어장이 되었다.

이 모래톱 지역은 1000년경부터 북유럽 사람들이 원양 어업을 시작하는 데 도움을 주었다. 어부들 사이의 경쟁 심화와 가까운 모래톱 지역에서의 남획으로 노르웨이인과 바스크족을 비롯해 그 밖의 유럽인은 처음에는 대구를, 나중에는 고래를 잡기 위해 풍부한 어장을 찾아 북대서양 쪽으로 점점 더 멀리 나아가게 되었다. 유럽인 뱃사람들은 서쪽으로 모험에 나섰고, 아이슬란드를 지나 그린란드로, 그다음에는 아메리카 북동해안까지 갔는데, 콜럼버스가 대서양을 건너가기 약 500년 전에 이미 노르웨이 어부들은 뉴펀들랜드섬에 식민지를 건설했다. 그 과정에서 얻은 교훈(선박 조종술과 튼튼한 배를 만드는 기술) 덕분에 유럽인은 15세기 초에 대항해 시대를 열면서 광대한 국제 무역 제국을 건설할 수 있었다(더 자세한 내용은 8장에서 다룬다).

그런데 북해의 자연은 현대 세계를 만드는 데 또 한 가지 중요한 영향을 미쳤다. 저지대 국가들인 벨기에와 네덜란드는 북유럽 평원의 편평한 해안선에 자리잡고 있는데, 13세기부터 네덜란드인은 바다와 습지에 새로운 농경지를 만들기 위해 물을 빼내는 데 풍차를 사용했다. 사실상 이들은 빙기의 도거랜드 일부를 복구한 셈인데, 이곳은 해수면 상승으로 다시 물속으로 잠겼던 땅이기 때문이다. 하지만 땅을 개간하기 위해 제방과 풍차를 건설하는 데에는 비용이 많이 들었는데, 공동체의 자원을 공유함으로써 그 비용을 댈 수 있었다. 필요한 자금은 지역 교회나 의회가 주민으로부터 돈을 빌리는 방식으로 모았고, 새로 개간한 땅에서 농사를 지어 얻은 이익을 투자한 사람들에게 나눠주었다. 곧 사회 구성원 모두가 이 거대한 계획에 자금을 대기 위한 채권에 잉여 자금을 투자하게 되었고, 이것은 다시 신용 대출 시장을 크게 활성화시키는 결과를 낳았다. 자연 환경의 요구와 바다를 관리하기 위한 필요성에서 네덜란드는 자본주의자들의 땅이 되었다.

이 시스템은 자연히 17세기에 국제 통상으로 옮아갔다. 지역의 풍차 건설에 필요한 주식을 사던 행위에서 향료 제도로 가는 교역선에 자금을 대는 행위로 옮겨가는 데에는 아주 작은 발걸음만 내디디면 되었다. 어떤 계획에 드는 전체 비용을 작은 지분들로 쪼개는 관행은 투자자들의 위험을 분산시켜 주었다. 여러 항해 계획에 돈을 조금씩 나누어 투자하면, 설령 배 한 척을 잃더라도 과도한 손실을 피할 수 있었다. 이것은 사람들에게 돈을 꽁꽁 숨겨두는 대신에 투자를 하도록 자극했고, 그러자 대출금에 대한 이자율이 낮아지면서 모험적 사업에 필요한 자본 비용이 낮아졌다. 네덜란드인은 또한 선물 시장 개념을 열정적으로 받아들이고 크게 개선했다. 이것은 어떤 상품의 가격이 미래의 어느 시점에 얼마가 될지를 놓고 흥정을 벌이는 것이다. 예를 들면,

다음 주 혹은 1년 뒤에 도거뱅크에서 잡힐 대구를 100kg당 얼마에 사겠다고 약속하는 식이다. 그런 다음에는 이런 파생 상품 자체를 실제 상품인 것처럼 사고 팔 수 있는데, 이미 창고에 있는 상품을 놓고 거래를 하는 것이 아니라 추상적인 상품을 놓고 거래하는 것이다.

최초의 공식 주식 시장뿐만 아니라 최초의 중앙은행도 17세기 초에 암스테르담에서 생겼는데, 그 무렵에 네덜란드는 유럽에서 금융이 가장 발달한 나라였다. 이렇게 제대로 된 형식을 갖춘 자본주의의 도구들은 금방 다른 나라들로 확산되면서 산업 혁명에 필요한 금융 제도를 만들어냈다. 확신을 가진 다수의 투자자들이 제공한 공동 자본이 없었더라면, 영국의 방앗간과 공장과 증기 기관은 중세 네덜란드의 풍차와 마찬가지로 비용이 너무 많이 들어 만들기가 힘들었을 것이다. 네덜란드에서 일어난 금융 혁신은 현대 세계를 건설하는 데 큰 도움을 주었는데, 그것은 저지대 자연 환경과 바다를 육지로 개간해야 할 필요에서 나온 산물이다.

지구의 바닷물이 인류의 이야기에서 중요한 역할을 하는 방법은 그 밖에도 많다. 바다는 사람들을 나머지 세계와 격리시키는데, 예를 들면 태즈메이니아에서 바로 그런 일이 일어난다. 마지막 빙기 이후에 해수면이 상승하면서 이곳 주민들은 오스트레일리아 본토와 격리되었다. 이 섬의 인구는 너무 적어서 여러 세대에 걸쳐 그물과 창 같은 기술과 도구를 유지하기가 어려웠고, 이들은 잊힌 존재가 되고 말았다. 반면에 앞에서 보았듯이 바다는 외부의 침공을 막아주어 영국 같은 섬나라가 독립을 유지하는 데 도움을 준다. 바다는 육지의 사막과 비슷하다. 그 자체는 살기가 힘든 곳이지만,* 상품과 사람을 이동시키기 위해 그곳을 건너갈 수 있다. 가끔 폭풍으로 큰 파도가 일긴 하지만, 바다 표면 자체는 편리하게도 편평하고 저항이 작은 매질이어서 교역을 위한 장거리 고속도로를 제공한다. 바다와 육지가 접촉하는 지점에 항구들이 있는데, 항구에서는 상품을 배에서 보트나 수레(혹은 더 최근에는 열차와 트럭)로 옮겨 내륙의 필요한 장소로 계속 운반할 수 있다. 많은 항구는 크게 번성하면서 정치적으로 중요한 도시로 성장했다. 유럽 국가들은 바다를 항해하는 기술을 발전시킴으로써 16세기 초부터 광대한 해상 제국을 건설할 수 있었는데, 대포를 실은 함대는 떠다니는 요새와 같아서 아주 먼 거리까지 유럽 국가의 영향력을 미치는 데 큰 도움을 주었다. 그리고 배가 좁은 해협을 지나가야 하는 해상 운송로의 요충지는 수천 년 전과 마찬가지로 오늘날에도 국가들 사이의 지정학과 패권 다툼에서 전략적으로 매우 중요하다.

이처럼 세계 지도에서 파란색으로 칠해진 광대한 지역은 평원과 숲, 사막, 눈과 얼음으로 덮인 산맥을 나타내는 초록색이나 갈색, 흰색 지역만큼 인간의 역사에 중요한 영향력을 미쳤다. 건조

---

* 사실, 사람만 놓고 본다면, 지구의 바다는 황량한 물의 사막이다. 그래서 새뮤얼 테일러 콜리지는 〈노수부의 노래(The Rime of the Ancient Mariner)〉에서 "물, 물, 물은 사방에 널려 있었지만, 마실 물은 한 방울도 없었소"라고 읊었다. 바닷물은 염도가 높아 그것을 그냥 계속 마시면 치명적 결과를 맞이한다. 그래서 뱃사람은 사막을 건너는 대상과 마찬가지로 민물을 잔뜩 싣고 가야 한다.

한 자연 환경과 마찬가지로 바다의 지리학은 역사를 통해 인간사를 이끌어왔다. 먼저 지중해를 살펴보면서 그 이야기를 시작하기로 하자.

내해

지중해 지역은 지구에서 판의 환경이 가장 복잡한 곳 중 하나이다. 이곳에서는 아프리카판이 북쪽으로 이동하면서 유라시아판 밑으로 섭입이 일어나고 있고, 그 중간에 작은 판 여러 개가 뒤섞여 있어 여기저기에서 조산 운동과 화산 활동이 활발하다. 지중해 지역은 또한 역사를 통해 다양한 문화들이 나타나고 발달하고 자원과 사상을 교환하고 서로 경쟁하고 전쟁을 벌이면서 여러 문명 간에 상호 작용이 활발하게 일어났는데, 상대적으로 작고 조밀한 지역 내에서 이 모든 일이 벌어졌다. 두 현상 사이에는 어떤 상관관계가 있을까? 판의 활동이 활발한 지중해 지역의 환경은 고대 문명의 성장과 발달에 특별히 유리한 무대를 제공했을까?

수천 년 동안 지중해는 해상 활동이 활발하게 일어난 지역이었다. 청동기 시대의 미노아와 페니키아 상인들에서부터 그리스 도시 국가들과 로마 제국을 거쳐 중세 후기의 제노바와 베네치아의 해상 무역 제국들에 이르기까지 이 타원형 바다는 그 연안 지역의 사람들과 문화들을 연결시켰다. 지중해는 내해여서 이곳에서 일어나는 항해는 대체로 짧은 거리에 그치는 경우가 많다. 북쪽 해안을 따라 판의 활동이 만들어낸 높은 산맥이 늘어서 있는데, 해안에서 먼 곳을 항해할 때에는 유용한 지표물이 된다. 그리고 대서양과 연결되는 부분인 지브롤터 해협은 폭이 아주 좁기 때문에, 지중해의 조수는 일반적으로 아주 미미한 편이고(조수의 간만 차가 수 센티미터에 불과할 정도로) 배를 항로에서 벗어나게 할 만큼 큰 표층 해류도 없다. 하지만 지중해에는 큰 폭풍이 몰아칠 수 있으며, 주변의 육지에서 흘러오는 공기들 때문에 바람의 패턴이 복잡하다. 그럼에도 불구하고, 전반적으로 이 내해는 문화들 사이의 커뮤니케이션과 교역에는 아주 이상적인 환경이다. 하지만 역사를 통해 주목할 만한 편향이 계속 이어져왔는데, 압도적으로 많은 문명이 지중해 남쪽이 아니라 북쪽에서 꽃을 피웠다.

지중해 지도를 대충 살펴보더라도, 북쪽 절반의 윤곽은 남쪽에 있는 아프리카 해안의 윤곽과 큰 차이가 있다는 것을 눈치 챌 수 있다. 북쪽 해안선에는 섬들이 많다. 에게해 남쪽의 키클라데스 제도처럼 아주 작은 섬들에서부터 폭이 수백 킬로미터에 이르는 큰 땅덩어리들—사르데냐섬, 크레타섬, 키프로스섬—에 이르기까지 그 크기가 아주 다양하다. 지중해의 많은 섬들은 오늘날 인기 있는 휴양지이지만, 이 섬들에 널려 있는 수많은 고대 유적은 이 섬들이 먼 옛날에 문명의 탄생 무대로 얼마나 중요한 역할을 했는지 증언한다. 그런데 북쪽 지역과 남쪽 지역을 구분하는 특징은 단지 수면 위로 삐죽 고개를 내민 섬들뿐만이 아니다.

지중해 위쪽을 지나가는 해안선은 곳곳에 작은 만과 후미, 갑이 분포해 아주 복잡하다.

예컨대 고대 그리스 도시 국가들이 많이 있었던 에게해 해안과 섬들은 전체 지중해 해안선 길이의 3분의 1을 차지하지만, 그 육지 면적은 전체 중 극히 일부분에 불과하다. 이와는 대조적으로 아프리카 해안선은 아주 밋밋한 편이다. 오늘날의 알제리, 튀니지, 리비아, 이집트를 지나가는 해안은 단조로울 정도로 반반하고, 연안 지역의 섬도 사실상 거의 없다.

어느 지역이 작은 부분들로 많이 쪼개져 있는 조건은 초기의 사회들이 발전하는 데 장애물이 되었으리라고 생각하기 쉽다. 하지만 현대적인 도로와 철도와 엔진이 발달하기 이전에는 육로를 통한 여행과 교역이 매우 힘들었다. 고요한 강이나 바다를 통한 운송이 훨씬 쉽고 빨랐는데, 장거리 교역을 위해 큰 짐을 운반할 때에는 특히 그랬다. 따라서 비교적 고요한 바다로 분리된 채 많은 육지 지역으로 쪼개져 있는 지중해 북해안의 환경 조건은 도시 국가들과 왕국들 사이에 사람과 물자의 이동을 용이하게 하는 이점이었다. 북해안에는 또한 양질의 천연 항구도 많다. 요컨대 지중해 북해안 지역은 해상 활동을 펼치기에 아주 이상적인 조건을 갖추고 있었고, 그 결과로 많은 고대 문화가 이곳 북해안 지역에서 번성했다.

반면에 지중해 남쪽 가장자리를 이루는 아프리카 해안선은 해상 활동을 활발하게 펼치는 사회가 발선하기에는 조건이 매우 불리하다. 양질의 천연 항구가 거의 없고, 뒤에는 사막이 펼쳐져 있어 농업과 정착 생활에도 불리하다. 북아프리카 해안에서 살아남은 문화들은 일반적으로 농업이 가능한 지역, 즉 해안선을 따라 얇은 띠를 이루어 늘어선 지역에 한정되었다. 하지만 웅장한 나일강의 혜택을 받은 이집트 문명을 제외하고는 이들 문화는 내륙으로 멀리 확장해가지 못했다. 물론 이 아프리카 해안선에도 주요 항구가 몇 개 있긴 했다. 카르타고는 오늘날의 튀니지 북단에 위치했는데, 훌륭한 천연 항구가 있었다. 이 항구는 기원전 814년에 페니키아의 식민지로 건설되어 그 후 500년 동안 서지중해의 통상을 지배했다. 카르타고는 로마 공화국의 주요 경쟁자가 되었는데, 둘 사이의 갈등은 전쟁으로 이어졌고, 결국 카르타고는 기원전 146년에 완전히 파괴되어 멸망하고 말았다.*

북아프리카 해안에 위치한 또 하나의 주요 도시는 나일강 삼각주에 위치한 알렉산드리아였다. 이 도시는 기원전 331년에 알렉산드로스 대왕이 세웠고, 그가 죽고 난 뒤 300여 년 동안(기원전 30년에 클레오파트라가 죽을 때까지) 그리스 프톨레마이오스 왕조

----

* 페니키아는 지중해 남부의 자연 환경을 기반으로 세워진 문명이었다. 기원전 1500년 무렵에 오늘날의 시리아, 레바논, 이스라엘의 해안선을 이루는, 좁지만 비옥한 띠 모양의 땅을 기반으로 페니키아인은 동지중해 해안의 천연 항구와 선박의 재료인 삼나무 숲에 쉽게 접근할 수 있었다. 페니키아인은 일찍부터 바다로 눈을 돌렸고, 약 1000년 동안 뛰어난 항해자와 상인으로 번성을 누리면서 광범위한 교역망을 확립했으며, 지중해 연안에 카르타고를 비롯해 많은 식민지를 건설했다. 페니키아인은 알파벳도 발명했다. 성경을 뜻하는 영어 단어 '바이블(Bible)'은 파피루스를 수출하던 페니키아의 고대 도시 '비블로스(Byblos)'에서 유래했다.

143

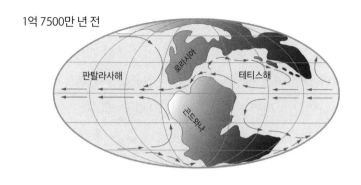
1억 7500만 년 전

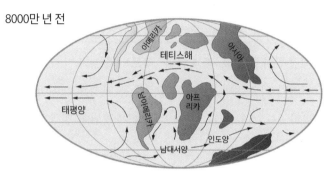
8000만 년 전

테티스해가 닫히면서 지중해가 생겨났다.

의 수도였다. 알렉산드리아는 고대 세계의 문화적, 지적 중심지로 번영을 누렸는데, 특히 유명한 도서관도 그 명성에 한몫을 했다. 이 도시는 광활한 삼각주 옆으로 나란히 뻗은 안정적인 모래톱 위에 세워졌는데, 파로스섬에 세워진 100m 높이의 등대는 배들을 항구로 안내했다. 이 도시의 위치는 세심한 고려 끝에 선택되었다. 알렉산드리아는 항구에 실트가 쌓이는 것을 막기 위해 나일강 서쪽에 세워졌는데, 강에 실려온 퇴적물을 지중해의 해류가 동쪽으로 밀어보내기 때문이었다. 이 퇴적물은 삼각주에서 반시계 방향으로 운반되면서 동지중해의 광대한 지역을 뒤덮어

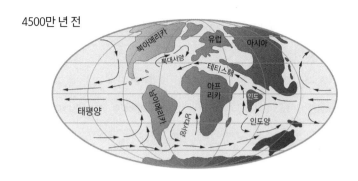

4500만 년 전

1500만 년 전

직선으로 뻗은 모래 해안선을 만든다. 멀리 북쪽의 하이파(이곳에서는 바다 쪽으로 돌출한 산이 연안 표류에 실려온 실트가 쌓이지 않도록 만을 보호해준다)에 이르기 전까지는 지중해 남동부에서는 근사한 천연 항구를 찾아볼 수 없다.

따라서 북아프리카의 건조한 기후 조건(이것에 대해서는 7장에서 다시 다룰 것이다)과 비우호적인 해안선의 결합으로 지중해의 이 긴 해안선에서는 거대 문명이 출현하기 어려웠다. 카르타고와 알렉산드리아를 제외하고는 지브롤터 해협과 나일강 삼각주 사이의 4000여 km에 이르는 아프리카 해안선은 온갖 문화와 도시와 문명이 들끓었던 북쪽 해안선과는 대조적으로 역사를 통해 매우 조용했다.

하지만 지중해의 북쪽 가장자리와 남쪽 가장자리는 불과 수백 킬로미터밖에 떨어져 있지 않은데, 지정학적으로 이렇게 큰 차이가 나타나는 이유는 무엇일까? 이번에도 그 배경에 행성 차원의 원인이 있다.

오늘날 지중해는 한때 거대했던 대양이 사라지면서 남은 웅덩이에 불과하다. 약 2억 5000만 년 전의 지구 표면은 오늘날의 모습과는 아주 달랐다. 끊임없는 판들의 움직임은 가끔 주요 대륙들을 모두 한 곳에 모아 하나의 초대륙이 만들어졌다. 페름기 말에 초대륙 판게아Pangaea는 편자와 비슷한 모양으로 남극에서 북극까지 뻗어 있었고, 양 팔 사이에 테티스해라는 대양을 품고 있었다.* 이 당시에는 북극에서 남극까지 판게아를 가로질러 땅 위로 걸어서 갈 수 있었다. 비록 광대한 대륙 중심부에 있는 광활한 사막 평원을 건너야 하긴 했지만 말이다.

하지만 판게아의 조립이 끝난 직후, 초대륙은 또다시 쪼개지기 시작했다. 오늘날 우리에게 익숙한 땅덩어리들이 하나씩 떨어져 나와 이동하기 시작해 결국 현재와 같은 위치로 배열하게 되었다. 먼저 북대서양을 만든 해저 확장 열곡을 따라 그 사이가 벌어지면서 북아메리카가 떨어져 나왔고, 그다음에는 남아메리카가 아프리카에서 떨어져 나왔다. 그래서 이 두 대륙의 해안선

---

* 그 반대편에는 광대한 대양 판탈라사해가 있었는데, 오늘날의 태평양보다 훨씬 넓었다.

을 맞춰보면 퍼즐 조각처럼 딱 들어맞는다. 인도가 남극 대륙에서 떨어져 나와 북쪽으로 이동했고, 아프리카는 방향을 돌려 유럽을 향해 이동했다. 지난 6000만 년 동안 아프리카와 아라비아와 인도는 모두 유라시아와 충돌하면서 충돌 지점이 위로 접혀 올라가 유라시아 남쪽 가장자리를 따라 알프스산맥에서부터 히말라야산맥에 이르기까지 거대한 산맥들이 줄지어 늘어서게 되었다.

이제 판게아는 더 이상 존재하지 않고, 테티스해도 거의 사라졌다. 아프리카판이 북쪽으로 이동함에 따라 그 대양 지각이 유럽판 아래로 들어가면서 테티스해는 점점 사라져갔고, 그 해저 퇴적물은 구겨지면서 산맥이 되었다. 약 1500만 년 전에 테티스해는 좁은 해로에 불과한 수준으로 줄어들었는데, 양쪽 끝은 아직 열려 있었다. 한쪽 끝은 북아프리카 해안과 이베리아 반도 사이에, 다른 쪽 끝은 페르시아만에 위치했다. 그리고 북쪽에 기다란 팔처럼 뻗은 바다는 서아시아를 침수시켰다. 하지만 홍해가 갈라지면서 아라비아 반도를 아프리카의 뿔Horn of Africa(아프리카 대륙 동북부를 통틀어 이르는 말. 모양이 코뿔소의 뿔과 닮은 데에서 유래한 이름)에서 떼어내 유라시아판 남쪽 가장자리에 충돌시키면서 자그로스산맥을 솟아오르게 했다. 오늘날 중동이라고 부르는 지역은 이렇게 해서 탄생했고, 그러면서 지중해 동쪽 출구가 막히게 되었다. 테티스해의 북쪽 팔 부분이 말라붙으면서 흑해와 카스피해와 아랄해가 그 잔해로 남았다. 한편 여전히 북쪽으로 밀고 올라가던 아프리카 북서단이 550만~600만 년 전에 이베리아 반

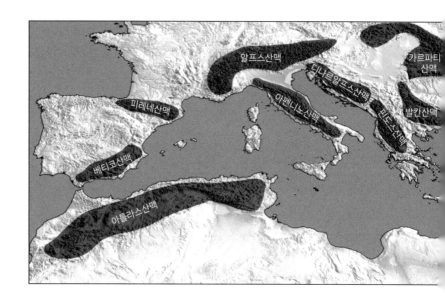

도와 맞닿으면서 마침내 지중해의 서쪽 끝 출구도 대서양과 차단되었다.

　이제 나머지 대양들과 완전히 단절되고 무더운 기후대에 놓인 지중해는 분지로 흘러드는 강물이 공급하는 물보다 더 많은 물을 증발로 잃으면서 빠르게 말라갔다. 수위가 낮아지자 지중해는 튀니지의 아틀라스산맥에서 갈라져 나온 산줄기에 의해 둘로 쪼개졌다.* 지중해 서쪽 절반은 완전히 말라붙어 햇볕이 쨍쨍 내리쬐는 바닥에 거대한 염 침전물이 쌓였다. 실제로 오늘날 지중해 아래에 쌓인 이 침전물의 엄청난 두께(장소에 따라 최대 2km에

---

* 카르타고 항구는 이렇게 솟아오른 지역의 가장자리에 위치하고 있고, 시칠리아섬과 이탈리아의 '발가락'(이탈리아 남단)은 이 동일한 장애물의 봉우리들이다.

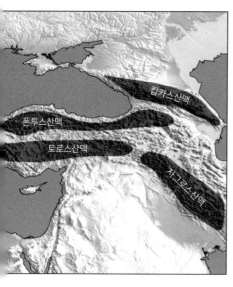

오늘날의 지중해. 테티스해가 닫히면서
생긴 산맥들로 둘러싸여 있다.

이르는)는 그 바다가 완전히 말라붙은 뒤에 연속적으로 많은 횟수에 걸쳐 흘러들어온 대서양의 바닷물로 다시 채워졌음을 시사한다. 이 과정 때문에 전 세계 바다의 염분이 약 6% 줄어들었다. 지중해의 동쪽 분지는 더 깊고, 나일강과 흑해(보스포루스 해협을 통해)에서 일부 물이 흘러들어왔기 때문에 그 수위는 해수면 아래 수백 미터로 낮아졌지만 완전히 말라붙지는 않고, 사해처럼 함수호로 명맥을 이어갔다.

그러다가 약 530만 년 전에 계속 진행된 판의 활동으로 분지 서쪽 가장자리가 또다시 가라앉으면서 지중해가 영구적으로 다시 열렸다. 대서양 물이 조금씩 흘러들어오다가 곧 막대한 양의 물이 엄청난 격류를 이루어 비탈을 내려와 마른 땅으로 텅 비어 있던 지중해 분지를 다시 채웠는데, 물이 다 차기까지는 아마도 채 2년도 걸리지 않았을 것이다. 현재의 지브롤터 해협은 이 격렬한 대홍수가 일어날 때 깎여서 만들어졌다.

지중해는 아프리카판이 계속 북쪽으로 밀고 올라옴에 따라 지금도 계속 줄어들고 있는데, 결국에는 완전히 사라질 것이다. 지중해 북쪽과 남쪽 해안선에서 나타나는 지질학적 차이는 이러한 판의 활동으로 설명할 수 있다. 지중해 남쪽 해안선은 비교적 반반하고 천연 항구가 별로 없는데, 아프리카판이 아래쪽으로 기울어지면서 유라시아판 밑으로 들어가 파괴되고 있기 때문이다. 반면에 이러한 충돌의 결과로 지중해 북쪽 해안선에는 산맥이 많다. 여기에 판의 침강과 지금이 해수면이 높은 간빙기라는 조건이 결합해 해안선이 점점 물밑으로 잠기는 결과를 낳았다. 수많은 섬과 갑, 만과 함께 천연 항구가 풍부한 지중해 북해안의 매우 복잡한 구조는 이렇게 자연 지형이 물에 잠기면서 나타난 결과이다. 이 기본적인 판의 활동은 북쪽 가장자리를 따라 해상 활동 문화들에 큰 이점을 가져다주었고, 청동기 시대부터 현재까지 역사에 큰 영향을 미쳤다.

신드바드의 세계

지중해 내해는 유라시아 대륙 서쪽 끝에 있는 문화들을 거대한 교역망으로 연결시켰다. 하지만 훨씬 먼 거리에 걸쳐 일어난 해상 교역 역시 문명의 역사에 큰 영향을 미쳤다. 역사를 통해 유라시아 남쪽 절반, 건조한 스텝 초원이 거대한 띠처럼 뻗어 있는 남쪽 지역(이 지역은 7장에서 다시 다룰 것이다)을 따라 수많은 문화와 제국이 나타났다. 이 사회들은 광대한 대륙의 남쪽 가장자리를 따라 지나가는 해상로를 통해 서로 교역했다.

동아시아와 서아시아를 잇는 해상로는 인도양을 지나간다. 기원전 3000년경에 메소포타미아의 상인들은 티그리스강과 유프라테스강이 합쳐져 페르시아만으로 흘러가는 남쪽 지역으로 상품을 운송했다. 이곳에서 그들은 배를 타고 페르시아만을 내려가 그 어귀에 위치한 좁은 호르무즈 해협을 지나 남아시아 해안을 따라 인더스강 하구까지 갔다. 지중해 연안에 위치한 이집트와 페니키아, 그리스로 문명이 퍼져감에 따라 두 번째 주요 교역로가 열렸다. 낙타 대상이 나일강 삼각주에서 출발해 육로로 산이 많은 동부 사막을 지나 홍해의 항구까지 상품을 운반했다. 그리고 이곳에서 배들이 홍해의 긴 수로를 따라 아래로 내려가 아라비아 남단을 돌아 인도양으로 들어갔다.

그것은 결코 쉬운 여행이 아니었다. 홍해 해안 지역에는 물밑에 숨어 있는 모래톱이 많아 항해에는 늘 위험이 따랐고, 뜨거운 열기는 혹독했으며, 양쪽으로 펼쳐진 광대한 사막과 함께 극단적으로 건조한 이곳 연안 지역에는 민물 공급원이 거의 없었다. 사실, 홍해 입구를 이루는 좁은 해협을 아랍인 선원들은 '비탄의 문'이라는 뜻으로 바브엘만데브 해협이라고 불렀다. 홍해를 올라가는 긴 여행을 시작하기 전에 배들은 아라비아반도 가장자리에 위치하면서 바브엘만데브 관문을 통제하는 아덴 항구에 들렀

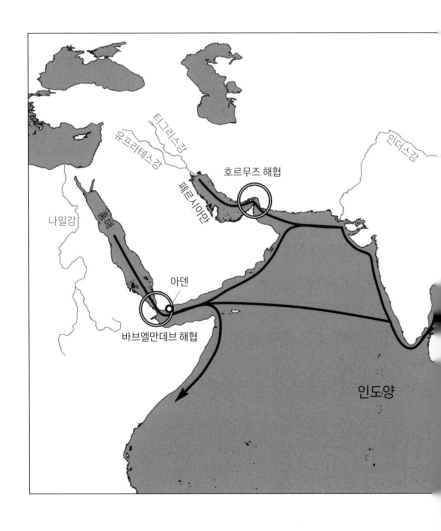

다 갔다. 사화산 분화구에 자리잡은 아덴은 물을 공급받는 필수 기항지였고, 활기 넘치는 교역 집산지가 되어 부유하고 요새화 된 도시로 발전해갔다.*

인도양으로 가는 홍해와 페르시아만의 해상로에는 상선들이 넘쳐났는데, 이 두 곳의 해상 직통로는 모두 동일한 판의 활동

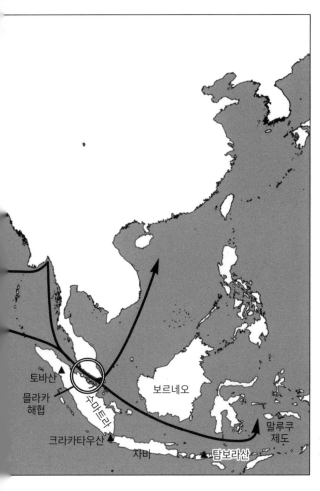

토바산

믈라카
해협

수마트라

크라카타우산

자바

보르네오

탐보라산

말루쿠
제도

유라시아의 주요 해
상 교역로와 중요한
해협들

---

* 아덴은 19세기 중엽부터 영국에 아주 중요한 전략적 가치를 지닌 곳이 되었
다. 아덴 항구는 수에즈 운하와 인도 서해안의 뭄바이 그리고 동아프리카의
잔지바르로부터 거의 비슷한 거리에 있었다. 그 당시 이곳들은 모두 영국이
지배하고 있었다. 증기선이 전성기를 누리는 동안 아덴은 석탄과 보일러수를
공급받기 위해 들러야 하는 중요한 기항지였다. 미국이 1898년에 하와이를
합병한 것도 같은 이유에서였는데, 하와이는 태평양에서 활동하는 미 해군에
석탄 공급처 역할을 했다.

으로 생겨났다. 1장에서 보았듯이, 홍해는 아프리카 지각 아래에서 거대한 마그마 기둥이 솟아오를 때 지표면을 갈라지게 한 Y자 열곡계의 세 가지 중 하나이다. 남쪽 가지인 동아프리카 지구대는 우리가 종으로 진화하는 무대를 마련한 반면, 북서쪽의 더 깊은 균열은 아라비아 반도를 아프리카에서 떼어냈고, 길이 약 2000km의 이 균열에 물이 흘러들면서 홍해가 생겨났다.*

아라비아반도는 여전히 아프리카에서 떨어져 나가고 있는데, 북쪽의 좁은 힘줄—시나이 사막—을 통해서만 붙어 있고, 홍해가 넓어짐에 따라 아라비아 블록은 동쪽으로 돌면서 유라시아판 남쪽 가장자리에 충돌했다. 그 결과로 이란에서 자그로스산맥이 솟아올랐고, 지각이 침강하면서 쐐기 모양의 전면 분지가 생긴 이 산맥 기슭을 따라 인도양의 물이 흘러들어와 페르시아만이 생겼다.

홍해와 페르시아만에서 인도로 가는 최초의 교역로는 해안선을 따라 뻗어 있었다. 하지만 기원전 100년경에 프톨레마이오스 왕조의 이집트 상인들이 여름에 남서풍 계절풍을 이용해 불과 몇 주일 만에 바브엘만데브 해협에서 곧장 인도양을 가로질러 인도 서해안으로 갔다가 계절풍의 방향이 반대로 바뀌는 겨울에 되돌아오는 방법을 발견했다. 지구의 대기 패턴에 나타나는 이 특징(8장에서 자세히 다룰 것이다)을 활용하면서 유라시아 전

---

* 홍해 북단의 대륙 지각이 추가로 갈라지면서 수에즈만과 아카바만 같은 좁은 만을 만들었다. 후자의 균열이 더 뻗어나가면서 갈릴리호, 요르단 골짜기, 사해를 만들었다. 사해 연안은 해수면보다 400m나 아래에 있어 지표면에서 가장 낮은 곳에 있는 땅이다.

역에서 해상 교역이 급증했다. 하지만 7세기 말에 이슬람 세력이 아라비아와 북아프리카, 서남아시아를 정복하자, 유럽인 항해자들에게 바브엘만데브 해협의 관문이 닫히고 말았다. 이후 수백 년 동안 이슬람 상인의 다우(큰 삼각돛을 단 아랍인의 배)와 대상이 아시아를 지나는 세 갈래의 큰 동서 교역로를 지배했다. 세 교역로는 홍해와 페르시아만에서 인도양을 건너는 두 갈래의 해상로와 중앙아시아를 지나가는 실크 로드였다. 이것은 《천일야화》에 나오는 신드바드의 세계였는데, 신드바드는 바그다드에서 상품을 싣고 바스라로 가 그곳에서 배를 타고 페르시아만을 내려가는 모험 항해를 일곱 차례나 한 상인이다.

이슬람 세력이 이 교역로들을 지배하기 이전에 인도는 스트라본Strabon과 프톨레마이오스Ptolemaeos 같은 그리스와 로마의 지리학자들에게 잘 알려져 있었지만, 홍해의 통행로가 막힌 이후에는 그 위치에 대한 지식이 점차 희미해져 전설에 가까운 수준으로 변하고 말았다. 8장에서 보게 되겠지만, 유럽인이 다시 인도양을 항해하기까지는 이후 거의 1000년이 걸렸다. 그리고 마침내 그렇게 했을 때, 유럽인은 동남아시아에서 지중해 못지않게 활기찬 교역망을 발견했다.

향신료 세계

사실, 동남아시아의 해양 지역은 많은 점에서 지중해와 매우

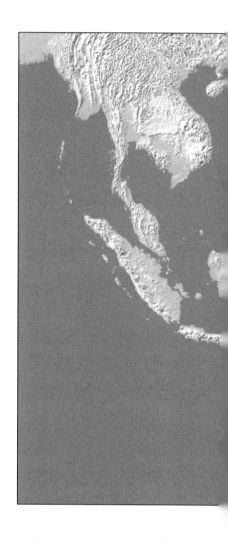

동남아시아의 군도들과 말루쿠 제도와
반다 제도의 아주 작은 향료 제도 섬들

비슷하다. 하지만 여기저기 섬들이 흩어져 있는 이 지역은 사면
이 육지로 둘러싸인 내해가 아니라 양쪽으로 광대한 인도양과
태평양이 뻗어 있다. 동인도 제도(말레이 제도)는 유라시아의 대
륙붕 지역이다. 이곳은 바다가 비교적 얕고, 육지는 물 위로 머리
를 내밀고 있는, 자연 지형에서 조금 더 높은 지대에 지나지 않는

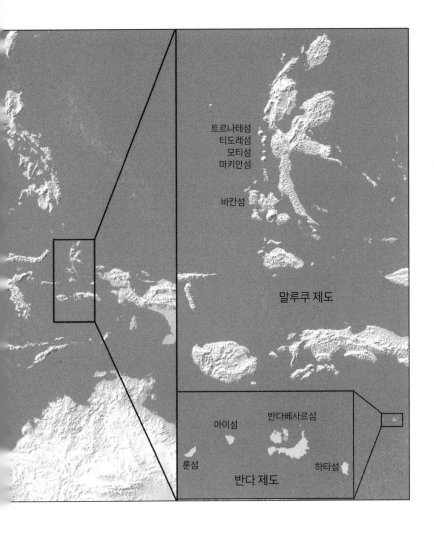

트르나테섬
티도레섬
모티섬
마키안섬

바칸섬

말루쿠 제도

반다베사르섬
아이섬
론섬   하타섬
반다 제도

다. 지중해의 북쪽 가장자리와 마찬가지로 이 지역의 가장자리 지역들은 화산 활동이 활발한데, 인도-오스트레일리아판과 태평양판이 유라시아판 밑으로 들어가면서 녹은 물질이 마그마가 되어 그중 일부가 위로 솟아오르기 때문이다.

수마트라섬과 자바섬의 등줄기를 따라 죽 늘어선 화산들은 반다 제도를 향해 위쪽으로 활처럼 구부러지며 뻗어 있다. 이 화산 활동은 비옥한 토양을 만들었지만, 1815년의 탐보라산 분화와 1883년의 크라카타우산 분화처럼 역사상 가장 격렬한 화산 분화를 낳았다. 약 7만 4000년 전에 인도네시아 토바산에서 일어난 초화산 분화는 지난 200만 년 동안 일어난 화산 분화 중 규모가 가장 큰 것이었다. 이때 엄청난 양의 화산재가 뿜어져 나와 지표면의 약 1%를 뒤덮었고, 하늘을 충분히 오랫동안 가려 수십 년 동안 지구의 평균 기온이 크게 내려갔을 것이다(심지어 논란은 많지만, 살아남아 있던 인류 개체군이 토바산 분화 때문에 크게 줄어들었다는 주장도 있다).

지중해에는 섬이 수백 개밖에 없는 반면, 동남아시아에는 보르네오섬과 수마트라섬처럼 길이가 1000여 km에 이르는 큰 섬에서부터 칼데라만으로 이루어진 아주 작은 섬에 이르기까지 다양한 크기의 섬이 2만 6000개 이상 있다. 육지 지역이 이렇게 심하게 분산되어 있고, 섬들의 지형이 대부분 기복이 심한 산악 지대라는 조건 때문에 이 지역은 중국이나 지중해 주변 지역과는 달리 큰 제국으로 통합되기가 어려웠다. 하지만 이곳 동남아시아 바다에서는 교역이 활발하게 일어났다. 인도의 목화, 중국의 자기와 실크와 차, 일본의 귀금속과 함께 가장 귀중한 상품은 인도의 후추와 생강, 실론(스리랑카의 옛 이름)의 계피, 말루쿠 제도의 '향료 제도'에서 온 육두구와 메이스(육두구 겉껍질을 말린 것)와 정향 같은 향신료였다.*

향신료가 귀중한 상품이 된 것은 단지 음식의 맛을 돋울 뿐만 아니라, 최음 성분과 약효 성분도 있다고 여겨졌기 때문이다. 향신료는 이 지역의 열대 기후에서 자라는 다양한 종류의 식물에서 나왔다. 후추는 열대우림에 자라는 덩굴식물의 열매, 생강은 뿌리, 계피는 나무껍질, 정향은 아직 활짝 피지 않은 꽃봉오리를 말린 것이다. 육두구와 메이스는 같은 상록수의 씨와 씨의 겉껍질이다. 일부 식물은 이 지역에 광범위하게 분포한다. 예컨대 후추는 남아시아와 동남아시아 전역에서 자라는데, 다만 역사적으로는 대부분 인도 남서부의 말라바르 해안 지역에서 산출되었다. 이곳의 낮은 산맥인 서고츠산맥은 여름철 계절풍이 몰고 온 빗물을 붙들어 이 덩굴식물의 성장에 적합한 습한 열대 기후를 만들어낸다.

하지만 다른 향신료들은 자신만의 고유한 서식지에 국한되어 자라는 경우가 많다. 정향은 원래는 말루쿠 제도 북부에 위치한 몇몇 작은 섬들(바칸섬, 마키안섬, 모티섬, 티도레섬, 트르나테섬)의 화산재 토양에서만 자랐다. 이 희소한 향신료는 매우 비싼 값에 팔렸는데, 멀리 서쪽의 지중해 지역으로 실어가면 특히 그랬다. 그래서 이 작은 화산섬들은 그 크기에 비해 상업적 중요성이 엄청나게 컸다.**

---

* 영어로는 모두 pepper라는 단어를 포함하고 있지만, 후추(black pepper)는 피망(bell pepper)이나 고추(chili pepper)와 식물학적으로 종류가 다르다. 후추와 피망은 중앙아메리카와 남아메리카가 원산인 고추속 식물의 열매이다. 신세계가 원산인 이 종들은 15세기에 유럽인이 아메리카를 발견한 뒤에 일어난 작물과 가축의 대이동(이를 '콜럼버스의 교환'이라 부른다) 이전에는 나머지 세계에 알려지지 않았다.

동남아시아의 해상 교역망은 매우 거대했는데, 그에 비하면 지중해의 해상 교역망은 웅덩이에 불과한 수준이었다. 인도양에서 오는 항로들은 좁은 믈라카 해협을 지나갔고, 그 밖에 동중국해에서 아래로 내려오는 항로들과 동쪽 말루카 제도의 향료 제도에서 오는 항로들이 있었는데, 이 모든 항로들은 말레이반도나 자바섬과 수마트라섬의 교역항들로 수렴했다. 1400년경에 믈라카 항구는 작은 어촌에서 세계 최대의 해상 교역 중심지 중 하나로 성장했다.

믈라카는 말레이반도와 기다란 수마트라섬 사이에 깔때기 모양으로 뻗어 있는 800여 km의 믈라카 해협 중간쯤에서 해협의 폭이 불과 60km로 줄어드는 지점에 있었다. 인도양과 남중국해 사이의 중요한 해상 직항로인 믈라카 해협은 동반구에서 가장 중요한 수로 중 하나였다. 항구의 북적대는 시장들에는 베네치아에서 온 모직물과 유리, 아라비아에서 온 아편과 향, 중국에서 온 자기와 실크, 반다 제도와 말루쿠 제도에서 온 향신료를 비롯해 온갖 교역 상품이 넘쳐났다. 믈라카는 지구에서 가장 국제적인 장소 중 하나였고, 항구에는 인도양에서 온 다우가 중국과 향료 제도에서 온 정크(중국의 범선)와 나란히 정박해 돛대들이 숲

** 그 중요성이 얼마나 컸던지, 17세기 후반에 제2차 영국-네덜란드 전쟁이 끝난 뒤, 네덜란드는 맨해튼의 소유권을 영국에게 넘기는 대신 반다 제도에서 가장 작은 섬 중 하나인 룬섬을 차지하기로 합의했다. 룬섬은 길이가 3.5km에 불과한 작은 섬이지만, 이 섬을 차지함으로써 네덜란드는 동인도 제도에서 육두구 거래 독점을 확보할 수 있었다. 따라서 네덜란드는 맨해튼을 육두구와 맞바꾼 셈이다. 그리고 그 결과로 뉴암스테르담은 뉴욕으로 이름이 바뀌었다.

을 이루었다. 인구는 리스본보다 많았고, 소란스러운 시장의 소음에는 수십 가지 언어가 섞여 있었다. 이 향신료 거래가 제공하는 부는 15세기 말에 동양으로 가는 새 항로를 찾으려고 애쓰던 유럽인 항해자들을 끌어들인 큰 요인이었다.***

그리고 이곳에 도착한 유럽인은 해양 지리학의 핵심 지형—해군 작전의 요충지—들을 차지함으로써 이 광대한 동남아시아의 교역망을 지배하려고 했다. 하지만 이러한 핵심 지형들의 역사적 중요성을 설명하려면, 먼저 고대 그리스로 돌아갈 필요가 있다.

병목 지점

앞에서 보았듯이, 그리스는 기복이 심한 지형 때문에 해안선에 작은 만과 수로가 많고, 그 덕분에 곳곳에 천연 항구가 있어 일찍부터 해상 교역이 발달할 수 있었다. 사실, 산이 많은 지형은 고대 그리스의 도시 국가들이 독립을 유지하는 데 도움을 준 것으로 보인다. 가파른 산등성이가 해안선까지 뻗어 있어 도시 국가들을 물리적으로 갈라놓았고, 어느 한 국가가 그리스 전체를 완전히 지배해 제국을 건설하지 못하도록 방해했다. 그 결과

*** 그 당시 유럽은 아랍 상인들이 들여온 후 에스파냐에서 재배된 사프란, 동지중해가 원산인 고수와 쿠민 그리고 로즈메리와 백리향, 오레가노, 마저럼, 월계수 열매 같은 유럽 각지의 토착종을 비롯해 이미 많은 허브와 향신료를 사용하고 있었다. 하지만 이국적인 동양의 후추와 육두구, 메이스, 정향은 서양 시장에서 훨씬 희귀했고, 그래서 매우 비싼 값에 팔렸다.

로 그리스 세계는 동일한 문화와 언어를 공유한 많은 도시 국가들이 각자 독립을 유지하는 한편으로, 충성과 갈등의 패턴이 끊임없이 변하는 가운데 서로 경쟁하며 살아갔다.* 하지만 그와 동시에 연안 평야가 발달하지 않아 생산성 높은 농사를 지을 땅이 부족했다. 메소포타미아나 이집트와 달리 그리스는 비옥한 충적 평야가 없었다. 내륙에 비옥한 골짜기 지역들이 있긴 했지만 그리 많지는 않았다. 산이 많은 지형 탓에 그리스의 토양은 일반적으로 경토^{輕土}가 얕게 덮여 있는데, 강수량이 적고 비도 불규칙하게 내려 대부분은 건조한 편이며, 큰 강도 얼마 없어 광범위한 관개도 불가능하다. 실제로 알프스산맥 서쪽 끝에 있는 론강을 제외하고는 유럽의 주요 강들은 대륙 충돌로 솟아오른 산맥들에 막혀 지중해로 흘러가지 않는다.

이러한 환경 요인들 때문에 그리스반도는 역사를 통해 사람들을 먹여 살리기에 적절한 곡물을 재배하려고 많은 노력을 기

---

* 지리적 특징은 그리스에서 벌어진 전쟁의 성격도 결정했다. 협곡과 가파른 산과 언덕이 곳곳에 널린 지형은 아시아의 평원들에서 흔히 벌어지던, 전차를 사용한 전투에 부적합했다. 기병을 사용하기에도 적합하지 않았다. 대신에 그리스 도시 국가들은 창과 방패로 무장한 중무장 보병(그리스어로는 '호플리테스') 군대를 발전시켰는데, 기원전 7세기에 이르러서는 팔랑크스 대형이라는 밀집 대형을 이루어 싸우도록 훈련시켰다. 중무장 보병 군대는 직업 군인이 아니라 시민(농부와 장인, 상인)으로 충원했고, 이들은 각자 자신의 청동제 무기와 갑옷을 마련했다. 따라서 그리스의 전투에서 승패를 결정한 것은 전차나 말을 탄 엘리트 전사들이 아니라, 밀집 대형에서 옆 사람이 방패로 자신을 보호해줄 것이라고 믿으면서 서로 협력해 싸운 일반 시민들이었다. 자유로운 남성 시민들 사이의 이러한 연대는 일부 도시 국가, 특히 아테네에서 민주주의가 일찍 발달하는 데 도움이 되었다(다만, 여성과 노예, 지주가 아닌 사람들은 여전히 정치 과정에서 배제되었다).

울렸고, 많은 도시 국가들은 식량 부족과 기아의 위협에 늘 시달리면서 살아갔다. 하지만 그리스의 기후는 올리브유와 와인을 생산하기에는 아주 좋았고, 염소와 양을 기르기에도 좋았는데, 이것들을 다른 나라에서 재배한 밀과 보리와 교환할 수 있었다.

기원전 1밀레니엄 초기에 일부 그리스 도시 국가들이 세계 최초의 민주주의를 발전시키던 것과 같은 시기에 국내에서 재배한 식량만으로 먹여 살리기 어려운 수준으로 인구가 증가하기 시작했다. 그래서 그리스인은 사람들을 먹여 살리는 데 필요한 식량 공급원을 지중해 주변의 다른 땅들에서 찾기 시작했다. 스파르타와 코린트, 메가라 그리고 그 동맹들은 배들을 서쪽으로 보내 곡식을 실어왔다. 그들은 에트나산 주변의 비옥한 화산토가 주는 혜택을 수중에 넣기 위해 시칠리아를 식민지로 만들었다.** 번성한 도시 아테네를 포함해 에게해 주변의 두 번째 그리스 도시 국가 동맹은 유라시아 스텝 지대의 서쪽 끝(이 지역은 7장에서 자세히 다룰 것이다)에 해당하는 흑해 북해안의 매우 비옥한 드네프르강과 부크강 유역에 식민지를 건설했다. 그곳까지 가려면 그리스의 배들은 에게해와 흑해 사이의 엄청나게 좁은 해협을 건너가야 했다. 먼저 '그리스인의 다리'라는 뜻의 헬레스폰트 해협(지금의 다르다넬스 해협)을 건너 작은 마르마라해로 간 뒤, 거기에서 더 좁은

** 에트나산은 유럽에서 가장 높은 활화산이며, 세계에서 가장 활동이 활발한 화산 가운데 하나이다. 아프리카판이 유라시아판 밑으로 들어가면서 생기는 마그마 때문에 분화가 자주 일어난다.

보스포루스 해협을 지나 흑해로 갔다.*

　　해외 곡창 지대에서 수입한 식량에 의존해 살아가던 그리스의 인구가 점점 더 늘어나자, 아테네를 중심으로 한 도시 국가들의 동맹인 델로스 동맹과 스파르타를 중심으로 한 펠로폰네소스 동맹 사이의 갈등이 점점 커져갔다. 그러다가 결국 기원전 431년에 이 갈등이 펠로폰네소스 전쟁으로 폭발했다. 이 전쟁은 거의 30년 동안 이어졌고, 쌍방은 제해권을 장악하려고 시도했지만, 결국은 아테네가 흑해에서 바닷길을 이용해 수입하는 곡식에 크게 의존한 것이 치명적 약점이 되고 말았다. 스파르타는 굳이 아테네를 직접 공격할 필요가 없이 그저 그 생명선을 차단하기만 하면 된다는 사실을 깨달았다. 기원전 405년, 스파르타는 함선들을 결집해 최대 규모의 아테네 식량 수송선들이 흑해에서 소중한 화물을 싣고 출발하는 한여름이 될 때까지 기다렸다. 아테네의 수송선들은 가을이 오면 폭풍이 몰아치는 바다와 구름으로 뒤덮인 하늘** 때문에 항해가 사실상 불가능했기 때문이다. 아이고스포타모이 해전에서 스파르타군은 폭이 좁은 헬레스폰트 해협에서 아테네 해군을 급습하여 완전히 격파했다. 150척 이상의 아테네 함선이 침몰하거나 나포되었다. 흑해에서 빠져나오는 요충지를 점령한 스파르타는 굳이 아테네에 최후의 일격을 가하려

----

* 다르다넬스 해협은 지중해와 흑해 사이의 중요한 해상 요충지일 뿐만 아니라, 유럽에서 소아시아로 가는 전략적 교두보이기도 하다. 알렉산드로스 대왕은 페르시아를 정복하기 위해 기원전 334년에 이곳을 건너 동쪽으로 진격했다.

** 항해용 나침반이 발명되기 전에는 밤중에 별들이 보이지 않는 상황에서 먼 바다를 항해하는 것이 매우 위험했다.

고도 하지 않았다. 굶주림이라는 차가운 창이 중무장 보병 군대의 공격보다 훨씬 더 효과적이라는 사실을 알고 있었다. 아테네는 굴욕적인 조건으로 평화를 구걸할 수밖에 없었고, 남은 함대와 해외 영토를 모두 잃었다.

펠로폰네소스 전쟁은 해양지리학의 중요성과 좁은 해협을 지나가는 항로의 취약성을 잘 보여주는 사례이다. 그러한 바다의 군사적 요충지를 장악하여 경쟁자가 해외의 자원에 접근하지 못하도록 봉쇄하는 것은 땅을 차지하는 것만큼이나 중요할 때가 많으며, 전쟁의 결과와 문명의 운명을 결정할 수 있다. 다르다넬스 해협과 보스포루스 해협의 병목 지점과 함께 지브롤터 해협(이베리아 반도와 탕헤르 해안 사이에 뻗어 있는 폭이 좁은 바다)도 지중해와 대서양 사이를 오가는 해군의 통행을 통제하는 데 중요한 역할을 했으며, 1805년에 영국 해군과 프랑스-에스파냐 연합 함대 사이에 벌어진 트라팔가르 해전의 주요 무대가 되었다.

세계 각지의 다른 해협들도 세계사에서 중요한 역할을 했다. 유럽인 선원들이 15세기 초부터 인도양에 도착했을 때(처음에는 포르투갈인이, 그 다음에는 에스파냐인, 네덜란드인, 영국인이), 그들은 지구 바다 위의 모든 지역을 통제하려고 모든 요충지를 차지하려고 했다.

앞에서 보았듯이, 이집트와 중동과 인도 사이의 교역에 쓰인 주요 항로는 두 가지가 있었다. 하나는 홍해를 지나가는 항로였고, 또 하나는 페르시아만을 따라 내려가는 항로였다. 두 항로는 인도양으로 나가려면 폭이 좁은 바브엘만데브 해협과 호르무즈 해협을 지나가야 했다. 그리고 인도에서 동인도 제도의 섬들에 있는 주요 화물 집산지 항구들로 가는 교역로는 믈라카 해협을 지나갔다. 수백 년 동안 동남아시아를 항해한 상인들에게 바다는 누구에게나 개방된 공유지이자 자유로운 무역을 위한 광활한 지역이었다. 항구에서는 관세를 징수했고, 해적은 늘 골칫거리였지만, 어느 나라 해군도 공해에서 타국 선적의 배를 괴롭히지 않았다. 하지만 지중해와 북대서양에서 벌어진 해전의 유산을 물려받은 유럽인은 사고방식이 달랐다. 식민지를 경영한 이 나라들은 독점 체제를 확립하기 위해 교역망을 지배하려고 했다. 이를 위해 주요 항구들을 보호하는 요새를 건설했고, 경쟁자들을 공격적으로 억압하기 위해 전함으로 바다를 순찰했다. 무엇보다도 이들은 해양지리학적으로 중요한 몇몇 핵심 장소들을 장악함으로써 인도양 전역의 교역을 통제하려고 했다. 그래서 자국 선박 외에 다른 나라 선박의 해상 통행을 봉쇄하기 위해 바브엘만데브 해협과 호르무즈 해협, 믈라카 해협 같은 군사적 요충지를 차지하려고 했다.*

바다의 군사적 요충지는 오늘날에도 전략적으로 아주 중요하다. 오늘날 이곳들이 지정학적으로 아주 중요한 이유는 향신료 교역 때문이 아니라, 전 세계적으로 중요한 또 다른 자원의 운송 때문이다.

---

* 1611년에 네덜란드가 남아프리카에서 동인도 제도로 가는 더 빠른 항로(8장에서 다룰 브라우어르 항로)를 새로 발견했을 때, 핵심 요충지와 그들의 전략적 초점은 믈라카 해협에서 자바섬과 수마트라섬 사이의 순다 해협으로 옮겨갔다.

검은 동맥

석유는 현대 세계를 돌아가게 하는 연료일 뿐만 아니라, 기계에 윤활유를 공급하고, 도로를 포장하고, 플라스틱과 의약품의 원료로 쓰이고, 식량 생산에 도움을 주는 인공 비료와 살충제와 제초제 생산에 쓰인다. 전 세계의 석유 공급 중 절반 이상은 해상 운송망을 따라 유조선이 실어 나른다. 따라서 도중에 천연 해협들을 지나간다. 앞에서 보았듯이, 펠로폰네소스 전쟁 이래 다르다넬스 해협(또는 헬레스폰트 해협)과 보스포루스 해협은 전략적으로 매우 중요한 지점이었다. 우크라이나의 곡물은 아직도 흑해를 통해 수출되지만, 러시아와 카스피해 지역에서 남유럽과 서유럽으로 화석 연료를 공급하기 위해 매일 약 250만 배럴의 석유도 유조선에 실려 터키의 이 두 해협을 지나간다. 폭이 1km도 안되는 보스포루스 해협은 주요 선박들이 지나다니는 해협 중 세계에서 가장 좁은 해협이다.

우리는 인공 요충지들도 만들었는데, 바다들을 연결해 직항로를 만들려고 건설한 운하가 바로 그것이다. 대표적인 예로는 파나마 운하와 수에즈 운하가 있다. 1956년에 수에즈 운하가 6개월 동안 닫히는 바람에 배들이 남아프리카 주위를 빙 둘러가게 되자, 유럽 전역에서 연료 부족 사태가 일어났다. 하지만 현재의 석유 시대에 전략적으로 가장 중요한 해협은 호르무즈 해협이다.

석유가 지구에서 어떻게 만들어졌고, 왜 중동에서 많이 발견되는지는 9장에서 자세히 이야기할 것이다. 전 세계 석유 공급량의 약 3분의 1이 페르시아만에서 생산되는데, 이라크와 쿠웨이트, 바레인, 카타르, 아랍에미리트는 모두 호르무즈 해협을 통해 석유를 실어 보낸다. 오직 사우디아라비아와 이란만이 해상 운송로로 연결되는 다른 통로를 이용할 수 있다. 그 결과, 이 해협은 매일 1900만 배럴(전 세계 공급량의 5분의 1)의 석유를 운송하는 유조선들로 북적댄다. 이것은 전 세계에 검은 피를 실어 나르는 이 동맥이 해협들을 지나갈 때 매우 취약하다는 것을 뜻한다. 1973년에 아랍 국가들이 석유 금수 조처를 취하고 나서 40년 동안 미국이 세계 시장에서 석유의 안정적 유통을 보장하기 위해 이 지역에 군사력을 유지하느라 쓴 돈은 7조 달러가 넘는 것으로 계산된다. 해적과 테러 공격도 성가신 문제이기는 하지만, 가장 큰 근심거리는 국제 관계가 틀어지면서 이란 같은 나라가 이 중요한 요충지를 봉쇄해 세계 석유 공급에 큰 차질을 초래하는 것이다.

페르시아만 주변에서 생산되는 석유 중 약 10%는 희망봉을 돌아 미국으로 수송되며, 그보다 적은 양은 바브엘만데브 해협을 통해 홍해로 갔다가 수에즈 운하를 통과해 지중해로 가는 항로를 통해 수송된다. 하지만 그보다 훨씬 많은 양은 인도를 돌아 병목 지점인 믈라카 해협을 통해 동아시아로 가는, 수천 년 동안 사용되어 온 해상 운송로를 통해 수송된다. 바다를 통해 운송되는 전체 석유 중 약 4분의 1(하루에 약 1600만 배럴)은 유조선에 실려 이 해협을 지나가며, 중국과 일본, 대한민국, 인도네시아, 오스트레일리아의 경제를 돌아가게 한다.

주요 교역 상품의 성격(곡물에서 향신료로, 거기에서 다시 석유로)은 역사를 통해 변했을 수 있지만, 해양지리학의 역할과 해군 요충지의 전략적 중요성은 여전히 그대로 남아 있다. 철도와 자동차와 항공 여행이 도래하기 이전에 장거리 교역을 촉진한 것은 바다였다. 오늘날에도 전 세계의 교역 화물 중 90%는 선박을 통해 운반된다.

하지만 바다의 역할은 단지 장거리 교역을 위한 해상 고속도로와 현재의 지정학적 지형 중 많은 것을 결정하는 전략적 요충지를 제공하는 것에 그치지 않는다. 이제 해양지리학이 어떻게 한 국가의 경제와 정치에도 큰 영향을 미치는지 살펴보기로 하자.

블랙 벨트

1776년에 아메리카 식민지들이 영국의 지배로부터 독립을 선언하고 독립 전쟁을 벌여 승리했을 때, 대부분의 인구는 여전히 동부 해안 지역에 모여 살고 있었다. 그 후 수십 년 동안 미국은 정착민에게 서부로 가라고 권장하고, 일련의 구입과 합병을 통해 광대한 영토를 획득하면서 크게 팽창했다. 독립 국가로 탄생한 지 100년이 지나기도 전에 미국은 영토 면적이 4배로 늘어났으며, 광활한 아메리카 대륙을 가로지르며 동쪽의 대서양 연안에서 서쪽의 태평양 연안까지 뻗어갔다. 이렇게 대서양과 태평양으로 둘러싸임으로써 미국은 사실상 섬나라가 되었는데, 그러면서 한쪽으로는 유럽과 반대쪽으로는 아시아와 해상 교역을 쉽게 할 수 있는 이점을 누리게 되었다. 미국이 경제적 성공과 함께 자유의 이상을 달성할 수 있었던 것은 바로 외부의 위협으로부터 안전했기 때문인데, 그것은 지리적 환경이 제공한 조건 덕분이었다. 유럽 국가들은 혼잡한 대륙에서 계속 서로 부대끼며 옥신각신 살아갔지만, 미국은 영토 보전의 안전성 때문에 거의 200년 동안 대외 정책에서 고립주의적 태도를 견지했다.*

하지만 바다는 또 다른 방식으로 미국의 정치에 큰 영향을 미쳤는데, 그 뿌리는 지구의 역사에서 아주 먼 과거로 거슬러 올라간다.

2016년 11월에 열린 미국 대통령 선거에서 공화당 후보 도널드 트럼프는 민주당 후보 힐러리 클린턴을 누르고 제45대 미국 대통령으로 당선되었다. 그 결과를 나타내는 지도는 민주당에 투표한 북동부와 서해안 지역의 주들과 함께 콜로라도주, 뉴멕시코주, 미네소타주, 일리노이주를 파란색으로 표시한 반면, 가운데 부분의 광대한 지역은 공화당을 나타내는 빨간색으로 표시했다. 그 선거에서 공화당 쪽으로 기울어진 플로리다주를 포함해 동남부 주들도 전반적으로 공화당에 투표했다. 하지만 지도

---

* 일본도 1630년대부터 200년 이상 고립주의를 고수했다. 에도 시대 동안 쇄국 정책 때문에 대부분의 외국인은 일본에 들어갈 수가 없었고, 일본인도 해외로 여행을 가거나 대양을 건너는 배를 만들 수 없었다. 외부 세계와 연결되는 장소는 네덜란드인에게 나가사키만의 작은 섬에서 운영하도록 허용한 교역소 한 곳뿐이었다. 1853년에 미국의 증기선 전함들이 일본 수도 앞바다에 나타나 문호를 개방하도록 강요한 후에야 일본은 서양 국가들과 외교적 관계를 맺고 통상을 재개했다.

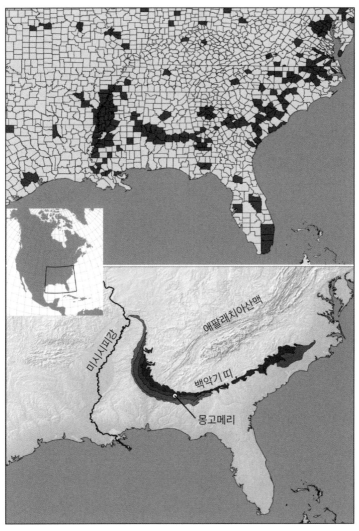

미국 남동부의 공화당 바다에서 민주당에 투표하는 카운티들(어두운 색)의 패턴(위쪽)은 미시시피강과 호 모양으로 늘어선 7500만 년 전의 백악기 암석층(아래쪽)과 거의 흡사하다.

의 해상도를 높여 투표 행동을 개개 카운티 별로 나타낸 것을 보면, 아주 흥미로운 패턴이 나타난다.

남동부의 광대한 빨간색 지역을 가로지르면서 민주당에 투표한 카운티들이 매우 선명한 파란색 선으로 뻗어 있는데, 노스캘로라이나주와 사우스캐롤라이나주, 조지아주, 앨라배마주를 활처럼 구부러지며 지나가다가 미시시피강 강둑을 따라 내려간다. 이 파란색 선 지역은 최근의 대통령 선거에서 나타난 일시적 우연이 아니다. 버락 오바마가 민주당 후보로 출마해 승리한 2008년과 2012년 선거와 그 앞의 조지 W. 부시가 공화당으로 출마한 선거에서도 분명하게 나타났다. 사실, 이러한 투표 패턴은 남북 전쟁 이후 미국이 재건되던 시절까지 거슬러 올라간다. 남동부 주들에서 대통령 정치와 선거처럼 가변적이고 유동적인 것에서 이러한 패턴이 역사를 통해 그렇게 오랫동안 지속되면서 계속 나타나는 근본 원인은 무엇일까?

놀라운 사실은 민주당에 투표하는 지역들을 보여주는 이 선명한 띠는 수천만 년 전의 바다가 남긴 결과라는 점이다.

미국의 지질도를 살펴보면, 파란색 카운티들의 패턴이 8600만~6600만 년 전의 백악기 후기에 퇴적된 지표면 암석의 띠를 따라 구부러지면서 뻗어 있다는 걸 알 수 있다. 지표면에 노출된 백악기 암석들로 이루어진 비교적 좁은 이 띠는 우뚝 솟은 애팔래치아산맥을 포함해 북쪽 내륙의 더 오래된 암석들을 빙 돌아 뻗어가다가 더 최근에 생긴 퇴적암 밑으로 들어가면서 남쪽의 땅속으로 사라진다.

오늘날보다 기후가 더 따뜻하고 해수면도 훨씬 높았던 백악기 동안에 오늘날의 미국 땅 중 상당 부분은 물밑에 잠겨 있었다. 서부 내륙 해로라는 바다가 미국 한가운데를 가로지르면서 대륙 동부를 따라 애팔래치아산맥 기슭을 빙 두르고 있었다. 애팔래치아산맥에서 침식된 물질이 강물에 실려 이 얕은 바다로 흘러가 해저에 점토층으로 퇴적되었다. 시간이 지나자 이 해저 점토층이 셰일층으로 변했다. 해수면이 다시 낮아지자 오늘날 우리가 아는 것과 같은 미국의 윤곽이 드러났고, 지표면이 침식되자 해저에 퇴적된 이 퇴적층 띠가 연안 평야 위에 다시 드러났다. 이 셰일 기반암 띠에서 유래한 토양은 어두운 색이고 영양 물질이 많았는데, 그 물질이 원래 산맥에서 침식된 것이기 때문이다. '블랙 벨트Black Belt'라는 용어는 원래는 앨라배마주와 미시시피주를 지나가며 뻗어 있는, 농업 생산성이 높은 독특한 색의 이 띠를 가리켰다.

백악기의 셰일에서 유래한 어두운 색의 이 비옥한 토양은 농작물을 재배하기에 이상적이었는데, 특히 목화를 재배하기에 좋았다. 산업 혁명이 진행되고 목화를 옷으로 만드는 과정이 가속화되면서(목화 섬유를 씨에서 분리하고 실로 자은 뒤에 천으로 만드는 과정이 기계화됨으로써) 목화 수요가 크게 치솟자 목화는 중요한 환금 작물이 되었다. 하지만 목화 재배는 매우 노동 집약적인 일이었다. 탈곡기를 사용해 식물 줄기에서 낟알을 쉽게 훑어낼 수 있는 곡물과 달리 초기에 목화를 재배할 때에는 목화솜이 붙은 꼬투리를 일일이 사람의 민첩한 손가락으로 떼어내야 했다. 그리고 18세기 후반부터 남부 주들에서는 그 노동력을 노예들이 제공했다.

1830년경에 노예 제도는 사우스캐롤라이나주와 미시시피 강 주변 지역에서 확고하게 뿌리를 내렸고, 1860년경에는 앨라배마주의 멕시코만 해안 지역에서 위쪽으로 그리고 조지아주까지 퍼져갔다. 노예의 노동력을 이용한 목화 농장이 전성기를 누리던 시절에 '블랙 벨트'라는 용어는 다른 의미로 쓰이게 되었는데, 디프사우스Deep South(미국 남부의 여러 주를 통틀어 이르는 말. 주로 남부의 특징이 두드러진 루이지애나주, 미시시피주, 앨라배마주, 조지아주의 네 주를 가리킨다 – 옮긴이)에서 많이 발견되는 인구 집단이 분포하는 지역을 가리켰다. 즉, 미시시피강 양안을 따라 그리고 땅 밑에 백악기 암석층의 띠가 늘어선 곡선을 따라 아프리카계 미국인의 인구 밀도가 높은 지역을 가리켰다.

1865년에 남부 연합이 남북 전쟁에서 패하고 남부 주들에서 노예 제도가 폐지된 후에도 이 지역의 인구 분포나 경제적 초점이 갑작스럽게 변하지는 않았다. 이전의 노예들은 여전히 동일한 목화 농장에서 일했는데, 다만 이제는 자유민 신분이 되어 소작농으로 일했다. 하지만 목화 가격의 지속적인 하락에 이어 1920년대에 목화바구미가 창궐하면서 디프사우스의 경제적 부는 하강 곡선을 그리기 시작했다. 수백만 명의 아프리카계 미국인이 남부 주들의 농촌 지역에서 북동부와 중서부의 산업 도시들로 이주했는데, 특히 1930년대의 대공황 이후에 농촌을 떠난 사람이 많았다. 그래도 아프리카계 미국인 중 다수는 처음에 인구 밀도가 가장 높았던 지역들에 그대로 남았다—비옥한 토양의 역사적인 '블랙 벨트'에.

그래서 제2차 세계 대전 이후에 '블랙 벨트'는 민권 운동의 심장부가 되었다. 1955년 12월에 앨라배마주 몽고메리에서 버스를 타고 가던 로자 파크스는 백인에게 자리를 양보하길 거부했다. 몽고메리는 7500만 년 전에 퇴적된 백악기 암석층이 구부러지며 뻗어 있는 띠의 중간 지점에 위치한 하나의 점에 해당한다. 오늘날에도 미국 내에서 아프리카계 미국인의 인구 밀도가 높은 카운티들은 거의 다 남동부 지역의 이 띠를 따라 분포한다. 많은 아프리카계 미국인이 북부와 서부로 이주한 뒤에도 계속 남아 있는 이 인구 집단은 경제적 조수에 수백만 명이 다른 곳으로 휩쓸려간 뒤에도 그 자리에 계속 남아 있는 침전 잔존물과 같다.

경제적 생산성이 높았던 이 지역은 이후 산업이나 관광을 통한 큰 발전이 일어나지 않아, 높은 실업률과 빈곤, 낮은 교육 수준, 부실한 보건 관리 등의 사회경제적 문제로 오랫동안 어려움을 겪어왔다. 따라서 이 지역의 유권자들은 전통적으로 민주당의 정책과 공약에 표를 몰아주는 경향을 보이면서 대통령 선거 지도에서 선명한 파란색 띠를 드러냈다. 따라서 오늘날의 정치와 사회경제적 조건을 역사적 농업 시스템에 내재하는 그 뿌리와 그리고 더 거슬러 올라가 우리 발밑의 땅속에 숨어 있는 지질학적 구조와 연결하는 인과론적 사슬이 분명히 존재한다. 먼 옛날 바다에 쌓인 진흙층의 띠는 지금도 우리의 정치적 지도에 새겨진 채 나타나고 있다.

제 5 장

·

도시의 풍경을
결정지은 재료

피라미드는 누가 만들었을까?

아마도 여러분 입에서는 고대 이집트의 파라오라는 답이 즉각 튀어나올 것이다. 물론 그것도 정답일 수 있다. 4500년도 더 전에 거대한 암석 덩어리를 캐내고 운반하고 조립해 기자 고원 위에 우뚝 선 거대한 피라미드를 만드는 데 필요한 인력을 동원하고 조율할 수 있었던 사람은 비옥한 나일강 유역의 강력한 신왕神王뿐이었다. 그중에서 가장 큰 대피라미드는 쿠푸(케오프스라고도 함) 왕 시대에 짓기 시작하여 기원전 2560년경에 완공되었다. 대피라미드는 1880년에 쾰른 대성당이 완공되기 전까지 세상에서 가장 높은 인공 구조물로 남아 있었다.

대피라미드를 짓는 데에는 하나의 평균 무게가 2.5톤인 석회암 블록이 250만 개나 쓰였다. 이 블록들을 210층으로 차곡차곡 쌓아 그 웅장한 구조물을 만들었다. 이 블록들은 근처의 석회암 광상에서 캐내 썰매에 싣고 건축 장소로 끌고 온 뒤, 흙으로 만든 경사로 위로 끌어올려 점점 높아져가는 피라미드 위로 올렸다. 그러고 나서 이 뾰족한 건축물 바깥쪽을 돌로 둘러싸 덮었는데, 여기에는 나일강 건너편의 더 먼 곳에서 캐어온 훨씬 고급스러운 석회암이 사용되었다. 이 석회암들을 촘촘하게 맞춰서 이어 붙인 뒤, 잘 다듬어서 윤이 나게 했다. 대피라미드는 처음에는 햇빛을 받아 황홀하게 빛났을 것이다. 하지만 바깥쪽을 둘러싸고 있던 이 돌들은 그 후에 대부분 사라졌다. 무게가 최대 80톤이나 나가는 큰 화강암 블록은 내부의 방들 벽을 만드는 데 쓰였는데, 훨씬 먼 아스완(상류 쪽으로 약640km 거리에 있는)에서 캐내 운반해 왔다.

대피라미드를 건설하는 데에는 수십 년이 걸렸고, 숙련 노동자 수만 명이 동원되었을 것으로 추정되는데, 노동자에게는 빵과 맥주로 임금을 지불했다. 그들은 철제 도구나 도르래, 바퀴를 사용하지 않았고, 대신에 구리로 만든 끌과 드릴과 톱을 사용해 일했다. 대피라미드의 규모는 비록 믿기 어려울 정도이고, 그것을 건설하는 데 들어간 인간의 노력도 실로 어마어마한 것이지만, 그에 못지않게 놀라운 것은 건축 재료의 성격이다. 그것은 지구에서 가장 단순한 생물들이 만든 것이다.

생물학적 암석

대피라미드의 핵심을 이루는 거대한 암석 블록들(지금은 바깥쪽을 둘러싸고 있던 돌들이 사라져 겉으로 드러나 있다)에 가까이 다가가 그 표면을 자세히 살펴보면, 아주 흥미로운 결을 발견할 수 있다. 석회암 블록은 동전처럼 생긴 수십 개의 원판으로 이루어져 있다. 운 좋게 틈이 갈라진 석회암 블록을 발견하면, 그 내부 구조도 볼 수 있다. 매우 복잡한 소용돌이 구조가 보이고, 그것은 다시 작은 방들로 나누어져 있다.

놀랍게도 돌 표면에서 유공충이라는 해양 동물의 화석을 볼 수 있다. 껍데기 폭이 최대 수 센티미터에 이른다는 점을 감안할 때, 무엇보다 인상적인 것은 이것을 만든 생물이 단세포 생물이라는 점이다. 사람의 세포 중에서 가장 큰 난자는 폭이 약 0.1mm여서 맨눈으로 간신히 보이는 크기이다. 피라미드의 석회암을 만든 해양 동물은 이에 비하면 매우 거대한 편이다. 이 해양 동물은 화폐석Nummulite(라틴어로 '작은 동전'이라는 뜻)이라는 거대 유공충 종류에 속한다.

화폐석 석회암 광상은 피라미드 건설에 건축 재료를 제공한 나일강 주변뿐만이 아니라, 북유럽에서 북아프리카까지, 중동에서 동남아시아까지 광대한 지역에서 발견된다. 이 광대한 지역에서 발견되는 화폐석 석회암은 4000만~5000만 년 전에 따뜻하고 얕은 테티스해 가장자리에 퇴적되었다. 에오세 전기에 해당하는 이 시기에 지구의 온도는 팔레오세-에오세 최고온기의 온도 급상승기보다 비록 온도는 더 높지는 않았지만 훨씬 더 오랫동안 높은 온도 상태가 지속되었다. 해수면 상승으로 테티스해의 물이 북유럽과 북아프리카를 뒤덮었다. 따뜻한 물에는 유공충이 아주 많이 살았는데, 이들이 죽자 탄산칼슘이 주성분인 동전 모양의 껍데기들이 거대한 더미를 이루어 가라앉아 해저 바닥을 뒤덮었다. 그리고 시간이 지나자, 이것들이 서로 들러붙어 화폐석 석회암이 되었다.

이렇게 특별히 생성된 석회암 광상이 많은 장소에서 노출되었다. 북아프리카에서는 침식을 통해 기반암에서 떨어져 나온 동전 모양의 화석들이 사막 여기저기에 흩어졌는데, 베두인족은 이 화석을 '사막의 달러'라고 부른다. 크림반도에서는 이 울퉁불퉁한 화폐석 석회암 노두露頭(광맥이나 암석 등의 노출부)가 경기병 여단의 돌격이 참극을 빚어냈던 1854년의 발라클라바 전투 장소인 '죽음의 계곡'의 턱을 이루고 있다.

기자의 대피라미드를 이루는 큰 바위 덩어리들은 유라시아와 아프리카에 걸쳐 뻗어 있는 사실상 하나의 거대한 석회암판에서 떼어내 온 것이다. 수많은 유공충 껍데기로 만들어진 이 화폐석 석회암은 생물학적 암석이다. 따라서 이집트의 파라오가 거대한 석회암 블록으로 피라미드를 지으라고 명령하기는 했지만, 실제로 그 피라미드를 만든 것은 또 다른 생명체였다. 파라오의 무덤들은 커다란 단세포 해양 동물의 골격이 수많이 모여서 생긴 암석으로 만들어졌다.

피라미드는 가장 오랫동안 지속된 인류 문명의 상징 중 하나로, 인류가 마음을 먹고 힘을 합쳐 노력하기만 한다면, 얼마나 대단한 것을 만들 수 있는지 보여준다. 메소아메리카의 계단 피라미드나 산치 대탑, 앙코르와트, 유럽 곳곳의 중세 성당처럼 역사를 통해 가장 웅장한 건축물 중 많은 것은 신에게 바치기 위해 건설되었다. 하지만 이 기념물들을 만든 재료는 주거, 도시의 건물, 다리, 항구, 요새 등 더 실용적인 목적을 위해 지은 건축물에 사용된 것과 동일하다. 이 모든 열렬한 건축 활동의 뿌리에는 자연의 혹독한 환경을 피할 은신처를 찾으려는 인간의 기본적인 필요가 숨어 있다. 그리고 역사를 통해 우리는 주변에 널려 있는 천연 물질에서 그 재료를 찾았다.

나무와 점토

전 세계의 많은 문화—그중에서도 특히 유목민—는 위그왐 wigwam(돔 모양으로 만든 아메리카 인디언의 반영구적 주거)이나 티피 tepee(아메리카 인디언의 원뿔형 천막), 유르트yurt(몽골과 시베리아 유목민이 쓰던 전통적인 천막) 같은 임시 구조물을 만들었다. 다양한 종류의 나무를 손질해 들보와 기둥과 널빤지뿐만 아니라 패널이나 지붕널로도 만들었다. 그리고 금속이 널리 쓰이기 이전에 목재는 기계 부품에도 쓰였다.* 느릅나무는 섬유의 결이 불규칙해 잘 쪼개지지 않는 성질이 있어 수레바퀴의 바퀴통으로 쓰기에 완벽하다. 특별히 단단한 히커리는 수차와 풍차의 구동 장치 중 톱니를 만드는 데 쓰였다. 그리고 소나무와 전나무는 아주 높고 곧게 자라기 때문에 배의 돛대를 만들기에 좋았다.

단단한 벽을 만드는 데 좋은 재료는 점토이다. 메소포타미아

---

* 청동이나 철, 강철 같은 금속은 처음에는 공급이 부족해 나무 들보들을 결합시키는 단단한 못처럼, 다른 구조재를 단단히 고정시키는 용도로만 쓰였다. 금속 자체가 주요 구조재가 된 것은 산업 혁명 이후에 철과 강철을 값싸게 사용하고 부품 대량 생산 기술이 발전하면서부터였다. 그런 금속 구조재의 예로는 강화 콘크리트에 쓰는 철근이나 교량과 고층 건물을 지지하는 철제 대들보가 있다.

의 초기 도시 주민은 진흙 세계에서 살았다. 메소포타미아는 농업 생산성이 높은 환경이긴 했지만, 목재와 돌, 금속 같은 천연자원이 절대적으로 부족해 모두 수입해야 했다. 메소포타미아에 들어선 일련의 고대 문명(수메르, 아카드, 아시리아, 바빌로니아)은 잉여 식량을 레바논의 삼나무, 페르시아와 아나톨리아의 대리암과 화강암, 시나이와 오만의 금속과 교환함으로써 살아남을 수 있었다. 하지만 대부분의 건축물은 현지에서 조달할 수 있는 재료를 사용해 지었다. 집과 궁전, 도시 성벽과 요새는 모두 햇볕에 말려 만든 흙벽돌로 지었다. 심지어 거대한 지구라트(위가 편평한 계단식 피라미드로, 신전으로 쓰였다)의 핵심 부분도 흙벽돌로 만들었다. 불에 구워 만들어 내구성이 더 강한 벽돌은 궁전과 지구라트 외장에만 쓰였고, 그 위에 다채로운 색의 유약을 발라 장식했다. 진흙은 심지어 필기구로도 쓰였는데, 수메르인은 첨필을 사용해 연점토판 위에 모양을 새기는 방법으로 기록을 남겼다.

사실, 고대 메소포타미아인에게 흙벽돌과 초기 형태의 필기구인 점토판을 제공하기 오래전에 점토는 인간이 살아가는 방식을 변화시키는 능력이 있음을 보여주었다. 점토를 구워 토기를 만드는 혁신은 우리에게 새로운 능력을 가져다주었다. 도자기는 음식을 끓이거나 튀길 수 있는 용기를 제공했다. 조리는 예컨대 감자와 카사바에 들어 있는 특정 식물 독소를 비활성화시켜 더 많은 식품을 우리가 먹을 수 있게 해줄 뿐만 아니라, 복잡한 분자를 분해함으로써 더 많은 영양분을 우리 몸이 흡수하게 해준다. 요컨대 도자기는 식품 가공을 도와 우리가 소화하기 쉽게 해주었다. 뚜껑이 있는 점토 용기는 해충과 벌레의 접근을 막아 식품 저장에 도움을 주었을 뿐만 아니라, 여행과 교역을 떠날 때 식품을 가지고 다니기 편하게 해주었다. 도자기는 유약을 사용하면(가마에 넣고 굽기 전에 특정 광물 가루 용액을 바르는 방법으로) 방수 능력이 향상되고 보기에도 더 좋아지는데, 이것은 납이나 구리 같은 금속의 제련 과정을 발견하는 과정에 디딤돌이 되었을 수 있다.

소성 점토(가마에서 구운 점토)는 역사를 통해 문명의 발달에 중요한 역할을 했다. 단단하고 방수성이 있을 뿐만 아니라 열에 견디는 능력도 매우 강하기 때문이다. 가마와 노의 안쪽 벽에는 내화 벽돌을 쓰는 게 이상적이다. 자신은 별다른 영향을 받지 않으면서 내부의 열이 밖으로 나가지 않게 차단하기 때문에 내부의 온도를 아주 높이 올리기에 좋다. 세라믹은 우리가 불을 완전히 지배하게 해주었는데, 단지 밤중의 추위를 막고 조리를 하는 데뿐만 아니라, 자연에서 얻은 재료를 가지고 역사상 가장 유용한 물질을 만드는 데에도 도움을 주었기 때문이다. 그 예로는 광석에서 금속을 제련하거나 석회를 하소(광석 등의 고체를 가열하여 휘발 성분을 제거하여 재로 만드는 과정)하여 시멘트의 원료를 만들거나 유리를 만드는 과정 등을 들 수 있다.

메소포타미아인은 단단하고 내구성이 좋은 물질이 부족하여 말린 진흙으로 건축물을 지었다. 하지만 다른 곳에서는 발밑에 있는 지질학적 자원을 이용했다. 우리는 도시를 단지 자연 '안에서'(해안선 근처, 비옥한 강 유역, 광물 자원이 많은 언덕 근처 등에) 짓는 데 그치지 않고, 자연을 '사용해' 짓는다. 이 장에서는 지구가 우리를 어떻게 만들었는지뿐만 아니라, 우리가 건설에 사용한 고체 물질을 지구가 어떻게 공급했는지도 살펴볼 것이다. 문명의 이야기는 인류가 발밑의 지구를 파내 그것을 쌓아 도시를 건설한 이야기이다.

지구에 존재하는 기본 암석은 세 종류가 있는데, 역사를 통해 우리는 세 종류의 암석을 모두 사용해 문명과 도시를 건설했다. 퇴적암은 더 오래된 암석에서 침식된 물질이나 생물학적으로 생긴 물질이 퇴적된 뒤 교결 작용을 통해 엉겨붙어 생겨난다. 퇴적암의 예로는 사암, 석회암, 백악 등이 있다. 반면에 화강암 같은 화성암火成巖은 화산에서 분출된 용암이나 지하 깊은 곳의 마그마가 식으면서 굳어져 만들어진다. 그리고 퇴적암이나 화성암이 고온과 고압의 환경(대륙 충돌이 충돌할 때 그 사이에 끼이거나 마그마가 암석층 속으로 뚫고 들어올 때처럼)에 놓이면 물리적으로나 화학적으로 변성되어 대리암이나 점판암으로 변하는데, 이런 암석을 변성암이라고 한다.

고대 이집트는 천연 암석을 광범위하게 캐어내 건설 자재로 사용한 최초의 문명이었는데, 아주 다양한 암석을 사용했다. 누비아 사암은 상이집트의 나일강 양안에 늘어선 골짜기에서 캐낼 수 있었다. 예컨대 아부심벨에 있는 람세스 2세의 대신전과 테베에 있는 룩소르 신전은 이 황갈색 암석을 깎아 만들었다. 더 북쪽에서 나일강은 더 오래된 누비아 사암 위를 덮고 있는 화폐석 석회암 지역을 지나가는데, 화폐석 석회암은 앞에서 기자의 피라미드들을 짓는 데 쓰인 암석이라고 소개한 바 있다. 동부 사막에서는 홍해가 쪼개지면서 아프리카 대륙 지각의 기반을 이루는 오래된 기반암들이 드러났다. 이곳의 화강암과 편마암(화강암이 변성해 생긴 암석)은 생긴 지 5억 년이 넘는다. 이집트인은 단단하고 내구성이 좋은 이 암석들을 석상과 오벨리스크를 만드는 최상의 재료로 귀중하게 여겼고, 배에 실어 나일강을 내려가 지중해 세계 곳곳으로 수출했다.

이제 역사를 통해 우리가 사용해온 가장 중요한 암석들 중 일부와 지구가 그것들을 어떻게 만들어냈는지 살펴보기로 하자.

석회암과 대리암

앞에서 보았듯이, 화폐석 석회암은 피라미드를 건설하는 석회암의 한 종류로 쓰였다. 하지만 화폐석 석회암은 그 종류가 아주 광범위한 석회암 가운데 하나에 지나지 않는다. 탄산칼슘이 주성분인 석회암은 화산 온천 주변에서도 만들어지는데, 물이 식을 때 용액에 녹아 있는 광물이 침전되면서 땅 위에 석회암층이 생긴다. 이렇게 침전되어 생긴 석회암을 트래버틴travertine이라고 부른다. 예를 들면, 로마 콜로세움의 주 기둥과 외벽은 티부르(로마에서 북동쪽으로 약 30km 지점에 있는 오늘날의 티볼리)에서 캐낸 트래버틴으로 만들어졌으며, 같은 장소에서 채취한 온천 석회암은 로스앤젤레스의 게티 센터를 만드는 데 쓰였다.

하지만 대부분의 석회암은 티볼리 광천 같은 육지의 화산 온천이 아니라, 해저에서 생물학적 암석으로 만들어진다. 유럽 전역과 나머지 세계에서 발견되는 석회암은 대부분 많은 육지가 따뜻하고 얕은 바다로 뒤덮였던 쥐라기 때 생겼다. 그 당시 바다에는 플리오사우루스와 어룡 같은 해양 파충류가 열대 바다에서 헤엄치고 다닌 반면, 해저에는 유공충 같은 바다 동물의 껍데기에서 나온 탄산칼슘이 석회암 성분을 포함한 진흙으로 침전되었다. 모래 입자나 껍데기 파편이 해저에서 조수에 휩쓸려 이리저리 굴러다니다가 그 위에 방해석 광물이 동심원의 형태로 층층이 쌓여 어란석(어란석은 영어로는 oolith라고 하는데, '알돌'이라는 그리스어에서 유래했다)이라는 작은 공 모양의 암석이 된다. 이 작은 구체들이 더 많은 방해석과 함께 들러붙어 어란상 석회암을 만든다.

영국에서는 쥐라기 때 만들어진 어란상 석회암이 다시 표면으로 드러나 동부 요크셔주에서부터 코츠월드 언덕을 지나 도싯주 해안까지 큰 띠를 이루어 죽 뻗어 있다(210쪽 지도 참고). 옥스퍼드는 이 띠의 중간 지점에 위치하고 있으며, 옥스퍼드 대학의 많은 칼리지들은 이 영광스러운 황금 암석으로 지어졌다. 쥐라기 석회암이 대각선으로 뻗어 있는 이 띠의 남서단에 영국 해협에서 불쑥 돌출한 갑인 포틀랜드섬이 있는데, 파도가 쉴 새 없이 와서 부딪치지만 단단한 암석들이 그 충격을 묵묵히 견뎌내고 있다. 이곳에 노출된 석회암은 쥐라기가 끝날 무렵인 1억 5000만 년 전에 만들어졌다.

포틀랜드 석회암은 최상의 건축 재료로 꼽히는데, 단지 아름다운 크림색 때문에 그런 것이 아니다. 그것을 만든 어란석이 딱 적절한 양만큼 포함돼 있어 포틀랜드 석회암은 풍화와 붕괴를 충분히 견뎌낼 만큼 내구력이 강하지만, 석공이 돌을 자르거나 다듬기 힘들 만큼 너무 단단하지는 않다. 포틀랜드 석회암은 프리 스톤free stone, 즉 자르기 쉬운 암석으로 유명하다. 결이 고와 어느 방향으로든 쉽게 자를 수 있어 로마 시대부터 건축 재료로 사용돼왔다. 포틀랜드 석회암은 영국의 많은 기념비적 건축물과 민간 건물에 최상의 암석으로 선택되었다. 런던탑, 엑서터대성당, 대영박물관, 잉글랜드은행, 버킹엄궁전의 동쪽 벽 외장(유명한 발코니와 함께) 등에서 그 순수한 색조를 볼 수 있다. 크리스토퍼 렌은 1666년의 런던 대화재 이후 세인트폴성당을 비롯해 많은 교회를 재건할 때 그 재료로 포틀랜드 석회암을 선택했다. 포틀랜드 석회암은 또한 뉴욕의 국제연합 건물을 포함해 세계 각지에서 많이 사용되었다.

미국에도 석회암 산지들이 있다. 품질이 가장 좋은 석회암 중 일부는 인디애나주 남부에서 산출되는데, 이곳 석회암은 석탄기 초기인 약 3억 4000만 년 전에 만들어졌다. 인디애나주의 석회암은 엠파이어스테이트빌딩, 뉴욕의 양키 스타디움, 워싱턴국립대성당, 펜타곤의 외장에 사용되었다. 1871년의 대화재 이후에 시카고를 재건할 때, 200년 먼저 대화재를 겪은 런던에서 재건한 기념비적 건축물들을 모방해 지은 건축물들에 이 석회암을 광범위하게 사용했다.

앞 장에서 살펴본 지중해 북해안 지역 중 많은 부분은 테티스해 해저에 쌓였던 석회암으로 이루어져 있다. 지금은 수면 위로 드러난 석회암 지역은 지하로 스며든 빗물에 녹아 광범위한 동굴계가 생겨났다. 사람들이 이곳의 많은 동굴계가 신화에 나오는 하계와 연관이 있다고 생각한 것은 놀라운 일이 아니다. 예를 들면, 그리스 남단에 위치한 마니반도 끝에는 오르페우스가 죽은 아내 에우리디케를 찾으려고 하계로 내려갔다고 전하는 동굴 입구가 있다. 오르페우스의 뛰어난 리라 연주 솜씨에 반한 하계의 왕 하데스는 에우리디케를 다시 산 자들의 땅으로 데려가라고 허락했다. 다만, 한 가지 조건을 걸었는데, 밖으로 나갈 때까지 절대로 뒤를 돌아보아서는 안 된다고 했다. 하지만 지상에 막 도착하자마자 오르페우스는 아내가 잘 따라오고 있는지 보려고 뒤를 돌아보았고, 그로 인해 에우리디케는 영영 사라지고 말았다.

이 테티스해 석회암이 지중해 주변의 수렴 경계에 위치한 지하에서 큰 열을 받아(솟아오르면서 관입한 마그마에 의해 또는 알프스산맥 같은 산맥을 밀어올린 판들 사이에 끼여) 대리암으로 변했다. 대리암은 고대 그리스와 로마의 조각 작품, 기념비, 웅장한 공공건물을 만드는 데 쓰인 대표적인 암석이다. 세상에서 최고로 치는 대리암 중 일부는 아직도 이탈리아 토스카나 북부의 카라라 시 주변에서 나온다. 이곳 아푸안알프스산맥에는 고대 로마 시대에 판테온과 트라야누스 기념주를 만드는 데 쓰인 이래 건축 재료로 사용되어 온 순백색 암석으로 이루어진 산들이 있다. 카라라 대리암은 르네상스 조각가들이 선호한 재료이기도 한데, 세상에서 가장 유명한 조각 작품으로 꼽히는 미켈란젤로의 〈다비드〉도 이것을 재료로 사용했다. 또 카라라 대리암은 세계 각지로 수출되어 세계적 상징성을 지닌 건축물을 만드는 데 쓰였다. 그 예로는 런던의 마블 아치, 워싱턴 DC의 평화 기념탑, 마닐라 성당, 아부다비의 셰이크 자이드 모스크, 델리의 악샤르담 사원 등이 있다.

전 세계로 수출된 것은 단지 물리적 건축 재료뿐만이 아니었다. 고전적 건축 요소—원형 석조 기둥, 여인상 기둥, 페디먼트 pediment(서양 고대 건축물에서 정면 상부에 있는 박공 부분), 필라스터 pilaster(벽면에 각주角柱 모양을 부조하여 기둥 꼴로 나타낸 것) 등—도 르네상스 시대부터 바로크 시대를 거쳐 18세기 중엽의 신고전주의 시대 그리고 그 이후까지 유럽에서 수백 년 동안 모방했다. 당시 막 건국한 미국은 특별한 열정을 보이며 이 건축 요소들을 받아들였다. 영국에서 독립을 쟁취한 이 신생국은 서양사에서 가장 강력한 공화국이었던 고대 로마의 정부 체제를 참고해 연방 공화국 체제를 만들었다. 그와 동시에 미국의 많은 주요 공공건물과 지방 자치 정부 건물의 건축 양식도 고대의 양식을 모방했다. 이 건물들은 고대 테티스해에서 유래한 석회암과 대리암으로 지은 것은 아니지만, 젊은 미국에서 채석한 암석으로 고대 건축물의 위풍당당한 양식과 순수한 색조를 재현했다.*

백악과 부싯돌

백악은 얼핏 보기에는 그 성질이 석회암과 그렇게 다를 수 없지만, 석회암의 한 종류이다. 백악 광상은 거의 모든 대륙에 있으며, 백악기가 남긴 대표적 유산이다. 사실, 백악기를 뜻하는 영어 단어 'Cretaceous Period'는 백악을 뜻하는 라틴어 'creta'에서 유래했다.

영국 남부 지역 대부분에는 백악이 두꺼운 층으로 묻혀 있다(210쪽 지도 참고). 와이트섬 등줄기를 따라 드러난 백악 노두는 노스다운스와 사우스다운스의 구릉 지대를 따라 동쪽으로 죽 뻗어 가다가 런던에서 땅속으로 들어가면서 우묵한 분지를 이루어 그 위의 점토층을 떠받치고 있다. 솔즈베리 평원의 편평한 백악 지대는 북유럽에 살았던 선사 시대 사람들이 남긴 스톤헨지가 있는 곳인데, 이 기념비적 건축물은 기원전 3000년경부터 짓기 시작했다. 주 고리를 이루는 거대한 사르센석(영국 중남부에 산재하는

---

* 제3대 미국 대통령 토머스 제퍼슨은 독립 선언서를 기초한 것으로 유명하지만, 새 나라의 정부 건물 중 일부를 설계하는 데에도 관여했다. 예를 들면, 버지니아 주의사당은 프랑스 님에 있는 기원전 1세기의 로마 신전 메종 카레를 모델로 삼았고(이것은 미국 내 다른 주의사당들의 설계에 영향을 미쳤다), 로톤다(원형 건축물)와 돔이 있는 버지니아 대학교 도서관 설계는 로마의 판테온을 모방했다. 1790년에 포토맥강 주변에 새 나라의 수도가 될 도시(워싱턴 DC)를 건설할 때에는 신고전주의 양식을 대폭 도입했다. 국회 의사당과 허버트 C. 후버 빌딩(미국 통상부 청사), 재무부 청사, 워싱턴 DC 시청 청사는 모두 신고전주의 양식을 보여주는 대표적 예이다. 그리고 아일랜드 건축가가 설계한 백악관은 더블린의 렌스터 하우스(훗날 아일랜드 국회 의사당으로 쓰임)를 바탕으로 했는데, 렌스터 하우스도 고대의 건축 양식을 모방해서 지은 건축물이다.

사암 덩어리)은 사암이지만, 스톤헨지를 만든 사람들은 백악이 널린 지형에서 칼이나 화살촉 같은 도구를 만들기에 좋은 부싯돌을 캐내려고 이곳으로 왔던 것 같다. 이 지질학적 띠에서 스톤헨지보다 공은 덜 들였지만 그에 못지않게 눈길을 끄는 다른 기념비적 건축물들도 만들어졌다. 인류는 다공질 백악 위를 얇게 덮고 있던 잔디층을 벗겨내 그 아래의 순백색 암석을 드러내거나 땅에 도랑을 판 뒤에 백악 조각으로 그곳을 채우거나 하면서 이곳 자연 지형의 예술적 잠재력을 수천 년 동안 탐구해왔다. 백악을 사용해 수 킬로미터 밖에서도 보일 정도로 큰 형상을 산비탈에 만들기도 했는데, 옥스퍼드셔주에 있는 멋진 어핑턴의 백마는 청동기 시대에 만들어졌고, 도싯주에 있는 케른아바스의 거인은 1세기경에 만들어진 것으로 추정된다.

백악층은 영국 남해안에서 가장 선명하게 볼 수 있는데, 눈길을 끄는 도버의 화이트 클리프가 바로 백악층이다. 백악층은 영국 해협 아래로 프랑스까지 뻗어 있는데, 훌륭한 프랑스 와인 산지인 샹파뉴, 샤블리, 상세르의 테루아르terroir(와인의 독특한 향미를 만들어내는 자연 환경)를 제공했다. 포크스톤과 칼레 사이를 달리는 고속 열차가 지나가는 채널 터널은 진흙과 백악이 섞여 있어 부드럽지만 물이 통과하지 않는 백악 이회암층을 50km나 뚫어서 만든 것이다. 2장에서 본 것처럼 영국을 유럽 본토와 연결했던 백악 다리는 격변적인 홍수 사건으로 쓸려나가고 말았다.

일부 암석에는 아름다운 화석이 보존돼 있다. 예를 들면, 1억 9000만 년 전의 이암이 바닷물에 빠르게 침식되고 있는 영국 남서부의 쥐라기 해안에서는 나선 형태의 암모나이트나 총알 모양의 벨렘나이트, 거미불가사리 화석을 찾으면서 즐거운 하루를 보낼 수 있다. 하지만 거대한 백악층에는 화석이 그다지 많지 않다. 대신에 백악 자체가 화석이다. 도버의 화이트 클리프는 높이 100m의 생물학적 암석판이 노출된 것이다.

백악 덩어리를 현미경으로 보면 그중에서 비교적 큰 지름 약 1mm의 화석들이 보이는데, 이것들은 여러 개의 방으로 나누어져 있는 유공충 껍데기이다. 이 유공충은 대피라미드를 짓는 데 사용된 화폐석 석회암을 만든 단세포 해양 동물과 같은 종류이다. 하지만 백악 중 대부분은 아주 미세한 흰색 먼지처럼 보이는 것으로 이루어져 있다. 이 가루 같은 입자를 고배율 전자 현미경으로 보면, 생물학적 껍데기의 정교한 세부 모습이 선명하게 드러난다. 입자들의 형태는 다양하지만, 가장 뚜렷하게 드러나는 것은 작은 구들의 조각으로, 골이 진 쟁반들이 포개진 것처럼 보인다. 이것들은 아주 작은 원석조(햇빛이 잘 비치는 표층수에 떠다니는 플랑크톤 사이에서 발견되는 단세포 조류) 껍데기이다.

이 광대한 백악 광상은 1억~6600만 년 전의 백악기 후기에 생성되었다. 이 시기는 전 세계의 해수면이 아주 높이 상승했던 때였는데, 지금보다 약 300m나 더 높았다. 오늘날 마른 땅으로 드러나 있는 대륙 중 최대 절반이 그 당시에는 물에 잠겨 있었다. 테티스해가 솟아올라 유럽과 동남아시아의 많은 지역을 물에 잠기게 했고, 북아메리카 가운데를 가로지르는 거대한 바닷길이 생겨났으며, 북아프리카 내륙 쪽으로 거대한 바닷길이 뻗어갔다.

이렇게 해수면이 크게 상승한 것은 단지 백악기 후기의 기후가 몹시 더웠기 때문만은 아니다. 높은 기온은 극지방의 빙원과 빙하 생성을 멈추게 하긴 했지만, 이런 일은 지구의 역사 중 많은 시기에 다반사로 일어났다. 해수면 상승의 근본적인 원인은 그 당시에 매우 활발하게 일어난 대륙 분열 활동이었다. 그보다 2억 년 전인 페름기 후기에는 전 세계의 큰 땅덩어리들이 판게아라는 초대륙으로 합쳐져 있었는데, 해수면은 지난 5억 년 사이에 가장 낮은 수준에 머물러 있었다. 대륙들이 충돌하여 합쳐지면서 거대한 산맥들이 생겨났는데, 그 결과로 더 많은 땅덩어리가 바다 위로 드러나게 되었다. 하지만 그 후에 판게아가 해체되면서 열곡들이 초대륙을 쪼개기 시작했다. 맨 먼저 로라시아가 곤드와나에서 떨어져 나와 북쪽으로 이동하면서 판게아는 대략 한가운데를 경계로 쪼개졌다. 그리고 나서 새로운 열곡들이 처음에는 아프리카와 남아메리카를, 그다음에는 북아메리카와 유라시아를 쪼개자, 남대서양과 북대서양이 각각 생겨났다. 이 기다란 열곡들에서 생겨난 새 해양 지각은 광대한 해저 산맥이 되어 솟아올랐는데, 그러면서 주변의 바닷물을 밀어냈다(욕조에 몸을 담글 때 물이 밀려나는 것처럼). 백악기 후기에 해수면을 크게 상승시킨 주범은 전 지구적 규모로 일어난 바로 이 과정이었다. 광대한 대륙 지역이 따뜻한 바닷물에 잠겨 있었는데, 이것은 유공충과 원석조가 크게 번식할 수 있는 환경을 제공했고, 그래서 이들의 작은 껍데기들이 해저에 석회질 침전물이 되어 두껍게 쌓였다. 그리고 이것이 백악이 되었다.

부드럽고 잘 바스러지는 백악은 석회암과 달리 그 자체는 그다지 훌륭한 건축 재료가 아니다. 하지만 가루로 만들면, 논밭에 뿌려 토양의 산도를 낮출 수 있고, 생석회로 만들어 시멘트를 생산하는 데에도 쓰이며, 많은 화학적 과정에도 유용하게 쓰인다. 점토를 블록으로 빚어 구우면 벽돌을 만들 수 있지만, 튼튼한 벽을 만들려면 점토가 서로 단단하게 들러붙어야 한다. 석회암과 백악을 사용하면 건축의 연금술에 해당하는 이 마법을 부릴 수 있다. 탄산칼슘이 주성분인 이 암석들은 분쇄해 가마에서 구우면 화학적으로 분해되는데(이 과정에서 이산화탄소가 나온다), 이것을 물과 섞으면 부드러운 퍼티가 된다. 이렇게 석회암은 단지 건축 재료를 제공하는 데 그치지 않고, 다른 재료들을 결합시키는 접착제도 제공한다. 모르타르와 시멘트, 콘크리트는 본질적으로 인공 암석인데, 펼치거나 틀에 부어서 원하는 형태로 만들 수 있고, 굳으면 돌처럼 단단해진다.

백악에는 부싯돌 단괴(암석 속에서 특정 성분이 농축되고 응집되어 주위보다 단단해진 덩어리)도 포함되어 있다. 부드럽고 화학적으로 거의 순수한 흰색 탄산칼슘인 백악과 달리 부싯돌은 단단하고 어두운 색의 실리카(이산화규소) 덩어리이다. 유공충과 원석조는 탄산칼슘으로 껍데기를 만드는 반면, 규조류와 방산충 같은 다른 단세포 플랑크톤은 실리카로 딱딱한 부분을 만든다. 이 생물들이 죽으면, 규질(규산 성분을 많이 포함한) 껍데기가 해저로 가라앉아 녹는다. 그 결과로 해저 바닥에 규질 연니(플랑크톤 따위의 유해가 해저 바닥에 퇴적해 생긴 무른 흙)가 생기는데, 시간이 지나면 백악 퇴적층 사이에서 부싯돌 단괴로 변한다.

무른 백악이 풍화 작용으로 깎여나가면, 단단한 부싯돌 단괴가 여기저기에 드러난다. 부싯돌은 석기 시대의 도구 제작에 매우 중요하게 쓰였다. 1장에서 보았듯이, 아프리카 지구대에 있는 인류의 요람에서 초기에 많은 도구를 만드는 데 쓰인 화산 흑요암처럼 부싯돌은 두들겨 깨서 아주 날카로운 모서리나 뾰족한 끝을 만들 수 있었는데, 이렇게 만든 도구는 동물을 죽이거나, 가죽을 발라내고 문질러 옷을 만들거나, 나무를 성형하거나, 칼과 창끝과 화살촉을 만드는 데 아주 편리했다. 그 후로도 부싯돌은 계속 중요한 재료로 쓰였다. 유리를 만드는 과정에는 고순도의 실리카가 필요한데, 부싯돌이 그런 재료 중 하나로 쓰였다. 예를 들면, 영국 남동부에서 산출된 부싯돌은 조지 레이븐스크로프트 George Ravenscroft가 1674년에 납 크리스털 유리 제품을 만드는 데 쓰였다. 광택이 찬란한 이 유리는 베네치아산 유리와 경쟁하기 위해 만들었는데, 베네치아에서는 장인들이 스위스알프스산맥에서 흘러내려오는 티치노강 바닥에서 채취한 백수정을 구워 실리카를 얻었다.*

불과 석회암

지금까지 석회암과 백악 같은 암석이 자연 지형을 어떻게 변화시키고, 건축용 블록의 형태나 모르타르, 시멘트, 콘크리트의 구성 성분이 되어 건축 재료를 어떻게 공급하는지 살펴보았다. 우리는 비바람으로부터 자신을 보호하기 위해 이런 물질들을 사용해 건축물을 짓지만, 이러한 생물학적 암석의 탄생 과정 자체가 격변적인 대멸종의 위험으로부터 지구의 생명을 보호하는 데 도움을 주었을 수도 있다.

생명의 역사에서 가장 큰 격변 중 하나가 페름기에서 트라이아스기로 넘어가던 무렵인 2억 5200만 년 전에 일어났다. 페름기 말에 일어난 이 대멸종은 전 세계의 땅덩어리들이 판게아라는 하나의 초대륙으로 뭉쳐 있을 때 일어났는데, 지구에 복잡한 생명이 출현하고 나서 지금까지 5억 년 사이에 일어난 것 중 가장 큰 규모의 대멸종 사건이었다. 화석 기록에 따르면, 육상 생물 종 중 70%가, 해양 생물 종 중 최대 96%가 이때 멸종했고, 전 세계의 생물 다양성이 회복되기까지는 약 1000만 년이 걸렸다. 이전 지구적 대멸종은 지구의 특징적인 생명 형태에도 근본적인 변화를 가져왔다. '고생물' 시대(고생대)가 끝나고, 공룡과 겉씨식물인 구과 식물로 대표되는 '중간 생물' 시대(중생대)가 시작된 것이다.**

페름기 대멸종의 원인은 용암의 대량 방출로 보인다. 광범위

---

* '크리스털 글라스'라는 용어는 잘못 지은 이름이다. 유리의 원자 구조는 무정형이어서 규칙적인 패턴이 엄격하게 반복되는 결정(크리스털)의 구조와 많은 점에서 정반대이기 때문이다.

** 이와 비슷하게 백악기가 끝나던 무렵인 6500만 년 전에 일어난 대멸종은 중생대를 끝내고 '새로운 생물' 시대(신생대)를 열었다. 3장에서 본 것처럼 이 사건은 포유류와 속씨식물인 꽃식물이 지배하는 세계를 가져왔다.

한 화산 활동이 여러 차례 반복적으로 일어나면서 약 500만 km³의 용암이 쏟아져 나와 수백 킬로미터를 흘러갔다. 이 때문에 광대한 지역이 뜨거운 용암 바다로 뒤덮였고, 용암이 식어 굳자 곳곳에 현무암으로 뒤덮인 지역이 생겼다.* 이 지역들에서는 용암이 계속 반복적으로 흘러와서 쌓이는 바람에 현무암층이 겹겹이 생기게 되었다. 오늘날 이런 지역은 시베리아 트랩Siberian Traps의 넓은 고원 지역에서 볼 수 있다. 현무암이 수백 층이나 겹겹이 쌓인 이곳은 마치 계단처럼 보이는데, 그래서 네덜란드어로 '계단'을 뜻하는 'trap'이라는 단어가 이 지형의 이름에 붙게 되었다.**

이 광범위한 화산 분화로 막대한 양의 이산화탄소가 대기 중으로 흘러들어갔다. 게다가 지질학자들은 다른 두 가지 요인 때문에 시베리아 트랩을 만든 마그마에 화산 가스가 아주 많이 포함되어 있었을 것이라고 생각한다. 시베리아 아래의 지구 내부 깊숙한 곳에서 맨틀 기둥이 솟아올랐는데, 이 때문에 섭입이 일어날 때 판 밑으로 빨려 들어간 이전의 해양 지각 중 일부가 녹았을 것이다. 이 지각은 휘발성 성분을 많이 포함하고 있어 가열되었을 때 많은 양의 가스를 방출했다. 또한, 홍수 현무암(짧은 시간에 대량으로 솟아오르는 현무암질 마그마)은 위에 쌓인 지각을 뚫고 솟아오르면서 석탄층 같은 지층을 만난 것으로 보이는데, 이 과

---

* 이에 비해 지난 밀레니엄(1000~1999년)에 일어난 최대 규모의 화산 분화(1815년에 일어난 탐보라산 분화)에서 방출된 물질은 겨우 30km³로, 페름기 대멸종 때 흘러나온 양에 비하면 16만분의 1에 지나지 않는다.

** 이 단어의 원래 의미는 영어 단어에도 남아 있다. '뚜껑문'을 뜻하는 영어 단어 'trapdoor'는 원래 계단 쪽으로 난 문을 가리켰다.

정에서 석탄을 가열해 더 많은 가스가 발생했다.

따라서 시베리아 트랩에서 일어난 화산 분화는 오늘날 우리가 익히 알고 있는 여느 화산 분화와 달리 지구 내부에서 엄청난 양의 가스가 방출되면서 시작된 것으로 보인다. 이 분화에서 방출된 엄청난 양의 이산화탄소는 강한 온실 효과를 일으켰다. 지표면 온도가 급등했고, 깊은 바닷물은 산소가 부족해져 해저에 사는 생물들이 질식해 죽어갔다. 염화수소와 이산화황처럼 유독한 화산 가스가 높이 솟아올라 성층권까지 도달했을 것이다. 염화수소는 오존층을 심각하게 파괴해 태양의 해로운 자외선이 지표면까지 도달했을 것이다. 그리고 이산화황은 햇빛을 일부 차단하는 효과를 일으켜 광합성 생물과 광합성 생물에 의존하는 생물을 살아가기 힘들게 만들었고, 그러다가 물과 섞여 산성비가 되어 내렸다.

전 세계의 생태계를 급속하게 붕괴시켜 지구 역사상 최대 규모의 대멸종을 촉발한 주범은 바로 페름기 말에 일어난 이 다중 재난이었다. 이 현상은 페름기에만 일어난 것이 아니다. 트라이아스기에서 쥐라기로 넘어가는 시점인 약 2억 년 전에 홍수 현무암 사건이 또다시 일어났다. 이 사건도 대멸종을 초래했고, 그 결과 지구에서 공룡이 육상을 지배하는 동물이 되었다.

하지만 그때 아주 흥미로운 일이 일어났다. 페름기 사건과 트라이아스기 사건 이후에도 대규모 홍수 현무암 분화가 많이 일어났지만, 이와 비슷한 대멸종을 초래한 것은 하나도 없다. 따라서 지구가 대분화의 격변적 효과에 탄력적으로 잘 대응할 수 있게 한 변화가 일어난 게 틀림없다.*

북아메리카가 유라시아에서 떨어져나가면서 판게아 해체 과정의 대미를 장식했을 때, 6000만 년 전과 5500만 년 전에 일어난 두 차례의 대규모 용암 분출 사건은 북대서양 화성암 지대를 만들었다. 이 사건에서 분출된 현무암들―북아일랜드에 있는 자이언트 코즈웨이Giant's Causeway의 독특한 기하학적 기둥들과 그린란드 동부에 있는 이와 비슷한 지형―은 북대서양이 열리면서 분리되었다. 이 용암 분출 사건들에서는 페름기 대멸종 때 시베리아 트랩에서 분출된 것보다 더 많은 용암이 흘러나왔을 것이다. 그리고 페름기 홍수 현무암 분출처럼 북대서양 화성암 지대를 만든 마그마는 지표면 근처의 휘발성 퇴적암층을 지나오면서 용암 자체에서 방출된 것에 더해 막대한 양의 이산화탄소를 방출했을 것이다.

하지만 이 사건들에서는 대멸종이 일어나지 않았다. 이 사건들은 분명히 지구의 기후에 큰 충격을 주었고, 두 번째 시기인 5500만 년 전의 용암 분출 사건은 3장에서 보았던 팔레오세-에오세 최고온기와 일치한다. 그러나 이 온도 급상승기에 심해에 살던 일부 종이 멸종하긴 했지만, 이 사건들은 대신에 오늘날 육

---

* 백악기 말의 대멸종(공룡과 함께 해양 생물 종 중 4분의 3이 몰살한 사건)은 인도의 데칸 트랩이 분화한 시기와 일치한다. 이 사건은 인도 아대륙이 북쪽으로 미끄러져 가면서 유라시아와 충돌한 6600만 년 전에 일어났다. 이 때문에 거대한 마그마 기둥이 솟아올라 지표면으로 분출했다. 이런 상황에서 지름 약 10km의 소행성 또는 혜성이 멕시코만에 충돌한 사건이 지구상의 생물들에게 최후의 일격이 되었다.

상을 지배하는 세 주요 포유류 목(우제류, 기제류, 영장류)의 급속한 진화를 촉진한 것으로 보인다.

그렇다면 쥐라기 이후에 대규모 홍수 현무암 사건이 일어나더라도 지구가 대멸종에 잘 버틴 이유는 무엇일까?

이번에도 한 가지 중요한 요인은 판게아의 분열이다. 초대륙은 전반적으로 대기 중에서 이산화탄소를 제거하는 효율이 낮다. 바다에서 멀리 떨어진 넓은 면적의 내륙은 강수량이 적어 매우 건조해진다. 그래서 암석의 침식을 통해 제거되는 이산화탄소의 양이 적고, 퇴적물과 영양 물질을 바다로 실어 날라 플랑크톤의 성장을 돕는 강도 적어 이산화탄소를 흡수하는 생물학적 메커니즘을 위축시킨다. 따라서 판게아가 마지막으로 분열된 후 지난 6000만 년 동안은 대규모 용암 분출을 통해 대기 중으로 방출된 이산화탄소를 지구가 훨씬 효율적으로 제거했다. 하지만 이것이 다가 아니다. 대기 중 이산화탄소 농도를 낮추는 지질학적 메커니즘(산의 침식을 통해)은 아주 느리게 작용한다. 따라서 큰 화성암 지대의 분화 때문에 일어난 급격한 이산화탄소 농도 상승은 암석 침식을 통해 이산화탄소 농도가 도로 떨어지기 훨씬 전에 대멸종을 초래할 것이다. 여기에서는 생물학적 전이가 중요한 역할을 한 것으로 보인다.

약 1억 3000만 년 전의 백악기 초기에 대륙붕의 얕은 바다에 살던 원석조가 서식지를 확장해 넓은 바다에서 플랑크톤으로 살아가게 되었다. 거의 같은 시기에 탄산칼슘 껍데기를 가진 유공충 역시 깊은 해저 서식지에서 표층수로 서식지를 넓혔다. 이것은 단지 대륙 주위의 얕은 바다뿐만 아니라 광대한 대양에 탄산칼슘 껍데기를 만드는 플랑크톤이 살게 되었다는 뜻이다. 죽은 원석조와 유공충 껍데기가 해저 바닥에 쌓여 새로운 종류의 퇴적물이 생겼는데, 이 때문에 대륙붕 지역뿐만 아니라 대양의 깊은 해저에서도 석회암이 만들어졌다. 따라서 해양 생물이 대기에서 이산화탄소를 제거해 깊은 해저에 생물학적 암석으로 가둬놓는 능력이 크게 높아졌다. 그리고 그 이후 지구에서 이산화탄소 농도는 꾸준히 감소해왔다.

이제 홍수 현무암 사건으로 갑자기 막대한 양의 이산화탄소가 대기 중으로 방출되더라도, 바다에서 석회암을 만드는 플랑크톤이 어떤 지질학적 과정보다 훨씬 더 빠르게 대기 중에서 이산화탄소를 제거했다. 따라서 백악기 초기 이후 지구는 화산에서 방출된 막대한 양의 이산화탄소가 폭주 온난화와 대멸종을 초래하기 전에 대기 중에서 그 기체를 재빨리 제거하는 강력한 대응 메커니즘이 발달했다. 그래서 5500만 년 전의 팔레오세-에오세 최고온기에 이산화탄소 농도와 지구 온도가 파국을 향해 다가가기 시작했을 때, 플랑크톤이 나서서 지구의 생물들을 구했다.

따라서 도버의 화이트 클리프에 쌓인 생물학적 암석과 국제연합 건물의 석회암 전면은 긴 시간에 걸쳐 오늘날 우리가 사는 세계를 만들어낸 지구 내 요소들 사이의 깊은 연결 관계를 상기시킨다.

판들의 격렬한 활동이 낳은 산물

화강암은 대륙에서 가장 흔한 종류의 암석이다. 앞에서 보았 듯이, 해양 지각은 해저 확장 열곡에서 분출된 새로운 마그마가 굳어서 생긴 현무암으로 이루어져 있다. 하지만 화강암은 판들 이 서로 충돌하는 수렴 경계에서 만들어진다.

해양 지각이 섭입할 때, 아래로 내려가는 판에서 물을 포함한 암석은 지하 50~100km에서 높은 압력과 온도에 녹는데, 아래로 미끄러져 내려가면서 받는 마찰을 통해서도 가열된다. 이렇게 녹은 마그마는 위쪽의 지각으로 솟아올라 거대한 지하 저장소에 모인다. 여기에서 마그마가 식어가는데, 첫 번째 광물들(녹는점 이 높은 광물들)이 결정으로 변해 혼합물에서 가라앉음에 따라 남 은 혼합물의 화학적 조성이 서서히 변하게 된다. 처음에 생성되 는 광물은 실리카(이산화규소) 성분이 적다. 따라서 남은 마그마 는 실리카 비율이 점점 높아진다. 화강암질 마그마는 대륙들이 충돌하면서 생겨난 큰 산맥 아래의 지각이 두꺼워질 때에도 생 기는데, 바닥 부분이 일부 녹아서 생성된 마그마가 그 위의 지각 을 뚫고 솟아오르기 때문이다. 실리카 성분이 많은 이 마그마가 식어서 굳으면 지하에 거대한 화강암 덩어리가 생기는데, 동일 한 판의 수렴 활동으로 생겨난 산맥의 중심부 안에 생길 때가 많 다. 화강암은 판들의 격렬한 활동이 낳은 산물이다.

지각이 이렇게 다시 녹아 화학적으로 처리되는 과정 때문에 화강암은 현무암보다 밀도가 낮다. 그래서 판들이 반복적으로 충돌하는 과정에서 화강암은 더 무거운 해양 현무암 위에 떠서 섭입되지 않는다. 화강암은 살아남아서 서로 뭉쳐 대륙 지각의 기반층을 이룬다. 따라서 화강암은 퇴적층 밑에서 대륙의 기반을 이루며, 주변의 무른 지형이 침식을 통해 깎여나갈 때에만 준엄한 노두의 형태로 표면에 노출된다.

이 책에서 계속 보아온 것처럼 산맥은 하늘 높이 솟아오르자마자 자신을 다시 문질러 없애려는 지구의 혹독한 힘들에 맞닥뜨리기 시작한다. 냉동과 해동 주기의 반복으로 팽창과 균열이 계속 일어나면서 암석이 쪼개지고 가루로 변한다. 옆구리를 지나가는 강은 거대한 골짜기를 파낸다. 그리고 빙하는 아래로 내려가면서 산꼭대기를 깎아내는데, 빙하에 쓸린 산의 물질 파편이 표면을 비비면서 추가로 산을 깎아낸다. 하지만 산이 침식되어 깎여 나가면, 두꺼운 지각 뿌리를 밀도가 높은 맨틀 속으로 짓누르는 무게가 줄어들기 때문에, 산이 위쪽으로 약간 떠오르게 된다. 그래서 크기가 줄어드는 산꼭대기는 다시 혹독한 침식의 아가리 속으로 들어가게 된다. 마치 목수의 나무 블록이 회전하는 연삭기 속으로 밀려들어가듯이 말이다. 결국에는 웅장한 산맥도 지구 역사의 광대한 시간 속에서 한 알 한 알 분해되고 만다. 마침내 산들은 작은 그루터기만 남은 채 거의 다 깎여나가고, 단단한 화강암 심장이 드러난다.

그러니 화강암 기둥 위에 올라선 여러분은 오래된 산맥의 심장부를 밟고 있는 셈이다. 이 화강암은 생성되었을 때 그 위에 적어도 10km나 되는 암석들이 쌓여 있었을 텐데, 1억 년 혹은 그 이상의 세월이 흐르는 동안 침식을 통해 모두 닳아 없어지고 말았다. 영국 다트무어 국립공원의 바위산들, 요세미티 국립공원의 엘카피탠, 리우데자네이루의 슈거로프산, 칠레의 토레스델파이네는 모두 이런 식으로 만들어졌다가 표면에 드러났다.

화강암은 단단하고 내구성이 좋으며, 녹은 마그마가 지하 깊은 곳에서 천천히 식는 동안 큰 결정들이 성장하고 발달하여 결이 거칠다. 화강암은 견고함과 영속성의 대명사로 통하기 때문에, 역사를 통해 인상적인 기념물을 만드는 데 사용돼왔다. 아마도 세상에서 가장 유명한 화강암은 사우스다코타주에 있는 러시모어산일 것이다. 이 화강암 덩어리는 16억 년 전에 만들어졌는데, 1930년대에 햇빛이 가장 잘 비치는 그 남동쪽 면에 미국 대통령들―조지 워싱턴, 토머스 제퍼슨, 시어도어 루스벨트, 에이브러햄 링컨―의 얼굴이 새겨졌다(처음 계획은 대통령들의 형상을 허리까지 조각하는 것이었지만, 기금이 고갈되는 바람에 얼굴만 조각하는 것으로 끝났다). 대통령들의 얼굴이 조각된 이 화강암은 내구성이 아주 좋아 1000년에 약 2.5mm밖에 침식되지 않기 때문에, 미국인의 이상을 보여주는 상징으로 아주 오래 남아 있을 것이다. 사실, 이 기념물을 설계한 사람은 이 점을 고려하여 대통령들의 얼굴을 수 센티미터 더 깊이 파내 조각했는데, 그래서 의도한 형태가 침식을 통해 제대로 드러나려면 3만 년을 더 기다려야 한다.

고대 세계에서 화강암 가공의 달인은 이집트인이었는데, 나일강 상류의 누비아(오늘날의 수단 북부)에 있는 채석장에서 화강암을 캐어왔다. 그리고 이것을 깎아서 내구성이 좋은 기둥과 석관,

오늘날 런던과 파리와 뉴욕에 서 있는 '클레오파트라의 바늘' 같은 오벨리스크로 만들었다('클레오파트라의 바늘'은 잘못 붙인 이름인데, 오벨리스크는 클레오파트라가 통치하기 1000년도 더 전에 만들어졌기 때문이다).[*]

19세기 초에 유럽의 석공들은 고대 이집트의 기념물이 재발견되어 대영박물관에 전시된 것을 보고 영감을 얻어 그것을 모방해 화강암을 깎으려고 시도했는데, 증기 기관의 힘으로 화강암을 절삭하고 다듬는 기계 장비가 발달하고 나서야 애버딘에서 성공을 거두었다. 영국에서 사용되는 화강암 중 상당량은 애버딘에서 산출되는데, 이곳의 화강암은 4억 7000만 년 전에 그램피언산맥 밑에서 생성되었다. 이 긴 세월이 흐르는 동안 그 위에 쌓인 수 킬로미터 높이의 암석들이 침식을 통해 사라지고 화강암 덩어리가 드러났다.

하지만 화강암의 강인한 탄성도 자연의 혹독한 작용에 전혀 영향을 받지 않는 것은 아니다. 화강암은 물과 천천히 반응하여 화학적으로 썩으면서 거의 마법에 가까운 변화가 일어난다. 석영 결정이 모래 알갱이가 되어 떨어져 나오고, 화강암의 또 다른 광물 성분인 장석은 화학적 변화를 통해 점토의 한 종류인 고령토로 변한다. 물은 이렇게 분해되는 화강암에서 다른 불순물들을 걸러내 결국에는 미세한 박편 같은 순수한 고령토 입자들만 남는데, 이것은 순백색 가루처럼 보인다. 이런 일은 깊은 곳에 있

---

[*] 사실, 클레오파트라가 산 시대는 기자의 대피라미드가 건설된 시기보다 아이폰과 루브르박물관의 유리 피라미드가 등장한 현대 세계에 더 가깝다.

던 화강암이 천천히 밖으로 드러나 풍상에 노출되거나 아직 지하에 있는 동안 자체 열로 지하의 균열이나 틈에서 열수 작용을 촉발할 때 일어난다.**

고령토는 순백색일 뿐만 아니라, 가루 같은 판 모양의 입자들 때문에 놀랍도록 부드러우며 펴서 넓게 늘이기가 쉽다. 고령토를 고온으로 가열함으로써 아주 튼튼하고 반투명한 도자기를 만들 수 있다. 그래서 고령토는 가장 섬세한 세라믹(자기)의 원재료로 쓰인다.

자기는 1500여 년 전에 중국에서 처음 개발되어 9세기에 이슬람 세계로 전파되었다. 교역을 통해 유럽에 전해지면서 자기는 중국에서 온 물건이라 하여 영어로 '파인 차이나fine china'라고 부르게 되었다. 정교한 세련미와 이 세상의 것이 아닌 듯한 반투명성을 구현하기 위해 아주 얇게 만들더라도 자기 병, 단지, 쟁반,

---

** 해변과 사막에 있는 모래는 거의 다 이 과정을 통해 만들어졌다. 석영은 오늘날 유리를 만드는 기본 물질로 쓰이며, 마이크로칩의 매우 순수한 실리콘 웨이퍼와 태양 전지판을 만드는 데에도 쓰인다. 석영은 초기 지구에는 존재하지 않았다. 석영은 수억 년에 걸친 판들의 활동을 통해 만들어졌다. 앞에서 우리는 수렴 경계가 지각을 녹이고 거대한 마그마 저장소를 만든다는 것을 보았다. 이 거대한 가마솥에서 마그마가 식을 때 맨 먼저 생기는 광물들이 빠져나가면서 남은 마그마는 실리카 성분의 비율이 점점 높아지는데, 그러다가 마그마가 굳어서 화강암이 된다. 깊은 맨틀에 원래 포함된 실리카 비율은 46%이지만, 이러한 마그마 분화 과정을 통해 만들어진 화강암에 포함된 실리카는 72%인데, 이것은 석영(순수한 실리카) 결정을 만들 수 있을 만큼 충분히 높은 비율이다. 지구에서 판들의 활동은 화학적 처리 공장과 같은데, 오랜 시간에 걸쳐 실리카를 정제하여 우리가 이용할 수 있게 해준다. 따라서 만약 다른 별들 주위에서 발견되는 지구 비슷한 행성에서 판들의 활동이 없다면, 그 행성에는 따뜻한 바다는 있을지 몰라도 모래 해변은 없을 가능성이 높다.

다기 세트는 고온에서 구운 덕분에 매우 튼튼했다. 이것이 다른 점토 세라믹에 비해 자기가 그토록 귀중한 대접을 받은 이유였다. 반면에 토기나 석기는 화려한 색의 유약을 발라 만들더라도 원래의 불투명하고 우중충한 색이 그대로 남았다.

영국의 도공들은 자기를 모방하려고 시도하다가 도축장에서 나온 뼈를 태운 재를 자기에 집어넣었는데, 이 본차이나^{bone china}(골회骨灰와 도토陶土를 섞어 구운 영국 자기)는 흰색을 재현하는 데에는 성공했지만, 자기에 비해 질이 떨어졌다. 그러다가 결국 그들은 비밀 성분이 고령토라는 사실을 발견했는데, 영국 최초의 성공적인 상업 제품 생산은 18세기 말에 스토크온트렌트에서 시작되었다. 이 지역에는 도자기 굽는 가마에 연료로 쓸 석탄이 풍부했고, 스태퍼드셔주의 도자기 제조업체들은 처음에는 현지의 석탄층들 사이에서 발견된 점토를 원료로 사용해 벽돌과 타일, 버터를 담는 거대한 통(이것을 짐말에 실어 런던으로 보냈다)을 만들었다. 하지만 훌륭한 본차이나를 제조하는 기술이 발달하자, 스토크온트렌트는 유럽에서 자기의 경쟁자로 떠오른 이 제품의 생산 중심지가 되었다. 그런데 스토크온트렌트의 도자기 제조업체들은 가까운 곳에 가마에 공급할 석탄이 풍부했고, 재료를 분쇄 및 혼합하고 돌림판을 돌리는 증기 기관에도 석탄을 사용할 수 있긴 했지만, 핵심 재료인 고령토를 콘월주에서 실어 와야 했다. 애버딘과 마찬가지로 콘월주에도 화강암층이 표면에 노출되어 있었지만, 이곳의 암석은 열수 작용을 통해 부드러운 흰색 고령토로 변했다. 콘월주의 고령토를 스토크온트렌트의 도자기 제조업체들로 보내고, 또 완성된 섬세한 도자기 제품을 영국 전역으로 운송해야 하는 필요는 산업 혁명의 초기 단계에서 긴 운하망 건설을 촉진한 주요 동인 중 하나였다.

이렇게 해서 판의 활동이 초래한 높은 압력과 열에 녹았던 마그마가 천천히 식으면서 생겨난 화강암은 그 견고성으로 기념비적 건축물을 만드는 데 쓰이는 동시에 가장 섬세하고 연약한 물질 중 하나—자기—로 변한다.

우리 발밑의 땅

앞에서 우리는 고대 이집트인과 메소포타미아인이 지구의 내부 작용에서 만들어진 현지의 건축 재료를 가지고 문명을 어떻게 건설했는지 보았다. 고대 문명뿐만 아니라 현대사에서도 같은 일이 일어나고 있다. 세계 최초로 전국적 지질도가 작성된 장소인 영국 전역의 건물들 외관에 우리 눈에 보이지 않는 지하 세계가 어떻게 반영돼 있는지 살펴보기로 하자.*

영국의 지질은 아주 다양한데, 지난 30억 년 동안의 지구 역

---

* 윌리엄 스미스(William Smith)는 서머싯주의 탄광과 운하 공사 발굴 현장을 조사하다가 지층들이 지하에서 항상 똑같은 순서로 나타난다는 사실과 그 속에 포함된 화석으로 개개의 지층을 확인할 수 있다는 사실을 깨달았다. 스미스는 영국 전역을 돌아다니면서 단층애와 채석장, 산업 혁명기의 운하와 철도 공사를 통해 드러난 지층들을 조사한 결과를 바탕으로 1815년에 영국 지질도를 만들었는데, 이 지질도에 따르면 지표면 근처에 존재하는 지층의 종류가 제각각 달랐다.

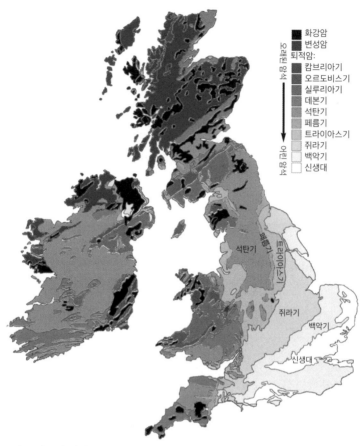

범례 (지도 내):
화강암
변성암
퇴적암:
캄브리아기
오르도비스기
실루리아기
데본기
석탄기
페름기
트라이아스기
쥐라기
백악기
신생대

오래된 암석 ↓ 어린 암석

영국 제도의 지질도

사 중 거의 모든 시기에 해당하는 암석 노두가 표면에 드러나 있다. 오랜 시간이 지나자 판의 이동과 침식을 통해 서로 다른 지층들이 영국 전역에서 복잡하게 소용돌이치는 띠를 이루며 다시 드러났다. 암석의 나이는 대략적으로 북쪽에서 남쪽으로 갈수록 적어지는 경향이 있는데, 스코틀랜드 고지의 암석이 가장 오래되었고, 지난 6500만 년 사이에 생성된 남동부의 암석이 가장

어리다. 역사를 통해 영국 전역에 지어진 건물들의 특징에 현지의 지질학적 특징이 반영돼 있다는 사실이 아주 흥미롭다. 애버딘의 도시 건물들과 다트무어 주변의 농가에는 어두운 색의 화강암이, 에든버러와 요크셔주에서는 석탄기의 누런색 사암이, 코츠월드 마을들에서는 황금색 쥐라기 석회암이, 런던과 그 주변의 벽돌과 기와에는 따뜻한 갈색 점토가 쓰였다. 우리는 발밑의 지질학적 재료를 끌어내 그것을 쌓아 벽으로 만들었는데, 지질학자는 전통적인 건물 사진을 바라보는 것만으로도 그 재료가 영국 내 어느 지역에서 온 것인지 짐작할 수 있다.

주변에 적절한 암석이 없는 곳에서는 구할 수 있는 것을 가지고 최선을 다할 수밖에 없었다. 백악은 좋은 건축 재료가 아니다. 백악은 무르고 쉽게 바스러지는 암석이며, 풍화와 침식에 잘 견디지 못한다. 하지만 가끔 경화 점토라고 부르는 재료로 사용되었는데, 불규칙한 잡석 덩어리 형태나 블록으로 잘라서 벽돌처럼 층층이 쌓았다(예컨대 잉글랜드 동부와 노르망디에서). 일반적으로 백악기 암석이 널려 있는 곳에서는 대안을 찾아야 했다. 서퍽주와 노퍽주의 백악으로 뒤덮인 지역에서는 목재 골조로 지은 집이 많았는데, 격자 모양으로 엮은 나뭇가지에 진흙과 짚을 집어넣었다. 그러고 나서 백악으로 만든 흰색 도료를 발랐다. 목재 골조는 튼튼하고, 습기를 잘 차단하기만 하면 수백 년 동안 버틸 만큼 내구성이 충분히 좋다. 백악 지역에서는 기와를 만드는 재료도 거의 나오지 않았기 때문에, 이 지역의 건물들은 전통적으로 갈대나 밀짚으로 만든 지붕을 얹었다. 따라서 목재 골조에 갈

211

대나 밀짚으로 지붕을 얹은 건물은 전형적인 영국 시골 풍경으로 알려지게 되었지만, 사실은 현지의 지질학적 구조 때문에 적절한 건축용 석재가 부족한 사정이 낳은 산물이다.

이렇게 특색 있는 건축 양식은 산업 혁명이 일어나면서 훨씬 더 균일하게 변했다. 벽돌이 대량 생산되면서 팽창하는 도시들의 방앗간과 공장, 노동자 주택을 짓는 데 쓰였고, 처음에는 운하로, 그다음에는 철도로 훨씬 먼 거리까지 운송되었다. 오래전부터 웨일스 북부의 스노도니아 부근에 널린 5억 년 전의 캄브리아기 암석층에서 채굴해온 점판암은 영국 전역에서 지붕 재료로 쓰이기 시작했다. 점판암은 결이 고운 암석으로, 해저에서 생긴 이암이 판의 활동에서 큰 압력을 받아 변한 변성암이다. 점판암은 압력을 받으면서 모든 입자들이 특정 평면을 따라 늘어서게 되었는데, 그래서 솜씨 좋은 장인이 정으로 탁 치기만 해도 얇고 완벽하게 평평한 조각으로 쪼개져 기와로 쓰기에 아주 좋다. 웨일스의 점판암은 19세기 내내 팽창하는 산업 도시들에 건축 재료로 공급되었고, 지금도 캄브리아기의 이 얇은 암석은 영국 전역에서 건물들의 지붕 재료로 쓰이고 있다.

세계 각지에 존재하는 암석들이 중요한 이유는 단지 역사를 통해 건축 재료를 제공했기 때문만이 아니다. 그 바탕에 있는 지질학적 특징은 현대 도시들이 발달해온 방식도 결정했다.

맨해튼을 방문한 적이 있다면 혹은 지금 구글 어스를 사용해 방문해보면, 우뚝 솟은 고층 건물들이 늘어선 주요 지역이 두 군데 있다는 사실을 알 수 있을 것이다. 하나는 섬 남단 도심에 고층 건물들이 **빽빽하게** 들어선 금융가이고, 다른 하나는 크라이슬러 빌딩, 엠파이어스테이트 빌딩, 록펠러 센터가 우뚝 선 미드타운이다. 초고층 건물들이 밀집한 이 두 중심지 사이에 낮은 건물들이 죽 늘어선 지역이 있다. 1960년대 후반에 한 지질학자가 이러한 건물들의 분포 양상은 거리 아래에 숨어 있는 지층들의 영향이 반영된 결과라고 처음 주장했다.

편암이라는 어두운 색의 단단한 변성암(진흙이나 점토가 지구 내부 깊은 곳에서 높은 열을 받아 변한) 덩어리들이 도시 전체 지역에서 지표면에 드러나 있다. 뉴요커들은 점심시간에 센트럴파크에서 그러한 편암 위에 앉아 샌드위치를 먹기도 한다. 뉴욕의 편암은 래브라도 해안에서 미국 동부를 따라 아래로 텍사스주와 멕시코 동부와 스코틀랜드까지 뻗어 있는 거대한 산맥 아래에서 구워졌다(북대서양이 열리기 전에). 이 그렌빌산맥은 판게아보다 훨씬 이전에 존재한 초대륙 로디니아 한가운데를 가로지르며 뻗어 있었다. 약 10억 년 전에 로렌시아 대륙이 다른 두 대륙판과 충돌하면서 서로 합쳐지는 과정에서 그렌빌산맥을 밀어 올렸다. 그 후 오랜 세월이 지나면서 대륙들이 쪼개졌다 다시 붙었다 하는 동안 느리지만 끈질기게 진행된 침식 작용이 이 산맥을 깎아내 지금은 그 밑뿌리만 남아 있다.

뉴욕에서 편암층은 향사向斜(오목한 모양의 습곡. 중앙부에서 가장자리로 갈수록 오래된 지층이 분포한다)를 이루고 있는데, 이 때문에 편암층은 맨해튼 남단에서 지표면에 가까이 위치하고, 거기에서 조금 지난 미드타운에서 또다시 지표면에 가까워진다. 이 단단한 변성암 기반은 초고층 건물들의 엄청난 무게를 떠받치기에 좋은 기초를 제공한다. 그 사이에 위치한 향사에서 오목한 곳에는 더 무른 암석들이 분포하고 있어 거대한 건물을 떠받치기에 부적합하다. 고층 건물들의 패턴에는 기존의 상업 중심지들에서 일어나고 있던 발전처럼 사회경제적 요인도 영향을 미쳤지만, 전체적으로 맨해튼의 스카이라인은 그 아래에 있는 지질학적 특징을 반영하고 있다. 즉, 가장 높은 건물들이 들어선 지역은 단단한 편암이 떠받치고 있는 장소이다. 보이지 않는 지하 세계—침식으로 다 닳고 그루터기만 남은 아주 오래된 산맥—의 패턴이 지상 위에 우뚝 솟은 상업 중심지의 고층 건물들(신들에게 바친 기념물이 아니라 자본주의에 바친 기념물인)의 패턴에 반영되어 있다.

런던은 어떤 면에서 맨해튼과 정반대라고 할 수 있다. 런던은 두 강으로 둘러싸인 섬이 아니라, 한 강 주변에 세워진 도시이다. 하지만 런던은 지질학적 환경이 맨해튼과 비슷하다. 쐐기 모양의 런던 분지는 암석층들이 접혀서 골 모양을 이룬 향사(알프스산맥을 솟아오르게 한 것과 동일한 판들의 힘에 의해) 바닥 부분에 자리잡고 있다. 사실, 런던 분지는 2장에서 보았듯이, 한때 도버와 칼레사이의 육교를 만들었던 윌드-아루투아 배사 구조에서 불룩 튀어나온 물결 모양의 표면 암석들 중 일부이다. 맨해튼의 향사는 단단한 변성암인 편암을 도심과 미드타운 표면 가까이 보낸 반면, 런던과 템스강 하류 지역 전체는 향사의 골 바닥과 나란히 뻗어 있다. 약 5500만 년 전에 얕은 바다의 따뜻한 바닷물이 함몰 지역으로 흘러들어왔을 때, 이곳은 점토층으로 뒤덮였다.

이 런던 점토는 현대의 고층 건물을 세우기에 결정적으로 불리한 조건이다. 런던이 뉴욕에 비해 고층 건물이 아주 적은 이유는 도시 아래에 이 무르고 퍼티 같은 점토층이 두껍게 자리 잡고 있기 때문이다. 더샤드나 카나리워프의 원캐나다스퀘어 같은 고층 건물은 그 무게를 지탱하기 위해 파일을 아주 깊이 박아 넣은 기초 위에 세워야 했다. 하지만 두꺼운 점토층은 터널을 파기에는 아주 좋다. 단단하지 않아 구멍을 뚫기가 편할 뿐만 아니라, 안정적이고 물을 통과시키지 않는 차단벽이 되기 때문이다.

런던은 1863년에 세계 최초의 지하철을 건설했는데, 오늘날 더 튜브(런던 지하철)는 총연장이 400km가 넘고 정차역이 270여 개나 되는 거대한 지하 교통 체계로 발전했다(모든 노선이 지하를 지나가는 것은 아니지만). 런던 북부는 지하철망이 잘 발달한 반면, 남부는 지나가는 노선이 훨씬 적은 이유도 지리학으로 설명할 수 있다. 템스강 남쪽에서는 점토층이 지하철이 지나가는 깊이보다 더 아래로 가라앉아 있어 훨씬 단단한 사암층과 자갈층을 뚫고 터널을 파야 했다. 런던 지하철이 불편할 정도로 더운 이유도 런던 점토 때문이다. 지하 동굴은 보통은 상쾌할 정도로 서늘하기 때문에 이 점은 의아해 보일 수도 있다. 사실, 터널을 처음 팠을 때, 점토의 온도는 약 $14°C$였고, 초기에는 런던 지하철이 무더운 여름에도 시원하게 지낼 수 있는 장소라고 선전했다. 하지만 100년 이상의 세월이 지나는 동안 열차 전동기와 브레이크에서 방출된 열(그리고 수백만 명의 승객의 몸에서 나온 열)이 터널 벽에 흡수되었다. 촘촘한 점토는 놀랍도록 훌륭한 단열재이기 때문에 이 열은 다른 곳으로 빠져나가지 못하고 계속 지하에 머물게 되었다.

따라서 메소포타미아의 진흙 평원에 세워진 세계 최초의 도시들은 햇볕에 말린 벽돌로 지어진 반면, 우리 발밑에 있는 점토는 지금도 현대의 대도시들이 발달하는 방향(지하철망이 광범위하게 발달한 런던과 이와 대조적으로 고층 건물이 즐비한 뉴욕처럼)을 좌우한다.

우리 발밑의 지질학적 특징이 문명과 도시를 건설하는 기본 뼈대를 어떻게 제공하는지 살펴보았으니, 이제 우리가 사는 세상을 변화시킨 도구와 기술에 필요한 물질을 암석에서 추출하는 방법을 인류가 어떻게 알아냈는지 살펴보기로 하자.

제 6 장

·

금속은 어떻게
인류 사회를 바꾸었는가

●

우리는 인류가 초기에 돌(처트, 흑요암, 부싯돌을 깨뜨려)이나 나무, 뼈, 가죽, 식물 섬유로 도구를 어떻게 만들었는지 보았다. 구석기, 중석기, 신석기 시대를 거치면서 우리는 뭉툭한 돌칼과 긁개를 만들던 수준에서 창끝과 화살촉용으로 작고 예리한 격지를 만드는 수준으로 기술을 계속 개선해나갔다. 하지만 청동기 시대의 시작은 인류의 역사에서 큰 전환점이 되었다. 단순히 주변의 자연계에서 구할 수 있는 것을 가지고 다듬어 도구를 만드는 대신에 의도적으로 원재료를 '변형'하는 기술을 터득했다. 그래서 광석에서 반짝이는 금속을 추출해 그것을 벼리거나 주조하고, 합금을 만들기도 했다. 그리고 시간이 지나면서 기술 혁신이 일어나는 속도가 점점 빨라졌다. 호미닌이 뗀석기를 만들고 나서 최초의 구리를 제련하기까지는 300만 년이 걸렸지만, 철기 시대에서 우주 비행 시대까지는 3000년밖에 걸리지 않았다.

금속이 인류의 역사에 혁명적 변화를 가져온 이유는 다른 재료에서는 얻을 수 없는 다양한 성질을 갖고 있기 때문이다. 금속은 아주 단단하고 튼튼하지만, 잘 부서지는 세라믹이나 유리와 달리 유연하고 잘 부서지지 않는다. 더 최근의 기술에서는 전기를 전달하고, 고성능 장비가 노출되는 극한 온도에도 견뎌내는 성질 때문에 선호되고 있다. 그리고 지난 수십 년 동안 최신 기술에 엄청나게 다양한 금속이 사용되었는데, 특히 전자 장비에 많이 사용되었다.

이 장에서는 금속이 청동기 시대부터 인터넷 시대에 이르기까지 인류 사회를 어떻게 변화시켜 왔으며, 지구가 어떻게 다양한 금속을 만들었는지 살펴보기로 하자.

청동기 시대의 개막

우리가 도구와 무기를 만들기 위해 최초로 제련한 금속은 구리였다. 구리 광석은 쉽게 발견될 때가 많으며(매력적인 파란색 또는 초록색 광물들을 포함하고 있으므로), 도자기를 굽는 데 사용하는 것과 같은 종류의 가마에서 광석 덩어리를 숯과 함께 넣고 가열하기만 하면 구리를 추출할 수 있다. 활활 타오르는 숯은 광석을 녹이는 데 필요한 고온을 제공할 뿐만 아니라, 광석 속에서 구리와 결합하고 있는 산화물이나 황화물, 탄산염을 떼어내는 '환원제' 역할도 한다.

순수한 구리의 문제점은 매우 무르다는 점이다. 구리를 두들겨 만든 도구의 날은 쉽게 무뎌져 끊임없이 다시 날카롭게 벼려야 한다. 구리에 다른 금속을 섞어 만든 청동 합금은 훨씬 우수한 성질을 지니고 있다. 구리 원자들 사이에 더 큰 원자들이 드문드문 섞여 있으면, 그 금속은 쉽게 휘어지지 않는 성질이 생긴다. 이 원자들은 구리 원자 층들이 서로의 곁을 쉽게 미끄러져 지나가지 않도록 막아 합금을 더 단단하고 내구성이 좋게 만든다. 최초로 만든 청동은 구리와 비소의 합금이었지만, 기원전 4밀레니엄 후반에 아나톨리아와 메소포타미아에서 훨씬 품질이 좋은 구리-주석 청동이 처음 만들어져 이집트와 중국, 인더스강 유역으로 퍼져갔다. 구리-주석 청동의 특별한 장점 하나는 훨씬 낮은 온도에서 녹으면서도 거품이 일지 않아 주조용 거푸집에 쉽게 부을 수 있다는 점이다. 이 덕분에 장인들은 청동을 가지고 어떤 모양의 도구도 만들 수 있었고, 도구가 닳거나 부러지면 수리하거나 심지어 다시 주조할 수 있었다. 청동은 곧 의식용 물건이나 조리 도구, 농기구, 무기 등을 만드는 표준 물질로 쓰였다. 이렇게 해서 신석기 시대가 저물고 청동기 시대가 시작되었다.

메소포타미아에서 혁신적인 청동을 사용하기 시작한 것은 다소 놀라운 일인데, 이 지역에서는 주석이 산출되지 않기 때문이다. 따라서 청동 합금을 만드는 데 중요한 성분인 주석은 아주 먼 곳에서 교역을 통해 구해왔을 것이다. 청동기 시대에 서유라시아에서 사용한 주석은 오늘날의 독일과 체코 국경을 따라 뻗어 있는 에르츠산맥과 콘월주 그리고 (조금 적은 양이긴 하지만) 브르타뉴의 광산들에서 가져왔다. 특히 콘월주의 광산들이 고대 세계의 주석 수요 중 많은 양을 공급했다. 이 소중한 금속이 들어 있는 광석은 화강암질 마그마가 퇴적암층으로 관입할 때 생겨났다. 마그마의 고열이 지하에서 열수 작용을 일으켜 뜨거운 물이 순환하면서 주변의 금속을 녹인 뒤, 그것을 그 위에 난 틈과 균열 속으로 보냄으로써 그곳에 풍부한 광맥을 만들었다.

주석은 북유럽에서 기원전 450년경부터 바다를 통해 거래되었는데, 지브롤터 해협을 지나 항해한 페니키아인이 교역을 담당했다. 그리고 그전에는 육로를 통해 비옥한 초승달 지대에도 전해졌다. 고대 세계에서는 주석이 귀했기 때문에, 아주 높은 값에 거래되었을 것이다. 반면에 구리 광석은 훨씬 광범위한 지역에 널려 있었는데, 지구는 특별히 흥미로운 과정을 통해 우리가 그것을 이용할 수 있게 해주었다.

해저에서 산꼭대기로

지중해와 이집트, 메소포타미아의 청동기 시대 장인들은 키프로스섬에서 채굴한 구리에 과도하게 의존했다. 사실, 구리를 뜻하는 라틴어 단어 쿠프룸cuprum은 이 섬의 이름에서 유래했으며, 그래서 구리의 원소 기호도 Cu가 되었다. 4장에서 우리는 지중해 지역의 지질학적 구조가 해양 국가들이 번성하기에 완벽한 환경을 어떻게 만들어냈으며, 이곳에서 일어난 판들의 활동이 청동기 시대에 문명들이 발전하는 데 중요한 재료를 어떻게 제공했는지 보았다.

구리는 판들이 양쪽으로 밀려나면서 마그마가 솟아올라 새로운 해양 지각이 생기는 대양 중앙 해령에 아연, 납, 금, 은 같은 다른 금속과 함께 높은 농도로 매장되어 있다. 지구 껍질에 난 이 균열의 길이 방향을 따라 뜨거운 마그마가 지표면 가까이까지 솟아오른다. 바닷물이 해저의 암석 사이로 스며 들어가 마그마를 만나 과열된다. 과열된 물은 지각을 뚫고 다시 솟아오르면서 열수 분출공을 통해 해저로 뿜어져 나오는데, 그 과정에서 주변 암석의 광물들이 물에 녹아서 함께 올라온다. 광물을 풍부하게 함유한 이 뜨거운 유체가 차가운 바닷물과 만나면, 녹아 있던 금속성 황화물 광물 입자들이 침전하면서 잉크처럼 시커먼 소용돌이 기둥을 이루어 콸콸 솟아나온다. 그래서 이런 열수 분출공에 블랙 스모커black smoker라는 별명이 붙게 되었다. 높다란 굴뚝처럼 생긴 블랙 스모커들은 칠흑같이 캄캄한 깊은 바닷속에서 집단을 이루어 옹기종기 모여 있는데, 마치 가우디에게서 영감을 얻은 산업 지역 풍경처럼 보인다.

블랙 스모커는 황량한 심해 환경에서 살아가는 지구에서 가장 극단적인 형태의 생명체들에게 오아시스 같은 역할을 한다. 햇빛이 한 줄기도 비치지 않는 이곳에서 살아가는 기묘한 생물 군집에는 길이가 2m나 되는 관벌레도 있는데, 이 관벌레는 1970년대 후반에 잠수정이 최초의 블랙 스모커 지역을 발견했을 때 처음으로 과학계에 알려졌다. 그 밖에 창백한 색의 새우, 고둥, 게도 이곳에 살고 있다. 햇빛이 없는 이 생태계를 굴러가게 하는 것은 열수 분출공에서 뿜어져 나오는 금속과 황화물 같은 무기 에너지원을 섭취하면서 살아가는 미생물이다.

바다로 뿜어져 나온 입자들은 열수 분출공 주변 지역에 다시 가라앉으면서 귀중한 금속(구리, 코발트, 금 등)이 깊은 해저에 높은 농도로 축적되지만, 현재로서는 채굴이 불가능하다. 이 금속 광상을 우리가 이용하려면 특별한 환경이 필요하다.

앞에서 보았듯이, 두 판이 충돌하는 수렴 경계에서는 두껍게 쌓인 해저 퇴적물층이 접히면서 산맥이 생긴다. 히말라야산맥이나 알프스산맥 꼭대기에서 해양 생물 화석이 자주 발견되는 이유는 이 때문이다. 우리가 지구를 움직이는 판들의 가공할 힘을 이해하기 전에는 이런 화석들이 노아의 홍수처럼 신화나 전설에 나오는 사건 때문에 생긴 것이라고 이야기한 적도 있었다. 오래된 블랙 스모커가 있는 해양 지각 자체는 밀도가 높은 현무암으로 이루어져 있어 거의 항상 더 가벼운 대륙 지각 밑으로 가라앉아 지구 내부 깊숙한 곳으로 들어간다. 그런데 가끔 드물게 해양 지각 조각이 지구 내부로 끌려들어가는 것을 피하고 대신에 대륙 지각 위로 밀려올라가는 일이 일어난다. 아프리카판과 유라시아판이 충돌할 때 지중해에서 그 사이에 끼인 판의 조각들처럼 이런 일은 작은 판들에서 더 자주 일어나는 것으로 보인다. 그리고 키프로스섬에서도 바로 이런 일이 일어났다.

키프로스섬 중앙에 있는 트로오도스산맥의 타원형 언덕은 오피올라이트ophiolite(대륙 지각 위로 올라선 해양 지각 조각)의 존재를 보여주는 가장 대표적인 예이다. 이 해양 지각은 약 9000만 년 전에 깊은 해저에서 해저 확장이 일어나던 테티스해의 열곡 부분에서 만들어졌다. 그리고 아프리카가 유라시아를 향해 이동하면서 테티스해가 닫힐 때 키프로스섬 위로 밀려 올라갔다. 트로오도스산맥은 그 후 큰 변형이 일어나지 않아 이 오피올라이트는 해양 지각 속의 지층들이 아름답게 보존된 단면을 보여준다. 심지어 먼 옛날의 열수 분출공 옆에 보존된 관벌레와 고등의 화석도 분명하게 알아볼 수 있다. 트로오도스산맥은 부드럽게 쌓아 올린 레이어 케이크와 비슷한데, 산맥이 침식되면서 이 층들이 동심원을 그리며 노출되었다. 중앙의 가장 높은 봉우리는 보통은 해저 아래 10km 깊이에서나 발견되는 맨틀 암석으로 이루어져 있다.

트로오도스산맥의 오피올라이트는 지질학자들에게 해저 확장이 일어나는 열곡에서 새로운 해양 지각이 어떻게 생겨나는지(중앙 대서양 해령 같은 현재의 발산 경계에서 해양 지각이 생겨나는 모습을 직접 관찰하는 것은 물론 매우 어렵다) 조사하기에 완벽한 기회를 제공한다. 오피올라이트는 또한 청동기 시대 문명들이 심해의 블랙 스모커에서 뿜어져 나온 금속들에 쉽게 접근할 수 있게 해 주었다. 해양 지각이 육지 위로 올라와 있는 키프로스섬에서 광부들은 산허리에서 금속 광상이 묻혀 있는 곳을 향해 적절한 깊이까지 파고 들어가기만 하면 되었다. 사실, 트로오도스산맥에는 구리 함량이 최대 20%나 되는 매우 질 좋은 광석이 묻혀 있다. 기원전 2밀레니엄부터 키프로스섬은 메소포타미아와 이집트, 지중해 세계에 구리의 주요 공급원이 되었다. 앞에서 보았듯이, 청동기 시대에는 구리 제련로에 집어넣은 광석에서 순수한 금속을 추출하는 데 숯을 사용했기 때문에, 키프로스섬의 구리 제련 생산성은 목재 공급에 크게 의존했다. 고고학자들은 이 섬에 쌓인 광재(광석을 제련한 후에 남은 찌꺼기) 더미 400만 톤을 조사하여 목재가 얼마나 많이 필요했는지 계산할 수 있었다. 키프로스섬에서 3000년 동안 구리 생산을 하는 동안 이 섬의 평원과 산비탈을 뒤덮고 있는 소나무 숲 전체 면적을 적어도 16번은 베어 냈어야 했다는 결론이 나왔다―이것은 초기의 지속 가능한 삼림 관리 사례를 보여준다.

키프로스섬의 구리 중 상당량은 유럽 최초의 주요 문명인 미노아인이 거래했다. 크레타섬을 기반으로 동지중해 전역에 교역소를 설치했던 미노아인은 기원전 2700년경부터 1000년이 넘게 번성을 누렸다. 우리는 이들이 자신을 뭐라고 불렀는지 알지 못한다. 미노아인이라는 이름은 20세기 초에 고고학자들이 그리스 신화에서 크레타섬에 살았다고 하는 미노스 왕(그 유명한 미궁과 괴물 미노타우로스와 함께)의 이름을 따서 지은 것이다. 미노아인은 다층 구조의 거대한 궁전을 지었고, 물을 저장하고 공급하는 기술도 뛰어나 로마인보다 오래전에 잘 발달된 우물과 물탱크, 수로의 혜택을 누렸다. 크노소스의 왕궁에는 세계 최초의 수세식 변기도 있었다. 하지만 무엇보다도 미노아인은 뛰어난 청동 제작자이자 항해자였고, 바다를 지배하는 힘과 동지중해 전역에 뻗어 있던 교역망을 통해 자신들의 문화적 영향력을 멀리 퍼뜨렸다. 미노아인이 만들고 수출한 청동 공예품과 도구는 가까이 있던 키프로스섬에서 채굴한 구리로 만들었다. 미노아 문명은 이렇게 만든 금속 제품을 알려진 세계 곳곳으로 실어 나르며 교역함으로써 큰 부를 쌓았다. 하지만 이란의 사례에서 보았듯이, 판의 활동이 가져다준 과실을 즐기는 데에는 끔찍한 대가가 따를 수 있다.

키프로스섬에 풍부한 구리 광상을 만든 그 섭입 경계는 크레타섬을 지나가면서 해안에서 불과 25km 남쪽에 깊은 해구를 만들었다. 섭입이 초래하는 한 가지 결과는 가라앉는 판에서 생겨난 마그마가 지표면으로 솟아올라 호를 그리며 늘어선 화산들을 만드는 것이다. 줄지어 늘어선 이 화산들은 맨틀에서 암석이 녹는 지점 바로 위에 있기 때문에, 섭입대에서 아래쪽 방향으로 일정한 거리에 있는 지표면에 나타난다. 그리스 화산호火山弧는 크레타 해구에서 북쪽으로 약 115km 지점에 있는데, 이곳에 테라(오늘날의 산토리니섬) 화산 봉우리가 에게해의 일렁이는 파도 위로 삐죽 솟아나와 있었다. 이 활화산은 수천 년 동안 간헐적으로 분화를 해왔지만, 기원전 1600년부터 기원전 1500년 사이의 어느 시점에 돌연히 폭발했는데, 그것은 역사상 가장 격렬한 분화 사건 중 하나였다.

이 분화로 테라는 거의 완전히 파괴되었고(수면 아래에 잠긴 칼데라는 원래 산에 비하면 쭉정이에 불과하다), 암석 가루가 거대한 기둥을 이루어 하늘 높이 치솟으면서 크레타섬은 완전히 재로 뒤덮였다. 100여 km의 바다를 사이에 두고 테라를 마주 보고 있던 북해안의 암니소스 같은 항구들은 화산 폭발이 촉발한 지진 해일에 밀려온 화산 부석浮石에 파묻혀 완전히 파괴되었다. 하지만 1500여 년 뒤에 로마의 폼페이와 헤르쿨라네움을 파괴한 베수비오 화산 분화와 비슷하게 이 재난은 그들의 독특한 문자와 세라믹과 공예품과 건축을 보존함으로써 고고학자들에게 그 당시 살았던 미노아인의 삶을 엿볼 수 있는 스냅 사진을 제공했다.*

비록 두 사건이 일어난 시기를 정확하게 알기는 어렵지만, 이 재앙적 화산 폭발은 번성을 구가하던 미노아 문명이 멸망한 시기와 정확하게 일치하지 않는 것처럼 보인다.** 하지만 분명한 것은 테라 화산 분화가 있고 나서 몇 세대 만에 미노아 사회가 돌이킬 수 없는 몰락의 길로 접어들었다는 사실이다. 궁전들은 파괴되었고, 크레타섬은 미케네 그리스인의 공격에 함락되고 말았다. 미노아인이 그토록 큰 성공을 거둘 수 있었던 것은 해상 활동과 교역이 가져다준 풍요 덕분이었는데, 갑자기 화산 분화에 이은 지진 해일로 선단 중 많은 배와 항구를 잃고, 테라에 있던 주요 교역항인 아크로티리까지 파괴되는 바람에 경제 기반에 치명적 타격을 입었을 것이다. 어선을 잃고 농경지가 바닷물에 침수되어 극심한 식량 부족과 심지어 기아까지 겪었을 가능성도 있다. 이 자연 재해는 이 지역에서 힘의 균형을 깨뜨렸고, 그래서 크레타섬은 미케네 그리스인의 정복에 무너지고 말았다. 하지만 미노아인을 대신해 지중해의 해상 교역을 지배한 사람들은 오늘

---

* 4장에서 보았듯이, 북지중해 지역 중 많은 곳은 아프리카판이 유라시아판 밑으로 들어가면서 화산 활동이 활발하게 일어난다. 하지만 화산 분화의 위험에도 불구하고, 화산 활동은 사람들에게 기회도 제공한다. 화산 지대의 토양은 비옥하여 농사를 짓기에 좋을 뿐만 아니라, 로마인은 화산재의 성질을 이용해 포졸란 시멘트를 만드는 법을 발견했다. 이 시멘트는 항구에서부터 수도교와 판테온의 거대한 돔에 이르기까지 모든 것을 건설하는 데 쓰였는데, 이 시멘트와 콘크리트의 내구력과 기계적 강도는 오늘날에도 구조공학자들에게서 찬사를 받고 있다.

** 분화 자체를 언급한 기록은 발견된 적이 전혀 없다. 다만, 선형 문자 A로 쓴 미노아의 텍스트는 제대로 해독된 적이 없는데, 어쩌면 여기에 목격담이 포함돼 있을지도 모른다.

날의 시리아, 레바논, 이스라엘 지역에 살던 페니키아인이었다.

미노아인이 구리를 채굴한 키프로스섬의 트로오도스산맥은 쉽게 접근할 수 있고 예외적으로 잘 보존된 큰 규모의 오피올라이트이지만, 유일한 오피올라이트는 아니다. 판들의 충돌로 테티스해가 닫히면서 지중해가 만들어질 때, 다른 해양 지각 조각들도 육지 위로 밀려올라갔다. 오피올라이트 금속 광상은 지중해 가장자리 주변의 알프스산맥, 카르파티아산맥, 아틀라스산맥, 토로스산맥 등지에서 띠를 이루어 발견된다. 그리고 세계 각지에서 대양이 닫힌 다른 사건들에서도 해양 지각이 육지 위로 밀려올라가는 일이 일어났다. 에스파냐의 틴토, 캐나다의 노랜다 그리고 러시아의 우랄산맥을 따라 늘어서 있는 광산들처럼 오늘날 가장 큰 규모의 광산들 중 일부는 풍부한 블랙스모커 금속 광상에서 구리와 아연, 납, 은, 철 등을 채굴하고 있다.

구리-주석 청동은 약 2000년 동안 금속 연장과 도구, 무기를 만드는 데 사용되다가 그것보다 훨씬 우수한 금속인 철로 대체되었다.

연철에서 강철로

사실, 우리는 철을 수만 년 전부터 사용해왔는데, 금속으로 사용한 것이 아니라 우리 자신을 장식하고 표현하는 안료로 사용했다. 오커(산화철 가루)는 산화철을 함유한 광물의 종류와 그 구조에 포함된 물의 양에 따라 갈색, 노란색, 강렬한 빨간색 등 다양한 색을 띤다. 우리는 적어도 3만 년 전부터 다양한 형태의 오커를 가루로 갈아 몸을 장식하거나 머리카락을 물들이고, 바위나 동굴에 그림을 그리는 물감으로 사용해왔다. 그리고 이 천연 안료를 맨 처음 사용한 종은 우리가 아니다. 오커는 20만 년도 더 전에 네안데르탈인이 살았던 곳에서 부싯돌 인공 유물과 함께 발견되었다.

하지만 문명의 역사에서 정말로 큰 변혁을 가져온 사건은 불그스름한 산화물 광석에서 순수한 금속 철을 추출하는 법을 알아낸 것이다. 앞에서 보았듯이, 구리는 많은 곳에서 산출되었지만, 주석은 청동기 시대 내내 매우 희귀했다. 반면에 철은 큰 광상을 이루고 있는 경우가 많고, 세계 도처에 널리 분포돼 있다. 하지만 철의 사용이 구리와 청동보다 더 늦은 이유는 광석에서 이 금속을 추출하는 것이 훨씬 더 어렵기 때문이다.

철을 제련하기 위해 개발된 최초의 용광로는 괴철로였다. 괴철로는 철광석과 숯을 넣고 함께 가열하긴 했지만, 철이 녹은 쇳물이 광재와 분리되어 흘러나올 만큼 온도가 충분히 높이 올라가지 않았다. 대신에 뜨겁지만 아직 고체 상태의 스펀지 같은 덩어리(이것을 괴철塊鐵이라 부른다)를 이루고 있는 철과 광재의 혼합물을 괴철로에서 꺼내 망치로 두드려서 순수한 연철을 분리해냈다. 연철鍊鐵에서 '연'은 단련鍛鍊(쇠붙이를 불에 달군 후 두드려서 단단하게 하는 것)을 뜻하는데, 괴철을 순수한 철로 만들려면 망치와 모루를 사용해 허리가 휠 정도로 엄청난 수고가 필요했다. 이런 식으로 철을 제련하고 단련하는 방법은 기원전 1300년경에 아나톨리아에서 확립되었다.

나중에 철을 녹일 만큼 높은 온도를 얻기 위해 용광로를 훨씬 더 높게 만들고 밑에서 풀무로 공기를 펌프질해 불어넣는 발전이 일어났다. 이 용광로를 고로高爐라고 부른다. 석회암을 '융제融劑'로 넣으면 광재가 흘러나오는 데 도움을 주는데, 이로써 철을 분리하고 불순물을 제거하는 과정이 크게 개선되었다. 녹은 금속은 용광로 밑부분에서 선철銑鐵이나 주철鑄鐵로 흘러나온다. 주철은 탄소 함량(약 3%)이 높아 단단하지만 부서지기 쉽다. 최초의 고로는 기원전 5세기경에 중국에서 가동되었는데, 중국인은 1세기에 최초로 수차를 사용해 풀무를 작동시키기도 했다. 고로와 주철은 11세기에 아랍인이 받아들였지만, 유럽에 전해진 것은 14세기 후반에 이르러서였다.

세계 각지에서 제각각 다른 시기에 시작된 철기 시대는 사회를 크게 변화시켰다. 청동은 비교적 비쌌기 때문에 대체로 지배 계층의 전유물로 쓰이거나 군대를 무장시키는 데 쓰였다. 반면에 철광석은 풍부하여 온갖 종류의 실용적 물건을 만드는 데 쓸 수 있는 일반적 용도의 금속을 제공했다. 철제 도구는 또한 청동제보다 내구성이 더 좋고 날을 더 날카롭게 벼릴 수 있었다. 이것은 단지 무기와 갑옷에만 좋은 것이 아니라 일상적인 도구에도 중요한 특성이었다. 쇠도끼는 새로운 농경지를 만들기 위해 숲을 베어내는 작업에 큰 차이를 가져왔다. 그리고 철제 쟁기는 기존의 경작지에서 농업 생산성을 크게 향상시켰을 뿐만 아니라,

이전에는 경작할 수 없었던 땅을 갈아 농경지로 만들었다. 이 두 도구는 새로운 정착 지역들을 만들어내는 데 큰 역할을 했다.

특히 3세기 후반부터 철제 보습에 볏을 단 무거운 쟁기를 사용하면서 알프스산맥 이북 유럽 지역의 찰진 토양에서도 생산성 있는 농업이 가능해졌다. 무거운 쟁기는 땅 위에 단순히 홈을 파는 데 그치지 않고, 땅속으로 깊이 파고 들어가 흙을 뒤집으면서 구부러진 볏 뒤쪽으로 던졌다. 이것은 사실상 표토를 완전히 뒤엎는 효과를 나타내 잡초를 제거하고 거름을 잘 섞이게 했으며, 또한 쟁기질로 생긴 고랑은 물이 고이기 쉬운 점토 토양에서 물이 잘 빠지게 했다. 철이 가져다준 이 혁신 덕분에 북유럽의 찰진 점토 토양은 지중해 부근의 모래질 토양보다 생산성이 훨씬 높아졌다. 따라서 철로 만든 도끼와 쟁기의 도움으로 구릉진 북유럽 평원은 빙하기 이후의 숲과 물을 잔뜩 머금은 풀밭에서 거대한 곡창 지대로 점차 변모해갔다. 이것은 다시 그 후 수백 년에 걸쳐 유럽의 인구 분포와 도시화에 근본적인 변화를 가져왔다.

구리에 다른 물질을 섞어 합금으로 만듦으로써 구리의 물질적 성질이 크게 개선된 것처럼 철에도 똑같은 일이 일어났다. 강철은 철에 소량의 탄소를 섞은 합금이다. 강철의 탄소 함량은 대개 1% 또는 그 미만으로, 선철과 주철의 중간에 해당한다. 그리고 청동과 마찬가지로 강철 합금은 순수한 철보다 훨씬 튼튼하다. 무르지만 튼튼한 저탄소 강철에서부터 딱딱하지만 부서지기 쉬운 고탄소 강철에 이르기까지 탄소 함량을 변화시킴으로써 강철의 성질을 조절할 수 있다. 수백 년에 걸쳐 야금업자들은 강철의 탄소 함량을 원하는 대로 조절하기 위해 다양한 기술을 개발했는데, 선철을 숯과 함께 가열해 탄소를 더 첨가하거나 선철과 주철의 혼합 비율을 바꾸는 방법 등을 사용했다. 하지만 고품질의 강철은 여전히 만들기가 어려웠고, 그래서 칼과 검의 날처럼 중요한 용도나 시계 용수철 같은 소형 부품에 강철의 유연성이 요구되는 곳에만 사용되었다.

값싼 강철의 대량 생산이 시작된 것은 선철에서 탄소를 간단하게 제거하는 방법이 개발된 1850년대부터였다. 베서머법은 녹은 선철을 회전로에 집어넣고 액체 상태의 금속에 공기를 불어넣는 방법을 쓴다. 그러면 탄소와 그 밖의 불순물이 산소와 결합해 제거되어 사실상 빈 서판에 해당하는 순수한 철이 남는다. 여기에 다시 적정량의 탄소를 섞음으로써 원하는 등급의 강철을 만들 수 있다. 이 혁신 기술은 강철 5톤을 처리하는 데 걸리는 시간을 하루에서 15분으로 단축시켜 강철 생산량을 폭발적으로 늘리는 동시에 가격을 크게 낮췄다. 그 결과로 산업 혁명 후기에 접어들면서 사회는 금속을 훨씬 많이 사용하는 세계로 변했다. 오늘날 강철은 각종 가정용품과 기구에서부터 연장, 기계, 철로, 선박과 자동차에 이르기까지 도처에서 볼 수 있다. 또한, 콘크리트 보강용 강철 격자와 고층 건물의 틀을 제공하는 건물의 구조 뼈대로도 쓰이고 있다.

따라서 철기 시대가 인류의 정착과 농업과 전쟁에 혁명을 가져왔다면, 현대 세계는 철의 합금인 강철로 세워졌다. 그런데 이

철로 이루어진 별의 심장

지구상의 모든 철(지각의 암석 속에 들어 있는 것에서부터 여러분 혈관 속에서 산소를 운반하는 빨간색 헤모글로빈에 이르기까지)은 별 내부의 핵융합 반응에서 만들어졌다. 빅뱅에서 태어난 우주에 존재한 물질은 가장 간단한 원소인 수소가 대부분을 차지한 가운데 헬륨이 약간 있었으며, 리튬이 극소량 섞여 있었다. 주기율표의 나머지 모든 원소는 별 내부에서 일어난 핵융합 반응에서 만들어지거나 별이 생애를 마치고 폭발하는 순간에 만들어졌다.

철은 별을 죽음에 이르게 하는 원소이다. 큰 별의 중심부에서 수소 핵융합 반응을 통해 헬륨 '재'가 충분히 많이 쌓이면, 이번에는 헬륨 핵융합이 일어나 탄소와 산소가 만들어지고, 계속해서 더 무거운 원소들의 핵융합이 일어나 황과 규소를 비롯해 점점 더 무거운 원소들이 만들어지다가 결국에는 니켈과 철이 만들어진다. 철은 가장 안정한 원소로, 핵융합 반응에서 나오는 에너지가 핵융합을 일으키는 데 드는 에너지보다 적기 때문에 별 내부의 핵융합 반응은 철이 만들어지는 지점에서 멈춘다. 그래서 큰 별이 더 이상 바깥쪽 층들을 유지할 만큼 에너지를 충분히 만들지 못하면, 중심부를 향해 붕괴하기 시작하다가 마침내 엄청나게 격렬한 폭발을 일으키는데, 이것이 초신성 폭발이다. 이 마지막 폭발에서 철보다 더 무거운 원소들이 많이 만들어져 우주 공간으로 흩어진다. 결혼반지의 금이나 스마트폰에 쓰이는 희토류 금속, 교회 지붕의 납, 원자력 발전소의 우라늄을 비롯해 그 밖의 중요한 여러 원소는 중성자별들의 격렬한 충돌을 통해 만들어진다. 따라서 우리 행성뿐만 아니라 우리 몸을 이루는 분자들도 모두 별의 먼지로 만들어졌다.

지구는 약 45억 년 전에 원시 태양 주위를 빙빙 돌고 있던 먼지와 가스 원반에서 생겨났다. 먼지들이 서로 들러붙어 작은 알갱이가 되었고, 이것들이 합쳐져 점점 더 큰 암석 덩어리가 되었으며, 다시 이것들이 중력으로 서로 들러붙으면서 점점 커지다가 지구가 되었다. 이 모든 충돌에서 발생한 열 때문에 원시 지구는 녹은 상태였는데, 거기서 밀도가 높은 철은 대부분 중심부로 가라앉고, 그 주위를 규산염이 주성분인 맨틀이 두꺼운 층을 이루어 둘러쌌는데, 맨틀은 서서히 식으면서 맨 바깥층이 굳어 얇은 지각이 되었다. 철이 아래로 가라앉음에 따라 그 밖의 많은 금속들(이들을 친철성 금속이라 부른다)도 철에 함께 녹아 맨틀에서 지구 중심부로 끌려 내려갔다. 그 결과로 금, 은, 니켈, 텅스텐과 잠시 후에 보게 될 백금족 원소 같은 친철성 원소들은 지각의 암석에서 보기 어렵게 되었다. 역사적으로 우리가 귀하게 여겨온 금은 지구가 철핵과 규산염 맨틀로 분리된 뒤에 지표면에 충돌한 소행성에서 온 것이다.*

지구의 철핵은 지구 자기장을 만들어낸다. 외핵에 있는 액체 상태의 철이 빙빙 돌면 발전기처럼 전류가 발생하는데, 이 전류에서 자기장이 생겨난다. 지구 자기장은 11세기부터 아주 요긴하게 쓰였는데, 처음에는 중국인이, 그다음에는 이슬람과 유럽인 선원들이 나침반을 사용해 항해를 하기 시작했다(물론 동물들은 우리보다 훨씬 앞서 지구 자기장을 감지하는 능력으로 먼 거리를 이동했다). 하지만 지구 자기장은 이보다 훨씬 중요한 역할을 하는데, 태양에서 쏟아져 나오는 입자들의 흐름(태양풍이라 부르는)을 비켜가게 하는 방패 역할을 하면서 지구의 대기가 우주 공간으로 흩날려가지 않게 보호한다. 따라서 지구에 복잡한 생명체가 존재하게 된 것은 바로 이 뜨거운 철핵 덕분이다. 우리 핏속에 있는 철은 핵융합로에서 그것을 만들어낸 먼 옛날의 별과 우리를 연결시킬 뿐만 아니라, 지구를 둘러싸서 지구의 생물을 보호해주는 자기장과도 연결시킨다.

그런데 지구의 모든 철이 핵으로 가라앉은 것은 아니다. 철은

---

* 역사적으로 우리가 금을 귀하게 여긴 것은 금이 단지 지각에 희귀하게 존재하기 때문만이 아니다. 금은 반응성이 없으므로, 순수한 금속으로 산출되며(금 원자는 광석 속의 다른 원자들과 결합하지 않는다), 그 광맥은 바위 표면에서 반짝이는 광택으로 발견되거나 침식되어 강바닥에 침전된 사금의 형태로 발견된다. 이것은 금이 변색되지 않는다는 뜻이다(반짝이는 광채는 흐릿하게 변하지 않으며, 금 장신구는 피부의 습기와 반응하지 않고, 금화는 부식하지도 않는다. 그래서 금은 안전한 부의 보관처가 된다). 다른 금속들은 평범하고 무색의 은빛 광채가 나는 반면, 금은 독특한 색을 띤다는 점에서도 특별하다. 사실은 금의 고상한 무반응성과 색은 아인슈타인의 상대성 이론에 따른 효과 때문에 나타난다. 금 원자에서 가장 바깥쪽 궤도를 도는 전자는 광속에 가까운 속도로 움직이는데, 상대성 이론에 따라 빨리 움직이는 전자는 그만큼 질량이 커져 원자핵에 끌려 더 가까이 다가간다. 이 때문에 맨 바깥쪽 궤도의 전자가 화학 반응에 참여하지 않아 반응성이 없는 결과를 초래하고, 또 이 때문에 금은 파란색 빛을 흡수하고 빨간색 빛과 초록색 빛을 반사해 따뜻한 황금빛으로 빛난다.

지각에서 네 번째로 풍부한 원소이며, 모든 암석의 무게 중 약 5%를 차지하고 있다. 하지만 철이 유용하게 쓰이려면, 우리가 채굴하고 제련해 사용할 수 있을 만큼 함량이 높은 광석 속에 농축돼 있어야 한다. 이 이야기는 우리를 지구의 역사에서 아주 특별한 순간으로 데려간다.

세상이 녹슬었을 때

역사를 통해 세계 각지에서 채굴된 철광석은 사실상 거의 다 지구의 발달 과정에서 한 특별한 시기에 생성된 한 종류의 암석에서 나온 것이다.

호상 철광층縞狀鐵鑛層, Banded Iron Formation(그리고 여기에서 침식된 입자가 모여서 생긴 광상)은 우리가 사용하는 철광석 중 절대 다수를 차지한다. 각각의 호상 철광층은 길이가 수백 킬로미터, 두께가 수백 미터에 이르며, 최고의 철광석에는 철이 65% 이상 포함되어 있다. 그 이름이 암시하듯이, 호상 철광층은 독특한 줄무늬 형태를 띠고 있는데, 각각의 띠는 두께가 1mm에서 수 센티미터에 이른다. 각 층에는 산화철 광석들(적철석과 자철석)이 처트나 셰일과 교대로 배열돼 있다.

호상 철광층은 상상하기 어려울 정도로 오래되었다. 호상 철광층은 대부분 지구에서 최초의 대륙들이 막 생겨나던 무렵인 22억~26억 년 전의 비교적 짧은 기간에 전 세계 각지에 퇴적되었다.* 전 세계 각지의 철광석이 지구의 역사에서 거의 같은 시기에 생겼다는 사실은 그 당시에 지구에서 뭔가 중요한 일이 일어났음을 암시한다. 호상 철광층은 먼 옛날의 해저에 쌓였는데, 그 줄무늬는 그 당시 바다의 조건이 요동쳤다는 것을 말해준다. 물속에 녹아 있던 철 광물이 빠져나와 보슬비처럼 바닥에 쌓이는 시기가 정상적인 해양 진흙이 쌓이는 시기와 교대로 반복되었다. 하지만 흥미로운 것은 오늘날에는 철이 바닷물에 아주 미소한 농도로만 녹는다는 사실이다. 그렇다면 약 24억 년 전에 풍부하게 쌓인 이 모든 철은 어떻게 바닷물에 녹아 있었을까? 그 당시의 조건은 오늘날과 어떤 차이가 있었을까?

만약 호상 철광층이 생성된 시기로 시간 여행을 한다면, 정말로 이질적인 세계를 보게 될 것이다. 젊은 지구는 내부가 오늘날보다 훨씬 뜨거웠고, 이 때문에 화산 활동이 격렬하게 일어났다. 지구 전체를 덮고 있던 바다에는 호상 화산섬들과 이제 막 생겨나기 시작한 작은 대륙들이 드문드문 솟아 있었다. 태양에서 날아온 자외선 복사가 황량한 지표면 위에 사정없이 내리쬐었다. 하늘은 늘 누리끼리한 안개 같은 구름으로 뒤덮여 있었고, 대기는 질소와 이산화탄소로 가득 차 있었다. 그리고 중요한 사실이 있는데, 그 당시에는 산소가 없었다. 그래서 그 당시 지구 위에서 걸어 다니려면 우주복이 필요했을 것이다.

---

* 이보다 소규모인 두 번째 호상 철광층 생성은 약 18억 년 전에 일어났는데, 미네소타주와 온타리오주 사이에서 슈피리어호를 따라 뻗어 있는 건플린트 지층과 로브 지층을 만들었다.

오늘날 산소는 공기 중에서 약 5분의 1을 차지한다. 지구의 역사 중 처음 절반 동안은 대기와 바다에 산소 기체가 사실상 전혀 없었다. 현재 공기 중의 산소와 바닷물에 녹아 있는 산소는 생물이 만들어낸 것이다. 일부 생물은 햇빛 에너지를 이용해 이산화탄소를 유기 분자로 만드는 능력이 있는데, 그 과정에서 물을 쪼개 산소를 기체 노폐물로 배출한다. 이 생물학적 연금술을 광합성이라고 부르는데, 이 덕분에 세포는 놀라운 자급자족 능력을 발휘해 빛과 이산화탄소와 물에 녹아 있는 몇몇 영양 물질로부터 필요한 것을 모두 다 만들 수 있다.

이 광합성 능력이 발달하고 산소를 배출하는 종류의 세포를 남세균藍細菌, cyanobacteria이라 부른다. 햇빛을 이용하는 더 복잡한 생물―규조류, 조류藻類, 해초 그리고 육상의 모든 식물과 나무―은 약 10억 년 전의 중요한 진화 사건을 통해 이 능력을 물려받았다. 그것은 바로 조상 단세포 생물이 남세균을 자기 몸의 일부로 포함시킨 사건이었다. 지구 전체에 산소를 공급한 장본인은 바로 원시 바다에서 헤엄치면서 광합성을 통해 산소를 배기가스처럼 내뿜은 초기의 남세균이었다. 먼 옛날의 암석을 조사하는 지질학자들은 24억 2000만 년 전에 산소 농도가 처음으로 크게 증가한 증거를 발견하는데, 이 사건을 대산화 사건Great Oxidation Event(산소 대폭발 사건이라고도 함)이라고 부른다. 이때 증가한 산소 농도는 오늘날의 산소 농도에 비하면 몇 퍼센트 수준에 불과해 사람이 숨 쉬기에는 아직 턱없이 부족했지만, 대산화 사건은 지구의 화학과 생명의 발달에 아주 중요한 의미를 지닌 사건이었다. 사실,

대산화 사건은 지구의 역사에서 가장 중요한 혁명이었다.

대산화 사건 직후인 22억~23억 년 전에 지구 역사상 가장 길고 아마도 가장 극심한 빙하 시대가 시작된 것으로 보인다. 그 당시 태양은 오늘날보다 25% 정도 희미했기 때문에, 지표면의 물이 액체 상태로 남아 있을 만큼 따뜻한 기온을 유지하려면 상당히 큰 온실 효과가 필요했을 것이다. 먼 옛날의 대기에는 강한 온실가스인 메탄이 상당히 많이 포함되어 있었지만, 증가한 산소가 메탄과 반응하여 대기 중에서 메탄을 제거함으로써 지구를 따뜻하게 감싸고 있던 담요를 벗겨냈다.* 기온이 곤두박질치면서 전 세계적인 빙결이 일어났는데, 거의 모든 지표면이 두꺼운 얼음으로 뒤덮인 이 상태를 눈덩이 지구Snowball Earth라 부른다. 이렇게 온 세상이 하얗게 변한 상태가 1000만 년 동안 계속 이어지다가 지속적인 화산 활동으로 대기 중 이산화탄소 농도가 충분히 높아지자 해빙기가 시작되었다. 이렇게 지구를 극심한 빙하 시대에서 구출한 것은 화산 활동이었다. 대산화 사건 무렵에 살았던 많은 미생물은 반응성이 높은 산소 기체에 제대로 대응할 수 없었고, 결국 이 독가스 때문에 사라지고 말았다. 사실상 산소 대학살이라고 부를 만한 사건이었다. 생물들은 새로운 세계 질

---

* 대기 중에 산소가 쌓이기 이전에는 대기권 높은 곳에 모인 산소로부터 만들어져 해로운 태양 자외선을 차단해주는 오존층이 존재하지 않았다. 이 고에너지 자외선은 대기 중의 화학 반응들을 촉진해 작은 방울들로 된 탄화수소 화합물을 만들어 초기 지구를 스모그 같은 광화학적 연무로 뒤덮었을 것이다. 하지만 대기 중에 산소가 쌓이자 산소는 이 노르스름한 연무와 반응하면서 이 화합물을 대기 중에서 씻어냈고, 그러자 하늘이 파란색으로 맑아졌다.

서에서 살아남기 위해 이 독가스 속에서 살아남도록 진화하거나 (우리의 조상 세포가 그랬듯이, 산소의 반응성을 이용해 자신의 대사 과정에서 더 많은 에너지를 얻는 방법을 개발함으로써) 해저의 진흙이나 깊은 땅속처럼 산소가 침투하지 않는 서식지에서 살아가는 방법을 택해야 했다.*

하지만 동물과 식물처럼 더 복잡한 다세포 생물은 지표면을 파괴적인 자외선으로부터 보호해주는 오존층뿐만 아니라 산소에도 의존해 살아간다. 따라서 반응성이 높은 산소 기체에 중독되거나 산소가 없는 피난처로 숨어들어 살아가는 생물이 아주 많긴 했지만, 대산화 사건은 지구에서 모든 복잡한 생물이 살아갈 수 있는 기반을 닦았다. 대기 중 산소 농도는 약 6억 년 전에 마침내 오늘날과 비슷해져 동물이 출현할 무대가 마련되었다.

이것은 오늘날 세계 각지에서 우리가 채굴하는 호상 철광층이 생성된 이야기와 관련이 있다. 산화된 철은 물에 잘 녹지 않는다. 산소를 많이 함유한 오늘날의 바다에 철이 적게 포함돼 있는 이유는 이 때문이다. 하지만 환원철은 물에 아주 잘 녹는데, 그래서 대산화 사건이 일어나기 이전의 원시 지구 바다에는 물에 잘 녹는 환원철의 농도가 아주 높았다. 환원철은 해저 화산에서 나

---

* 훨씬 나중에 동물이 진화하자, 동물은 자신의 몸속에 새로운 무산소 피난처를 제공했다. 소 같은 반추 동물의 창자는 산소가 없어 원시 지구와 같은 환경의 작은 서식지를 제공한다. 그 덕분에 혐기성 미생물이 그곳에서 살아가면서 먼 옛날의 대사 작용을 통해 메탄을 만들어내는데, 소는 이 메탄을 입과 항문으로 내뿜는다.

오거나 육지에서 침식된 뒤 강물에 실려 바다로 흘러왔다. 대산화 사건 동안에 바다에서 크게 증식하던 남세균은 천천히 하지만 거침없이 표층수에 산소를 공급했다. 하지만 깊은 바닷속은 산소 결핍 상태로 남아 있었고, 따라서 철이 물속에 많이 포함돼 있었다(오늘날의 바다보다 약 2000배나 많이). 하지만 깊은 곳에 있던 바닷물이 위쪽의 얕은 대륙붕으로 올라올 때마다 산소와 섞이면서 철이 산화되었고, 더 이상 물에 녹아 있을 수 없게 된 철은 해저에 쌓여 호상 철광층을 만들었다. 이렇게 해서 지구는 녹슬어 갔다.

오늘날 채굴되거나 역사를 통해 지금까지 채굴된 철은 호상 철광층과 마찬가지로 사실상 전부 다 24억 2000만 년 전에 대산화 사건이 일어나고 나서 2억 년 이내에 만들어졌다. 오늘날의 파란 하늘, 우리가 들이마시는 생명의 공기, 수천 년 동안 문명의 도구를 제공한 철은 이렇게 서로 깊은 관련이 있다. 그리고 산소는 또 한 가지 이점이 있다. 산소는 우리에게 불을 이용할 수 있게 해준다.

전체 지구 역사 중 90%가 지날 때까지는 지구에 불이 없었다. 화산 분화가 일어나더라도, 대기 중에 산소가 충분하지 않아 연소가 지속되지 않았다.** 따라서 산소 농도 증가는 단지 복잡한 생물의 진화를 가능하게 했을 뿐만 아니라, 인류에게 불이라는 도구를 제공했다. 처음에 우리는 불을 밤의 추위를 피하고, 포식 동

** 들불이 일어났음을 시사하는 숯이 화석 기록에서 최초로 발견된 것은 약 4억 2000만 년 전으로, 대기 중 산소 농도가 처음으로 13%를 넘어선 시점이었다.

물을 물리치고, 음식을 조리하고, 땅을 개간하는 용도로 사용했다. 그다음에는 불의 뜨거운 열로 물질의 성질을 변화시키는 방법을 알아냈다. 점토를 구워 단단한 세라믹 도자기나 벽돌로 만들거나, 유리를 만들거나, 금속을 제련해 필요한 도구를 만드는 데에는 모두 불이 사용되었다. 오늘날에는 전기를 생산하거나 광범위한 산업 과정을 굴러가게 하는 데에도 쓰인다. 또, 우리는 엔진의 실린더에서 불이 일으키는 작은 폭발을 이용해 자동차를 달리게 한다. 오늘날 우리는 모닥불 주위에 옹기종기 모여 추위를 피했던 구석기 시대 조상들만큼이나 불에 크게 의존해 살아간다. 다만, 우리는 불을 현대 세계의 풍경에서 보이지 않는 곳으로 숨겼을 뿐이다.

호주머니 속의 주기율표

고대 세계에서는 청동 도구에 쓰인 구리와 아연, 강철 도구와 무기에 쓰인 철, 배관에 쓰인 납, 장식품과 보석과 돈으로 쓰인 금과 은 같은 귀금속을 비롯해 사회에서 전반적으로 사용된 금속이 몇 가지밖에 없었다. 이 금속들은 현대 세계에서도 중요하게 쓰이고 있고, 우리는 아직도 철기 시대에 살고 있다. 철, 특히 합금인 강철에 섞인 철은 산업화된 현대 문명에서 사용되는 모든 금속 중 약 95%를 차지한다. 다른 금속들도 여전히 중요하게 쓰이지만, 그 용도는 크게 변했다. 예컨대 구리는 처음에는 청동기 시대의 도구와 무기를 만드는 합금의 주요 성분으로 쓰였지만, 철의 제련법이 발전하고 성능이 훨씬 좋은 이 금속의 사용이 늘어나면서 중요도와 거래 가치가 크게 떨어졌다. 하지만 구리는 전류가 잘 통하는 금속 중에서 비교적 풍부하게 존재해 지난 200년 동안 현대 세계의 전기 배선을 제공함으로써 그 중요도가 다시 커졌다. 우리는 청동기 시대의 금속을 다시 사용하고 있지만, 역사를 통해 일어난 기술적 변화를 반영하여 구리의 다른 성질을 활용하고 있다.

우리는 또 새로운 금속들을 발견했고, 그것들을 이용하는 법도 알아냈다. 그중에서 가장 유명한 것은 알루미늄이다. 사실, 알루미늄은 지각에 가장 풍부하게 존재하는 금속(약 8%)이지만, 광석에서 알루미늄을 분리하기가 매우 어렵다. 19세기 말에 이르러서야 우리는 용융된 광석에 전기를 흐르게 함으로써 알루미늄을 값싸게 대량 생산하는 방법을 알아냈다. 그 후 알루미늄은 건축 재료와 음식 포장재로 광범위하게 사용되었다. 특히 알루미늄은 아주 가벼워서 제1차 세계 대전 때부터 항공 산업의 급성장에 힘입어 그 명성을 크게 떨쳤다. 하지만 현대 기술 사회에서 우리가 사용하는 금속의 가짓수가 정말로 크게 폭발한 일은 최근 수십 년 사이에 일어났다.

지금 여러분이 갖고 있는 금속의 종류는 몇 가지나 된다고 생각하는가? 서너 개? 10여 개? 손에 들고 다니는 전자 장비 하나에만도 60가지 이상의 금속이 들어 있다는 이야기를 들으면 깜짝 놀랄 것이다. 여기에는 구리와 니켈, 주석 같은 일반 금속뿐만 아니라 코발트, 인듐, 안티모니(안티몬)처럼 특별한 용도로 쓰이는 금속과 금, 은, 팔라듐 같은 귀금속이 포함된다. 각각의 금속은 특별한 전자공학적 성질 때문에 사용되거나 스피커와 진동 모터에 들어가는 작고 강력한 자석으로 쓰인다. 여러분이 갖고 있는 스마트폰에는 비금속 원소도 많이 들어 있는데, 플라스틱에는 탄소와 수소, 산소가, 난연재에는 브로민(브롬)이, 마이크로 칩 웨이퍼에는 규소(실리콘)가 들어 있다. 자연에 존재하는 안정한 원소(비방사성 원소) 83종 중 약 70종이 스마트폰 같은 일상적인 소비재를 만드는 데 쓰인다. 이것은 주기율표에서 이용할 수 있는 원소들 중 약 85%를 우리 호주머니 속에 넣고 다닌다는 뜻이다.

이렇게 다양한 종류의 금속을 사용하는 분야는 비단 전자공학뿐만이 아니다. 발전소 터빈이나 비행기 제트 엔진에 쓰이는 고성능 합금에는 열 가지 이상의 금속이 들어가고, 화학공업 분야(현대 의약품을 만드는 분야를 포함해)에서 반응을 촉진시키는 촉매에는 70가지 이상의 금속이 사용된다. 하지만 대부분의 사람들은 이 중요한 금속들(탄탈럼, 이트륨, 디스프로슘처럼 기이한 이름을 가진 원소들) 중 대다수는 들어본 적도 없을 것이다.

우리가 사용하는 금속의 종류는 이처럼 믿기 어려울 정도로 급팽창했다. 오늘날의 마이크로칩에 들어가는 금속의 종류는 60여 가지나 되지만, 1990년대만 해도 20여 가지에 불과했다. 예를 들어 인듐을 살펴보자. 1863년에 발견된 이 금속은 제2차 세계 대전 때 항공기 엔진의 베어링을 코팅해 부식을 막는 데 쓰였다. 하지만 인듐이 널리 쓰이기 시작한 것은 인듐-주석 산화물의 얇은 막을 스크린에 첨가하기 시작한 1990년대부터인데, 그 희귀한 성질(이 금속 산화물은 투명한 동시에 전도성이 있다)이 소중하게 쓰였기 때문이다. 오늘날 인듐은 평면 TV에서부터 랩톱 그리고 특히 스마트폰과 태블릿의 터치스크린에 이르기까지 온갖 제품에 사용된다. 이와 비슷하게 인듐보다 10여 년 뒤에 발견된 갈륨 역시 전자 시대가 도래할 때까지는 널리 쓰이지 않았다. 하지만 오늘날 갈륨은 집적 회로, 태양 전지판, 블루 LED, 블루레이 디스크의 레이저 다이오드 등에 쓰인다.

이 기묘한 이름을 가진 금속들은 대부분 희토류 금속이나 백금족 금속 중 한 집단에 속한다. 같은 집단에 속한 금속들은 화학적으로 서로 아주 비슷하다. 그래서 같은 광물 속에 함께 들어 있어 분리 과정에서 동시에 추출될 때가 많다. 이 20여 종의 금속은 현대 기술 시대를 정의하는 원소들이라고 말할 수 있는데, 이 중 80% 이상은 1980년 이후에야 널리 활용되기 시작했기 때문이다. 이 금속들이 현재의 기술 시대에서 핵심 요소라면, 현재의 탄소 경제에서 탈피하게 될 미래에는 더욱 중요하게 쓰일 것이다. 이 금속들은 풍력 터빈 발전기와 전기 자동차 모터, 고성능 충전지에 필요한 작지만 강력한 자석을 제공할 것이다.

17종의 희토류 금속은 주기율표에서 여섯째 줄에 있는 '란타넘족' 원소들과 화학적 성질이 이와 비슷한 원소인 스칸듐과 이트륨으로 이루어져 있다. 하지만 희토류라는 이름은 잘못 지어진 이름인데, 이 원소들은 실제로는 지각의 암석 속에 그렇게 희귀하게 존재하지 않기 때문이다(단, 지각 전체에 겨우 5kg밖에 들어 있지 않은 방사성 원소 프로메튬을 제외한다면). 예컨대 란타넘(란탄)은 거의 구리와 니켈만큼 풍부하며, 납보다 세 배나 많이 존재한다. 그리고 모든 희토류 금속은 금보다 적어도 200배나 더 많이 존재한다.

문제는 희토류 금속들이 전체적으로 지각에 얼마나 많이 존재하느냐가 아니라, 그것들을 추출하는 데 따르는 어려움이다. 희토류 금속들은 화학적으로 서로 비슷해 같은 종류의 광물에 함께 섞여 산출되기 때문에 각각을 순수한 금속으로 분리하기가 아주 어렵다. 더 성가신 문제는 암석 속에 들어 있는 각 금속의 최대 농도이다. 많은 금속들은 특정 지질학적 과정을 통해 풍부한 광석으로 농축되어 호상 철광층이나 세로리코(볼리비아에 있는 남아메리카의 최대 은광)의 두꺼운 은 매장층 같은 형태로 산출된다. 하지만 희토류 금속은 화학적 성질 때문에 고품질 광석으로 농축되지 못하고, 대신에 암석들 사이에 낮은 농도로 희박하게 흩어져 있다. 따라서 희토류 금속을 채굴하는 것은 대체로 경제성이 낮은데, 금속의 가치에 비해 추출하는 비용이 너무 많이 들기 때문이다. 따라서 전 세계에서 희토류 금속을 경제성 있게 채굴할 수 있는 지역은 제한되어 있다. 오늘날 희토류 금속은 인도와 남아프리카 공화국에서 적은 양이 채굴되고 있지만, 1990년대 이후부터는 전 세계 생산량 중 대부분이 중국에서 채굴되고 있다.

백금족 금속 여섯 가지―로듐, 루테늄, 팔라듐, 오스뮴, 이리듐, 백금—는 주기율표 한가운데에 모여 있는데, 희토류 금속처럼 이들도 화학적으로 비슷해 동일한 광상에서 함께 산출되는 경향이 있다. 하지만 희토류 금속과 달리 백금족 금속은 귀금속이다. 이것들은 지각에서 안정한 원소들 중에서 가장 희귀하다(몇몇은 구리보다 수백만 배나 더 적게 존재한다). 백금은 백금족 금속 중에서는 비교적 많이 존재하지만, 전 세계에서 생산되는 양은 연간 수백 톤에 불과하다. 이에 비해 알루미늄은 5800만 톤, 선철이 10억 톤 이상 생산된다. 지각에 특별히 희귀하게 존재하는 원소인 이리듐의 지각 내 농도는 1ppb이다. 즉, 지각의 암석 1000톤 속에 겨우 1g 정도만 들어 있다. 다른 백금족 금속들(그리고 금)과 마찬가지로 이리듐은 친철성 원소여서 철이 아래로 가라앉으면서 지구의 핵을 만들 때 원시 지구에 존재했던 이리듐은 사실상 전부 다 깊은 지구 내부로 끌려갔다.*

백금족 금속은 귀금속이라고도 부르는데, 심지어 높은 온도에서도 화학적 공격과 부식을 잘 견뎌내기 때문이다. 희귀하면서 반응성이 없는 백금은 보석으로서 아주 매력적인 물질인데, 그래서 이 귀금속은 매년 생산되는 양 중 약 3분의 1이 우리 몸을

---

* 하지만 이리듐은 소행성 표면에는 1000배 이상의 농도로 존재하는데, 소행성은 크기가 너무 작아서 철핵과 맨틀과 지각으로 분리되는 과정이 일어나지 않았기 때문이다. 세계 각지의 얇은 점토층에서 이리듐이 높은 농도로 발견되는데, 이 점토층이 생성된 시기는 백악기와 팔레오세 사이의 경계에 해당한다. 그래서 이리듐을 풍부하게 포함한 이 지층은 공룡이 사라진 대멸종 시기인 6600만 년 전에 소행성이나 혜성이 지구에 충돌했다는 가설을 강하게 뒷받침하는 증거로 간주된다.

장식하는 용도로 쓰인다.* 하지만 금(오늘날 주로 보석이나 부의 보존 수단으로 쓰이고, 약 10%만 산업 용도로 쓰이는데, 주로 전기 접점 재료로 쓰인다) 같은 다른 귀금속과 달리 백금족 금속은 아주 다양한 용도로 쓰인다. 터빈 엔진에서부터 점화 플러그, 컴퓨터 회로와 하드 드라이브, 심장 박동 조율기의 전기 접점에 이르기까지 아주 다양한 곳에 활용되고 있다.

백금 자체는 대부분 배기가스에서 해로운 배출물을 줄이는 촉매 변환기와 화학공업 분야에서 촉매로 쓰인다. 백금 촉매는 석유를 정제하고 의약품과 항생제와 비타민을 만드는 데뿐만 아니라, 플라스틱과 합성 고무를 만드는 데에도 쓰인다. 하지만 아마도 가장 중요하게 쓰이는 분야는 농업일 것이다. 백금은 인공 비료를 만드는 화학 과정(공기 중에서 질소를 효율적으로 추출하는 과정)에 촉매로 쓰인다. 오늘날 전 세계 인구의 약 절반이 이 금속 덕분에 굶주리지 않고 살아가는 것으로 추정된다.

백금족 금속은 아주 희귀하기 때문에, 이 원소들이 평균보다 상당히 높은 농도로 포함되어 있는 암석에서만 채굴할 수 있다. 따라서 특이한 지질학적 과정이 일어난 장소에서만 산출된다. 백금족 원소는 특정 구리와 니켈 광석 속에 높은 농도로 존재할 수 있는데, 그래서 일부 백금족 금속은 산업적으로 중요한 이 금속들을

---

* 백금을 뜻하는 영어 단어 플래티넘(platinum)은 '작은 은'이라는 뜻의 에스파냐어에서 유래했다. 백금은 콜럼버스 이전의 남아메리카 원주민 사이에서 오래전부터 장신구로 사용돼왔는데(백금은 에콰도르와 콜롬비아의 강바닥 모래 사이에서 발견된다), 한 에스파냐군 지휘관이 처음으로 유럽으로 가지고 왔다.

채굴하는 과정에서 부산물로 얻을 수 있다. 주요 산출 장소로는 페름기 말인 2억 5000만 년 전에 시베리아 트랩의 분화로 생긴 광상이 채굴되고 있는 러시아 노릴스크 부근의 광산들과 캐나다의 서드베리 분지가 있다. 서드베리 분지는 지구에서 가장 크고 가장 오래된 충돌 크레이터 중 하나이다. 이 크레이터는 원래는 폭이 250km나 되었고, 18억 5000만 년 전에 지름 10km가 넘는 소행성이 충돌해 생겼다. 지상에 뚫린 이 거대한 구멍에 구리와 니켈, 금, 백금족 금속을 포함한 마그마가 흘러들었고, 마그마가 식어 결정으로 변하면서 풍부한 광석들이 생겨났다. 하지만 세상에서 가장 풍부한 백금족 금속 산지는 남아프리카 공화국에 있다. 전 세계의 백금족 금속 매장량 중 약 95%가 이곳 부시펠트 복합암체에 묻혀 있다.

부시펠트 복합암체는 세상에서 금속이 가장 풍부하게 매장된 장소 중 하나이다. 이 거대한 받침접시 모양의 화성암 덩어리는 가로와 세로가 각각 450km와 350km이고, 두께는 장소에 따라 최대 9km에 이른다. 부시펠트 복합암체는 약 20억 년 전(호상 철광층이 전 세계의 바다에 퇴적되고 나서 얼마 지나지 않았을 때)에 엄청난 양의 마그마가 지표면에서 수 킬로미터 이내까지 관입한 뒤 땅속에서 천천히 식으면서 생겼다. 마그마가 식을 때, 광물들이 종류에 따라 분리되면서 굳어 거대한 레이어 케이크 같은 모양이 되었다. 이 층들 중 하나에 백금족 금속들이 약 10ppm의 농도로 농축되었는데, 이것은 대부분의 암석에 포함된 것보다 상당히 높은 농도이긴 하지만, 광석 1톤을 채굴해서 얻을 수 있는 백금과 팔라듐은 겨우 5g에 지나지 않는다. 희귀한 백금족 금속을 약 1000배나 농축시킨 특별한 지질학적 조건이 정확하게 무엇이었는지는 알 수 없지만, 20억 년이 지난 뒤 오늘날 우리가 사용하는 백금족 금속 중 대부분은 바로 이 얇은 층에서 나온다.

역사적으로 금속은 기계적 강도 때문에 도구와 무기를 만드는 데 사용되었다. 오늘날에도 금속은 건설 분야에서 광범위하게 사용되고 있고, 고성능 합금은 발전과 운송, 산업에서 중요하게 쓰인다. 그 밖에도 놀랍도록 다양한 금속이 화학 반응을 촉진하는 촉매로서의 성질과 현대적 장비에 필요한 전자적 특성 때문에 널리 쓰이고 있다. 구리나 철 같은 오래된 금속과 비교할 때 현대 세계를 굴러가게 하는 이 원소들 중 많은 것은 세계 각지에서 쉽게 찾기가 어려우며, 특이한 지질학적 조건을 갖춘 극히 일부 장소에서만 산출된다. 사실, 이 절에서 살펴본 금속들 중 몇몇은 현재 주기율표에서 '멸종 위기에 처한 원소'로 간주된다.

멸종 위기에 처한 원소

산업화 세계의 자원 수요를 충족시키려는 노력에서 한 가지 큰 고민거리는 기술적으로 가장 중요한 금속들 중 몇 가지를 미래에도 계속 공급할 수 있느냐 하는 것이다. 멸종 위기에 처한 원소에는 백금족 금속 일부와 희토류 금속 몇 가지 그리고 충전용 배터리에 사용되는 가장 가벼운 금속 원소 리튬이 포함된다. 인듐과 갈륨도 가까운 장래에 심각한 멸종 위기에 처할 원소들에 포함되어 있다.*

문제는 이 원소들이 완전히 고갈되는 것이 아니라, 증가하는 수요를 공급이 따라잡지 못하는 데 있다. 예를 들어 희토류 금속을 살펴보자. 전 세계가 중국의 희토류 금속 생산(현재 전 세계 수요의 95%를 공급)에 크게 의존하게 되면서 중국의 공급이 날로 증가하는 수요를 계속 충족시킬 수 있을까 하는 염려가 커졌다. 많은 경우 정확하게 똑같은 기능을 하는 대체 금속이 현재로서는 없다는 사실이 이러한 염려를 더욱 증폭시켰다. 희토류 금속 가격은 2010년에 중국이 자국 내 수요와 환경 문제를 핑계로 수출량을 40% 줄이겠다고 선언한 직후에 급등했다. 비록 그 후에 중국이 수출 제한 조치를 완화하긴 했지만, 현대 기술에 매우 중요한 이 원소들의 지속적 공급에 대한 우려는 여전히 남아 있다.

---

* 헬륨은 금속이 아니지만, 역시 심각한 멸종 위기에 처한 원소로 꼽는다. 헬륨은 풍선을 부풀리는 데 쓰일 뿐만 아니라, 극저온 액체 헬륨은 병원의 MRI 스캐너나 세계 각지의 과학 연구실에서 초전도 자석을 냉각시키는 데 쓰인다. 헬륨은 우주에서 두 번째로 풍부한 원소이지만, 아주 가벼운 원소여서 그 원자들이 지구 대기권에서 우주 공간으로 쉽게 빠져나간다(반면에 목성과 토성 같은 거대 기체 행성은 중력이 아주 강해 상당량의 헬륨이 대기 중에 머물러 있다). 지구에서 헬륨은 땅속 깊은 곳에서 만들어진다. 우라늄 같은 방사성 원소가 붕괴할 때 알파 입자라는 일종의 방사선이 방출되는데, 알파 입자는 헬륨의 원자핵이다. 이렇게 방출된 헬륨은 천연가스(9장에서 보게 되겠지만, 석유와 동일한 과정을 통해 만들어진다)와 동일한 지질학적 조건에 의해 땅속에 갇혀 있는데, 그래서 상업적으로 생산하는 헬륨 중 대부분은 천연가스 생산 과정에서 추출한다. 따라서 깊은 땅속에서 채굴하는 헬륨 기체뿐만 아니라 생일 파티 때 떠다니는 풍선은 한때 아주 빠르게 움직인 방사선 입자였던 원자들로 채워져 있다.

공급 제한이 가격 상승을 야기할 때 흔히 일어나는 일이지만, 이것은 대체 자원 개발에 대한 경제적 동기를 부여했고, 그 여파로 오스트레일리아, 브라질, 미국에서 새로운 광산이 개발되고 정제 시설이 들어서고 있다. 하지만 이런 생산 설비들이 완전히 가동되더라도, 중국은 여전히 희토류 중에서도 가장 희귀하고 가치 있는 무거운 희토류 금속 생산에서 지배적 위치를 계속 유지할 것이다.

그런데 이보다 훨씬 놀라운 해결책이 검토되고 있다. 스마트폰 터치스크린에 들어가는 인듐처럼 현대 전자공학에 쓰이는 일부 희귀한 금속은 아주 얇은 막으로 사용되거나 다른 금속에 극소량 섞어서 사용되는데, 이 때문에 전자 장비가 수명을 다한 뒤에 희귀한 금속을 회수해서 재활용하기가 어렵다. 하지만 많은 금속은 약간의 노력만으로 충분히 회수할 수 있다. 우리는 못 쓰게 된 장비들을 수십 년 동안 그냥 버려왔기 때문에, 이제 많은 매립지에는 이 소중한 금속들의 광맥이 숨어 있다. 이 상황은 매립지 채굴이라는 흥미로운 가능성을 제기한다. 쓰레기를 뒤져 그 속에 매장된 보물을 캐내는 것이다. 예를 들면, 브뤼셀에서 동쪽으로 100km 지점에 있는 매립지의 한 시험 장소에서는 건축 재료를 회수하고 쓰레기를 연료로 사용하려고 하는데, 그와 동시에 소중한 금속을 분류하고 회수하는 노력도 기울이고 있다. 매립지 채굴은 영국에서도 곧 시작될지 모른다. 시험 대상이 된 네 곳은 알루미늄과 구리, 리튬이 상당량 묻혀 있는 것으로 드러났다. 하지만 전망이 특별히 밝은 곳은 일본의 첨단 기술 제품 매립지이다. 계산에 따르면, 이곳에 매립된 쓰레기에는 금, 은, 인듐이 전 세계 연간 소비량의 세 배가 포함되어 있으며, 백금은 어쩌면 여섯 배나 포함돼 있을지 모른다. 사실, 분해한 휴대 전화 물질로 이루어진 그런 인공 광석에는 금이 실제 금광에서 발견되는 광석보다 30배나 높은 농도로 들어 있을 수 있다.*

이 장에서는 청동기 시대에서 시작해 첨단 기술 금속이 사용되는 현대 세계까지 오면서 역동적인 지구의 특별한 지질학적 조건이 어떻게 우리에게 문명의 도구를 만드는 원재료를 제공했는지 살펴보았다. 하지만 금과 은 같은 귀금속은 역사를 통해 교환 수단으로도 쓰였다. 금과 은은 동전으로 주조되어 서로 다른 문화들 사이의 상업과 교역을 촉진하는 데 큰 역할을 했다. 인류 역사에서 초기의 가장 긴 육상 교역로 네트워크는 유라시아를 가로지르면서 중국과 지중해를 연결했다. 그 길은 실크 로드^{Silk Road}, 곧 비단길이라 부른다.

---

* 특별히 흥미로운 또 하나의 제안은 천연 암석에서 얻는 백금족 금속의 공급을 보충하는 방법이다. 백금족 금속 중에서 가벼운 원소들―루테늄, 로듐, 팔라듐―은 원자로에서 우라늄 핵분열이 일어날 때 부산물로 상당량 생성되는데, 폐연료봉에서 경제성 있게 추출할 수 있다. 이것은 현실적인 연금술(한 원소를 다른 원소로 변환하는)에 해당하는데, 이 연금술은 철학자의 돌을 발견하는 대신에 과거의 연금술사들이 이해할 수 있는 범위를 벗어나는 수단(원자의 종류를 바꾸는 핵분열 반응)을 사용한다.

제 7 장

·

기후가 만들어낸
실크로드의 지도

대서양에서 태평양까지 무려 1만 2000km나 뻗어 있는 유라시아 대륙은 전체 육지 면적 중 3분의 1 이상을 차지하며, 역사를 통해 가장 수준 높은 문명들이 많이 일어난 곳이다. 여러 문화에서 바퀴를 이용한 운송, 제철, 대양 교역로, 산업화가 발달한 곳도 유라시아였다. 역사를 통해 이 거대한 땅덩어리를 정의할 수 있는 특징이 두 가지 있다. 하나는 대륙의 양 끝을 잇는 장거리 교역로이고, 또 하나는 반복적으로 보금자리인 대륙 내부 지역에서 박차고 나와 대륙 가장자리에서 성장하던 문명들에 도전한 유목 민족들이다. 이러한 특징들을 만들어낸 것은 기후대라는 지구의 기본적인 특성과 각 기후대 내부의 환경이었다.

동서 횡단 고속도로

중앙유라시아를 지나가는 장거리 육상 교역로는 중앙아시아의 옥을 원하는 중국의 수요와 아프가니스탄의 청금석을 원하는 메소포타미아의 수요를 만족시키기 위해 기원전 1밀레니엄 무렵에 생겨났다. 하지만 1세기 무렵부터 이 장거리 교역은 극적으로 확대되었다. 그 무렵에 넓은 유라시아 대륙의 양 반대편에서 두 강대국이 부상했다. 동쪽에서는 중국의 한漢 왕조가, 서쪽에서는 로마 제국이 세력을 크게 떨쳤다.

중국에서는 웨이허강과 황허강 하류 유역에서 문명이 발달하기 시작해 더 남쪽의 양쯔강 유역으로 퍼져갔다. 거대한 황허강과 양쯔강 사이의 이 평원은 중국의 심장부를 이루고 있다. 더 건조한 북쪽에서는 밀과 기장이 재배되었고, 남쪽의 더 습한 기후대에서는 쌀이 재배되었는데 일 년에 두 번 수확할 수 있었다. 이집트의 농경지는 매년 나일강의 범람 덕분에 활력을 되찾았지만, 중국의 농부들은 비옥한 토양을 한꺼번에 물려받았다. 두꺼운 황토 토양은 빙기가 반복된 지난 260만 년 후퇴하는 빙하와 사막 지역에서 바람에 실려온 먼지를 통해 형성되었다. 이 비옥한 토양의 두께는 장소에 따라 100m에 이르면서 인상적인 고원을 형성하고 있지만, 강물에 침식되고 퇴적되어 충적 평야를 이루기도 한다. 황토는 광물질이 풍부하고 다공질이며 특유의 누런색을 띠고 있다. 사실, 황허강은 강물에 실려 오는 누런 황토 침전물 때문에 붙은 이름이다.*

현대 중국의 이 농업 중심 지역은 250여 년에 걸친 전국 시대의 전란 끝에 진나라(중국의 영어명 차이나China는 바로 진나라에서 유래했다)에 의해 기원전 221년에 통일되었다. 이집트와 마찬가지로 중국도 자연적 경계 덕분에 정치적 통일을 그렇게 일찍 이룰

---

* 황토 토양은 전체 지표면 중 10% 정도에 불과하지만, 세상에서 농업 생산성이 가장 높은 땅들 중 일부가 이곳에 있다. 중국의 두꺼운 황토 고원과 함께 중앙아시아의 스텝 지역에도 넓은 띠를 이루어 황토 토양이 뻗어 있다. 또, 북유럽에도 곳곳에 이 비옥한 황토 토양이 있다.

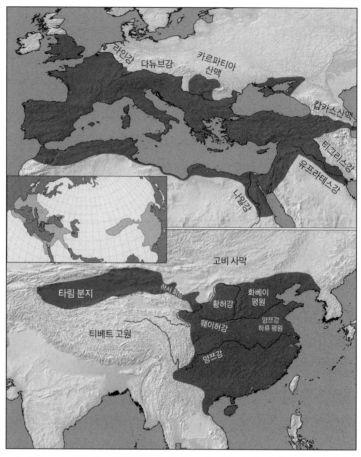

2세기의 로마 제국 영토(맨 위쪽)와 한 제국 영토(아래쪽) 경계는 자연 지형에 의해 결정되었다.

수 있었고, 외적의 침입으로부터 보호받을 수 있었다. 동쪽에는 태평양에 면한 해안선이 뻗어 있고, 서쪽에는 살기 힘든 고지대인 티베트고원과 히말라야산맥이 우뚝 솟아 있으며, 남쪽에는 울창한 밀림이 뻗어 있다. 주요 약점은 북쪽 국경이었는데, 산맥 같은 두드러진 지형적 특징이 없이 비옥한 평야에서 고비사막까지 그리고 거기에서 중앙아시아의 건조한 초원 지대까지 생태학적 변화가 점진적으로 일어나는 환경이 펼쳐져 있었다. 100년경에 한나라가 지배하던 중국 제국은 북쪽으로는 고비사막과 한반도까지 영토를 확장했다. 서쪽으로도 하서 주랑河西走廊을 지나는 자연 지형의 윤곽을 따라 기다란 팔처럼 영토를 확장했는데, 중앙아시아를 지나는 교역로를 보호하기 위해 티베트고원과 고비사막 사이에 점점이 널려 있는 오아시스들을 지나 타클라마칸사막을 품고 있는 타림 분지까지 진출했다.

로마 제국의 확장 역시 자연적 경계에 큰 영향을 받았다. 영토가 최대로 확장된 117년에 로마 제국은 이탈리아반도 중간에 위치한 작은 도시에서 그 당시 세계 인구의 약 5분의 1을 포함한 대제국으로 성장했다. 이 최성기 시절에 로마 제국의 영토는 지중해(로마인은 지중해를 '마레 노스트룸mare nostrum', 곧 '우리 바다'라고 불렀다)를 완전히 빙 둘러싸고 있었는데, 그 국경선은 자연 지형의 특징을 따라 뻗어 있었다. 그 영토는 서쪽으로는 이베리아반도와 갈리아의 대서양 해안까지 그리고 더 위로 올라가 가랑비가 자주 내리는 영국까지 뻗어 있었다. 북쪽 국경선은 유럽 평원을 구불구불 지나가는 라인강과 다뉴브강을 따라 뻗어 있었다. 그리고 계속해서 카르파티아산맥을 따라 동쪽으로 흑해 연안까지 이르렀다가 다시 캅카스산맥을 따라 죽 뻗어갔다. 그리고 아래로 메소포타미아를 지나 팔레스타인 해안선을 따라 내려간 뒤, 나일강을 따라 계속 가다가 마지막으로 사람이 살기 힘든 사막 땅이 나올 때까지 북아프리카 해안선을 따라 죽 뻗어 있었다.*

2세기 초에 로마 제국과 한 제국은 공통점이 많았다. 둘 다 인구가 약 5000만 명으로 비슷했고, 영토 면적도 400만~500만 km²로 엇비슷했다. 로마 제국의 중심지는 내해인 지중해 가장자리에 위치해 운송과 교역이 편리했던 반면, 중국 중심부는 거대한 황허강과 양쯔강이 물을 공급하는 평원 지역에 뻗어 있었다. 로마인은 육상 운송을 위해 도로를 건설했고, 중국은 운하를 더 많이 건설했으며, 두 문명 모두 외적의 침입을 막으려고 요새화된 성벽을 건설했다.

두 제국의 영토가 최대로 확장된 이 시기에 로마 제국과 한 제국의 영토를 합치면, 그 폭이 대서양과 동중국해 사이에 있는 전

---

* 로마 제국의 이 광대한 영토는 역사를 통해 오랫동안 큰 영향력을 미쳤는데, 지금도 그 흔적이 현대 유럽의 세 가지 기독교 신앙—가톨릭, 프로테스탄트, 그리스 정교회(동방 정교회)—의 지리적 분포에 분명하게 남아 있다. 1054년에 동서 교회의 분열(교회의 대분열이라고도 함)로 기독교는 교황이 이끄는 로마 가톨릭과 콘스탄티노플의 총대주교가 이끄는 그리스 정교회로 갈라졌다. 두 번째 큰 분열은 16세기에 독일(로마 제국의 경계 밖에 있던 땅)에서 시작된 종교 개혁의 결과로 로마 가톨릭에서 프로테스탄트가 갈라져 나온 사건이다. 이렇게 세 부분으로 쪼개진 유럽의 분열에서 그 경계선은 대체로 주요 단층선 2개와 일치한다. 로마 가톨릭과 그리스 정교회를 나누는 첫 번째 경계선은 남쪽으로 헝가리 평원을 지나가는 다뉴브강을 따라 뻗어 있는데, 동로마 제국과 서로마 제국의 영향권을 나누는 이 옛날 경계선은 두 제국의 수도인 로마와 콘스탄티노플에서 거의 같은 거리에 있었다. 두 번째 경계선은 라인강을 따라 뻗어 있던 로마 제국의 오랜 국경선을 지나가다가 라틴 문명과 게르만족 문명 사이의 경계선을 지나가면서 로마 제국의 옛 경계선 너머에 위치한 프로테스탄트 지역을 갈라놓았다. 대략적으로 세 기독교 지역은 옛날 제국의 경계선을 따라 나누어졌으며, 이 경계선은 자연 지형이 만들어낸 자연적 경계로 정해졌다.

체 유라시아 대륙의 4분의 3에 이르렀다. 그리고 두 제국은 귀중한 한 가지 상품의 교역을 통해 만나게 되는데, 그 상품은 바로 실크, 곧 비단이었다.

중국은 북방의 공격적인 흉노족을 달래기 위해 또는 그들의 말을 사기 위해 비단을 사용했고, 또 이미 페르시아와 비단을 교역했다. 그런데 이제 더 먼 곳에 있던 로마 제국이 열정적인 새 시장이 되었는데, 그곳 엘리트 계층은 동양에서 온 이 아름다운 직물을 매우 귀중하게 여겼다. 중국의 비단은 처음에는 육로로 이동한 대상隊商을 통해 동지중해 지역에 전해졌지만, 4장에서 보았던 해상 교역로를 통해서도 교역이 일어났다. 즉, 선박으로 인도양을 건너 홍해를 따라 올라간 뒤, 낙타에 짐을 싣고 사막을 건너 나일강으로 가 거기에서 배에 짐을 싣고 알렉산드리아로 갔다.**

로마 제국과 한 제국의 축을 따라 일어난 교역은 한 제국이 망하기(220년에) 전 그리고 로마 제국이 서서히 쇠퇴하기 전인 2세기 초에 절정에 이르렀다. 하지만 동양과 서양 사이의 교역은 수

** 비단이 이렇게 서로 대조적인 두 가지 경로를 통해 전해지자, 로마인은 비단이 서로 다른 두 곳에서 온다고 믿었다. 육로로 통해 오는 비단은 세레스(Seres, '중국'을 가리키는 고대 그리스어 단어. 원뜻은 '비단의 땅'이라는 의미)에서 온다고 믿었고, 바다를 건너서 오는 비단은 시나에(Sinae, 역시 '중국'을 가리키는 라틴어. China와 마찬가지로 '진'나라에서 유래한 이름으로 보인다)에서 온다고 믿었다. 로마인은 비단을 짜는 명주실이 어떻게 만들어지는지도 잘 몰랐는데, 숲에 자라는 잎에서 채취한다고 생각했다. 이것은 아마도 누에가 뽕잎을 먹고 자란다는 사실에서 유래한 오해였을 것이다. 한나라 사람들도 인도에서 들어온 목화의 원천에 대해 이와 비슷한 오해를 했는데, '물양의 몸에서 빗겨낸 털'이라고 믿었다. 목화가 오크라(아욱과 식물)와 코코아와 관련이 있는 식물의 씨를 감싼 섬유라는 사실은 꿈에도 몰랐다.

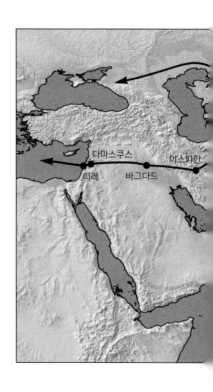

유라시아를 관통하는 실크 로드의 주요 육상
교역로와 교역 집산지

백 년 이상 계속 이어졌다. 오늘날 우리는 유라시아의 양 끝을 잇
는 이 장거리 교역로를 실크 로드(비단길)라고 부른다. 하지만 이
이름은 잘못 지어진 것이다. 교역로는 단 한 갈래 길만 있었던 게
아니라, 도시들과 오아시스 마을들과 교역 집산지들을 연결하는
광범위한 경로들의 망으로 이루어져 있었다. 운송과 교역이 일
어난 경로들은 거미줄처럼 중앙아시아에 뻗어 있었다. 그리고
우리는 실크 로드를 중국과 지중해의 양 끝 사이를 잇는 대륙 횡
단 연결로로 상상하는 경향이 있지만, 인도 북부와 아라비아로
뻗어 있는 경로들과 함께 그 중간 지점들 사이의 교역도 이에 못
지않게 중요했다.

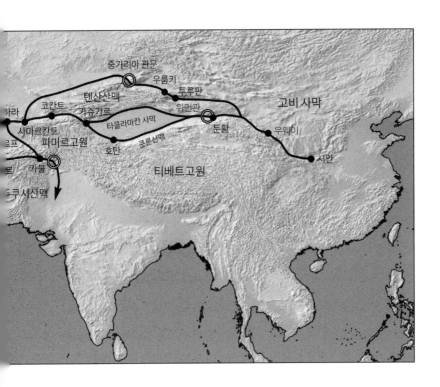

실크 로드의 역사는 지구의 지형이 우리의 이동과 생활 방식
과 교역을 결정하고 안내하는 데 얼마나 큰 영향력을 미쳤는지
잘 보여준다. 실크 로드는 중국 북부 평원(화베이 평원)에서 출발
하여 우뚝 솟은 티베트고원과 고비 사막 사이를 지나가는 1000여
km의 통로인 하서 주랑을 지나간다. 오아시스 도시 둔황과 만리
장성의 위먼관(옥문관玉門關)을 지난 뒤 타림 분지 입구에 도달하
면, 혹독한 환경의 타클라마칸 사막이 이 분지에 펼쳐져 있다. 여
기에서 실크 로드의 한 갈래는 텐산산맥 기슭을 따라 북쪽으로
나아가고, 또 한 갈래는 티베트고원과 만나는 사막의 남쪽 가장
자리를 따라 나아간다. 두 경로는 카슈가르에서 다시 합쳐진 뒤,

텐산산맥을 지나 서쪽으로 가거나 파미르고원을 지나 남쪽으로 간다. 이것 외에 우룸키와 텐산산맥 북쪽을 지나가는 경로가 하나 더 있는데, 중가리아(준가얼 분지) 관문을 이용해 산맥을 지나간다.

타클라마칸 사막과 텐산산맥을 고생 끝에 지난 뒤, 실크 로드는 골짜기들을 따라 나아가다가 중앙아시아(오늘날의 우즈베키스탄, 투르크메니스탄, 아프가니스탄)의 사막들을 지나가면서 오아시스들과 사마르칸트, 부하라, 메르프, 헤라트 같은 중간 기착지들을 경유한다. 대상 교역망의 남쪽 갈래는 남쪽으로 카불로 향했다가 거기서 카이베르 고개를 넘어 서히말라야산맥에 이어진 힌두쿠시산맥을 지나 인더스강 유역으로 내려간다. 실크 로드는 계속 서쪽으로 나아가면서 카스피해 남쪽으로 페르시아를 지나며 바그다드와 이스파한 같은 큰 교역 집산지들을 연결한다. 그리고 마침내 다마스쿠스와 동지중해 항구들에 도착한다. 혹은 북쪽의 흑해 쪽으로 나아가 거기서 상품을 배에 싣고 유럽으로 갔다.

이 아시아 횡단 교역망의 정확한 교점들은 새로 들어서는 제국들이 자신들이 선호하는 도시들을 지나가도록 교역로를 바꿈에 따라 역사를 통해 변화가 일어났지만, 이 전체적인 윤곽은 우리가 '실크 로드'라고 부르게 된 광대한 거미줄이 어떤 모습이었는지 감을 잡는 데 큰 도움을 준다. 그리고 아시아를 가로지르는 이 거대한 동서 커뮤니케이션 네트워크 중 상당 부분은 한 특정 기후대를 지나갔는데, 그것은 바로 사막이다.

실크 로드의 특별한 환경은 여행에 나선 상인들의 머리 위 높은 곳에서 보이지 않게 작용하는 대기의 움직임에 큰 영향을 받았다. 뜨거운 태양열에 의한 증발과 상승 기류 때문에 비가 많이 내리는 적도 부근에는 울창한 열대 우림이 아마존 분지에서 시작해 동인도 제도, 중앙아프리카와 서아프리카에 걸쳐 뻗어 있다(1장에서 보았듯이, 동아프리카에 원래 있던 우림은 판의 활동으로 동아프리카 지구대가 융기하면서 건조한 사바나로 대체되었다). 하지만 이 공기가 높은 고도까지 올라가 이동하다가 다시 지표면으로 내려올 때쯤이면(적도에서 남북으로 30°쯤 떨어진 지점에서) 매우 건조한 공기로 변한다. 그래서 이곳에 지구에서 가장 건조한 지역들이 생겨난다. 남반구에서는 이 건조한 지역들의 띠에 오스트레일리아의 그레이트샌디 사막, 남아프리카의 칼라하리 사막, 남아메리카의 파타고니아 사막이 포함되어 있다. 북반구에도 이와 거울상처럼 비슷한 띠가 뻗어 있는데, 아메리카의 모하비 사막과 소노라 사막, 사하라 사막, 아라비아반도, 인도 북서부의 타르 사막이 이곳에 있다.

하지만 동남아시아에서는 이 패턴이 조금 더 복잡하게 나타난다. 이곳에서는 몬순 시스템과 그에 따른 많은 계절적 강수량 때문에 일반적인 사막의 띠 패턴이 적용되지 않는다. 8장에서 티베트고원과 히말라야산맥이 어떻게 인도 지역에서 몬순을 강화하는 작용을 하는지 보게 될 테지만, 이 높은 산맥들과 이 산맥들에서 파생한 파미르고원, 쿤룬산맥, 톈산산맥 같은 고지대는 인도양과 태평양에서 몰려오는 습기 찬 공기를 막아 중앙아시아로 들어가지 못하게 한다. 고비 사막과 타클라마칸 사막처럼 실크 로드가 극복해야 했던 많은 사막은 비그늘(산맥이 습한 바람을 막아 바람이 불어오는 방향의 반대편 경사면에 비가 내리지 않는 지역) 효과 때문에 생겨났고, 그 결과로 아시아에서 사막의 띠는 다른 대륙들보다 적도에서 훨씬 더 먼 곳까지 뻗어 있다. 일부 사막에는 이동하는 모래 언덕이 많지만(타클라마칸 사막은 모래가 이동하는 사막 중 아라비아반도 남부 지역 대부분을 차지하는 루브알칼리 사막 다음으로 세상에서 두 번째로 큰 사막이다), 많은 사막은 자갈이 여기저기 널려 있고 표면이 단단해 물만 충분히 가져간다면 어렵지 않게 지나갈 수 있다.

따라서 지난 4000만~5000만 년 동안 일어난 판의 융기는 넓은 호 모양의 히말라야산맥을 만들었을 뿐만 아니라, 그 뒤쪽에 사막들도 만들었다. 이 사막들과 산맥들이 실크 로드가 뻗어간 지형을 결정했다. 이 건조한 기후대에서 잘 활동할 수 있도록 특별히 적응하여 동서 교역을 촉진한 동물이 있는데, 낙타가 바로 그 주인공이다.

3장에서 보았듯이, 낙타는 북아메리카에서 진화해 수백만 년 전의 빙기 때 베링 육교를 건너 이동했다. 그래서 낙타는 원래 태어난 곳에서는 모두 사라졌지만, 구세계에서 두 변종으로 발달했다. 아시아의 쌍봉낙타(기원전 3000년경에 가축화된)와 아프리카의 더 뜨거운 사막에 사는 단봉낙타(기원전 2000년경에 가축화된)가 그것이다. 낙타는 말이나 당나귀보다 더 많은 짐을 지고서 쉬지 않고 더 오랫동안 여행하면서 물도 덜 마시기 때문에, 이 건조한 지역에서 짐을 운송하는 데에는 말이나 당나귀보다 월등히 나았다.

일반적인 생각과는 반대로 낙타는 혹에 물을 저장하지 않는다. 혹에는 체지방이 저장되어 있다. 많은 포유류처럼 지방을 온몸의 피하 지방층(이것은 단열 효과가 있다)에 저장하는 대신에 낙타는 혹을 지방 저장소로 사용하는데, 그럼으로써 필요한 에너지를 혹에서 공급받으면서 시원하게 지낼 수 있다. 낙타는 사막에서 살아남도록 아주 잘 적응한 동물이다. 건조한 지형에서 일주일 정도 걷고 나면, 낙타는 체내 수분을 약 3분의 1이나 잃지만 그래도 아무런 부작용이 나타나지 않는다. 낙타는 그런 상황에서도 위험할 정도로 혈액의 농도가 짙어지지 않기 때문에 심한 탈수에 대처할 수 있다. 낙타의 콩팥과 창자는 매우 농축된 오줌과 똥을 만들 수 있는데, 그렇게 바싹 마른 상태로 배출된 낙타 똥은 땔감으로 사용할 수 있다. 낙타는 또한 숨을 통해 빠져나가는 수분도 도로 붙잡을 수 있는데, 에어컨에서 나오는 물방울처럼 수분이 코 안에서 다시 응결한다. 그리고 딱딱하고 두툼한 발바닥 덕분에 사막, 습지, 울퉁불퉁한 암석 바닥 등 다양한 지형을 잘 지나갈 수 있다.

낙타는 약 4000년 전부터 시작된 향 교역에 필수적이었다. 아라비아는 지구에서 사막대에 위치하지만, 아라비아반도 남서부에서는 산맥들이 여름철 몬순에서 비를 충분히 붙들기 때문에 이 지역에서는 보기 드물게 식물이 많이 자란다. 이 산맥들 사이에서 자라는 작은 관목에서 유향과 몰약을 추출할 수 있다. 이것들은 봄과 가을에 많이 수확되기 때문에 생장 주기가 해상 운송(홍해를 올라가 이집트로 가거나 아라비아해를 건너 인도로 가는)을 도와 주는 계절풍 시기와 어긋난다. 그래서 낙타를 이용한 육상 여행이 더 나았다. 향을 실은 대상들은 홍해 해안을 따라 위로 올라가 아라비아 사막을 지난 뒤, 시나이반도를 건너 이집트와 지중해로 가거나 거기서 동쪽으로 방향을 틀어 메소포타미아로 갔다.

북아프리카에서는 300년경부터 낙타 대상이 사하라 사막을 건너 수단의 금을 지중해 지역으로 가져갔다. 그리고 돌아올 때에는 모래 밑에서 파낸 소금(사하라 사막이 말라갈 때 사라진 호수 바닥에 침전되어 생긴)을 남쪽의 교역 도시 팀북투로 가져가 그곳에서 카누에 실어 강을 따라 아프리카 내륙 깊숙한 곳까지 운반했다. 13세기 초에 니제르강과 그 지류들의 유역에 펼쳐진 비옥한 토양과 풍부한 금광 덕분에 말리 제국이 세워졌고, 팀북투는 왕도가 되었다. 소금과 금을 거래하는 교역이 수백 년 동안 지속되었는데, 15세기 전반에 포르투갈 선원들이 서아프리카 해안 지역을 탐험한(자세한 이야기는 8장에 나온다) 주요 동기 중 하나는 바로이 귀금속이 매장되어 있다는 신비한 장소를 찾기 위해서였다.

낙타는 실크 로드에서도 아시아의 건조한 지역을 지나가는 데 중요한 역할을 했다. 이곳에서도 낙타는 다양한 지형을 여행하기에 아주 이상적인 동물이었다. 딱딱한 발굽과 두툼한 발바닥으로 여기저기 돌이 널린 거친 지형을 잘 걸어갔고, 사막과 높은 산길 사이의 심한 기후 차이도 극복할 수 있었다. 낙타 한 마리가 200kg이 넘는 짐을 운반할 수 있는데, 수천 마리의 낙타를 몰고가는 대상의 전체 화물량은 큰 범선에 싣고 가는 양과 맞먹었다.

이러한 육로 여행에는 많은 어려움이 따랐기 때문에, 유라시아 교역망을 통해 운반된 상품은 일반적으로 가치가 높은 것이 될 수밖에 없었지만, 실크 로드를 통해 교역이 일어난 상품은 비단뿐만이 아니었다.* 후추, 계피, 생강, 육두구 같은 향신료도 서쪽으로 수출되었다. 인도는 목화와 진주를 거래했고, 페르시아는 카펫과 고무를 수출했으며, 유럽은 은과 리넨을 보냈다. 로마 제국은 고품질 유리와 황옥과 홍해에서 나온 산호를 거래했다. 아라비아반도 남부에서 나온 유향과 보석 그리고 인디고 같은 염료도 중앙아시아를 가로지르며 운송되었다.

하지만 역사에서 실크 로드가 지닌 중요성은 단지 교역 상품의 운송에만 한정되지 않는다. 이 광범위한 육상 운송망은 유라시아 남부 해안선을 지나가는 해상 교역로와 함께 사상과 철학과 종교의 확산을 촉진하는 고속도로 역할을 했다. 수학과 의학, 천문학, 지도 제작 분야에서 일어난 획기적인 발전뿐만 아니라, 박차, 제지, 인쇄, 화약 같은 혁신과 신기술도 이 교역로를 통해 유라시아 전역의 민족들 사이에 전파되었다. 이러한 육상 및 해상 통합 교역망은 그 시대의 인터넷과 같은 것이어서, 단지 서로 먼 곳 사이의 상업뿐만 아니라 지식의 교환도 장려했다.**

---

* 550년 무렵부터는 이 동서 교역로를 통해 오간 상품 중에서 비단이 차지하는 비중이 떨어졌다. 누가 누에나방의 알을 몰래 콘스탄티노플로 빼돌려 그곳에서도 비단 산업이 시작되면서 중국의 독점이 깨졌기 때문이다.

** 이것은 더 고립된 상태에 있던 아메리카의 문명들이 빈곤해진 이유 중 하나이다. 15세기 말에 유라시아 사람들과 아메리카 사람들이 다시 접촉했을 때(마지막 빙기 말에 베링 육교가 사라진 이후로 처음으로), 유라시아 문명은 과학적 이해와 기술적 능력에서 훨씬 앞서 있었다. 수천 년 동안 육상 및 해상 교역로가 촉진한 공통의 유산이 빠른 발전을 낳은 주요 이유 중 하나였다.

하지만 16세기부터 실크 로드는 그 중요성이 떨어지기 시작했는데, 탐험 시대에 유럽의 항해자들이 개척한 전 세계적인 해양 네트워크에 경쟁에서 밀렸기 때문이다. 한때 세상에서 가장 활기찬 장소였던 실크 로드의 옛 교역 집산지들은 과거의 활기와 영광을 잃었고, 사마르칸트와 헤라트처럼 대상들이 들렀던 중간 기착지는 오늘날에도 인구가 많은 도시로 남아 있긴 하지만, 그 밖의 많은 교역 장소들은 우리의 문화적 기억 속에서만 살아남아 있다. 그때부터 세계의 교역을 지배하기 시작한 것은 해안의 항구들이었다.

그럼에도 불구하고, 실크 로드는 고개를 넘고 사막을 건넌 대상들의 활약에 힘입어 수백 년 동안 상품과 사람과 사상의 이동에 막대한 영향력을 미쳤다. 그리고 중앙유라시아의 생태학적으로 특징적인 지역들과 자연 지형은 대륙 전체에서 사회가 수립되는 과정에 근본적인 차이를 만들어냈는데, 이것은 이 지역의 역사에 지워지지 않는 흔적을 남겼다.

풀의 바다

우리는 지구를 빙 두르는 사막의 띠가 지구 대기의 순환 패턴에서 건조한 하강 공기(그와 함께 히말라야산맥 같은 산맥 뒤쪽에 일어나는 비그늘 효과)에 의해 어떻게 만들어졌는지 보았다. 하지만 양극에서 적도 사이의 온도 기울기도 층층이 늘어선 일련의 기후대를 만들어내는 데 핵심 역할을 하며, 그 사이에서 독특한 생태계들이 나타난다. 지구를 빙 두르는 수평 방향의 이 띠들은 양 반구에서 모두 나타나지만, 육지가 훨씬 많은 북반구에서 더 두드러지게 나타난다.

이곳에서 가장 북쪽에 위치한 기후대는 북극점에 가장 가깝고 시베리아 북부와 캐나다, 알래스카에 걸쳐 뻗어 있는 툰드라이다. 이곳은 아주 낮은 기온과 짧은 생육 시기 때문에 황량한 풍경이 펼쳐지는데, 여기저기 흩어져 있는 난쟁이 관목과 히스와 바위에 붙어사는 끈질긴 지의류 외에는 살아 있는 생물을 찾아보기 어렵다. 이곳에 사는 사람들은 순록을 기르는 사람들과 카리부 사냥꾼들밖에 없다.

툰드라 남쪽에는 타이가 기후대가 펼쳐지는데, 무성한 침엽수림이 띠를 이루어 죽 뻗어 있다. 이 아북극 생태계는 캐나다 대부분, 스칸디나비아, 핀란드, 러시아에 걸쳐 뻗어 있고, 남쪽 경계 부근에서는 북유럽과 미국의 낙엽수림 지역으로 서서히 변해 간다. 타이가는 농업이나 축산에는 적합하지 않지만, 밍크와 흑담비, 어민, 여우 가죽 같은 모피의 중요한 공급원이었다. 근대사 초기에 모피 수요가 급증하자 모피 사냥꾼들이 타이가 지역에서 많이 활동했고, 모스크바는 모피의 주요 교역 중심지가 되었다. 15세기와 16세기에 러시아는 모피를 구하기 위해 시베리아를 지나 태평양 연안까지 그리고 청나라 북쪽 국경까지 동쪽으로 팽창해갔다. 17세기에 프랑스를 필두로 다른 유럽 국가의 모피 사냥꾼들도 이와 비슷하게 캐나다의 숲을 훑으면서 앞으로 나아갔다.*

툰드라 남쪽에서는 기후가 온대 기후로 변하고, 거기서 적도로 다가감에 따라 열대 기후로 변해간다. 극과 적도 사이에서 줄무늬처럼 늘어선 이 기후대들의 패턴은 역사를 통해 이곳들에서 살아간 사람들의 생활 방식과 경제적 가능성을 결정했다. 특히 한 생태학적 지역은 유라시아 내륙 가장자리 주변의 문명들에 지속적인 영향을 미쳤다.

북쪽의 추운 타이가 기후대와 남쪽의 사막 지역 사이에 광대한 초원이 펼쳐져 있다. 유라시아에서는 이 지역을 스텝steppe이라 부르는데, 북아메리카의 프레리prairie와 동일한 위도대에 있다. 남반구에서는 같은 위도대에 해당하는 지역에 아르헨티나의 팜파스pampas와 남아프리카 공화국의 벨트veld가 있다.

유라시아 대륙 중심에 뻗어 있는 스텝은 습윤한 해풍의 영향이 미치지 않기 때문에 강수량이 적다. 이렇게 건조한 곳에서는 대부분의 나무가 살아남을 수 없어 이곳에 자라는 주요 식물은 가뭄에 잘 견디는 풀이다. 풀은 많은 유제류(3장에서 보았듯이, 많은 유제류는 처음에 이 생태계에서 진화했다)의 먹이가 된다. 스텝은 만주에서 동유럽까지 연속적인 넓은 띠를 이루어 6000km 이상 뻗어 있다. 이 광대한 풀의 바다는 미국 본토보다 넓지만, 장소에 따라 산맥 때문에 좁은 통로로 축소된 곳도 있다. 그래서 스텝은

---

* 이 시기에 북반구의 광범위한 지역에 소빙하기가 닥쳐 몸을 따뜻하게 해주는 모피 수요가 급증했다. 영국에서는 끝부분을 모피로 장식한 판사와 시장의 정장과 가운에 이 추운 시기의 흔적이 남아 있는데, 이 모든 의상의 디자인은 바로 이 시기에 정해졌다.

크게 세 지역으로 나누어진다.

서부 스텝 또는 흑해-카스피해 스텝은 카르파티아산맥과 다뉴브강 하구에서 시작하여 남쪽으로는 흑해와 캅카스산맥을 지나가면서 우랄산맥이 카스피해와 아랄해에서 수백 킬로미터 이내로 다가간 지점까지 뻗어 있다(헝가리 평원은 카르파티아산맥에 막혀 주 스텝 지역과 차단되는 바람에 서쪽에서 초원의 섬으로 남아 있다). 중앙 스텝 또는 카자흐 스텝은 우랄산맥에서 톈산산맥과 알타이산맥까지 뻗어 있는데, 실크 로드의 북쪽 경로가 지나가는 중가리아 관문이 그 중간에 있다. 동부 스텝은 중가리아에서 몽골을 지나 고비 사막 북쪽 가장자리를 따라 만주까지 그리고 그곳의 태평양 연안 숲에 이를 때까지 뻗어 있다.**

스텝은 사람이 살기에 적합한 환경은 아니다. 기온은 계절에 따라 변동 폭이 아주 크다. 건조하고 더운 여름철에는 기온이 40°C까지 올라가며, 비는 천둥과 번개를 동반한 심한 폭풍우의 형태로 내린다. 겨울철에는 구름 한 점 없는 하늘 아래에서 기온이 -20°C 혹은 그 아래까지 내려가고, 지면은 두껍게 쌓인 눈으로 뒤덮이며, 매서운 바람이 사납게 울부짖으면서 평평한 대지를 할퀴고 지나간다. 하지만 무엇보다도 우리가 소화할 수 없는

** 오늘날 카자흐 스텝은 사람들이 사는 장소가 드문드문 널려 있어, 이곳에 있는 바이코누르 우주 기지는 러시아가 로켓을 발사하기에 완벽한 장소가 되었다. 귀환하는 우주 비행사들이 탄 캡슐은 텅 빈 풀의 바다 평원에 낙하한다. 이와 대조적으로 NASA는 대서양을 가로질러 동쪽으로 우주선을 발사하고, 우주 왕복선을 사용하기 전에는 캡슐을 북대서양이나 태평양 바다에 착수시킨 뒤 배를 보내 우주비행사들을 구조했다.

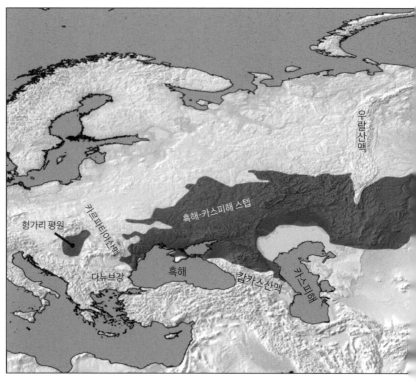

유라시아의 등줄기를 관통하며 뻗어 있는 스텝의 생태학적 띠

풀 외에는 식물이 거의 자라지 않아 수렵 채집인이 구할 만한 식량이 별로 없고, 도보 여행을 하는 사람들을 위한 튼튼한 피난처도 없다. 스텝에서 살아남으려면, 식량을 구하는 방법뿐만 아니라 기동성도 필요하다.

낙타는 사막 지역에서 살아가기에 이상적으로 적응한 동물인 반면, 중앙유라시아를 가로지르며 뻗어 있는 스텝은 말이 살아가기에 완벽한 서식지이다. 말이 전 세계의 야생에서 살아가는 서식지 범위는 마지막 빙기가 끝난 시기인 1만~1만 4000년 전

274

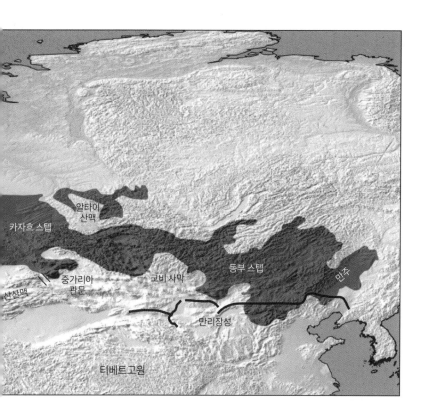

카자흐 스텝

알타이
산맥

산산맥

중가리아
관문

고비 사막

동부 스텝

만주

만리장성

티베트고원

에 크게 줄어들었다. 말은 북아메리카에서 멸종했고, 세계 기후가 점점 따뜻해지면서 중동 지역에서도 사라졌다. 대륙 빙하가 후퇴함에 따라 북유라시아에 뻗어 있던 광활한 초원 지대가 무성한 숲으로 변해갔고, 유럽에서 말은 몇몇 격리된 초원 지역에서만 살아남았다. 하지만 중앙아시아의 스텝 지역에서는 말과 그 친척 종들이 풀을 뜯어먹고 사는 동물 중 가장 흔히 볼 수 있는 동물이 되었고, 이곳에서 신석기 시대 부족들에게 사냥을 당했다. 고고학적 증거에 따르면, 이들이 섭취한 육류 중 40% 이상은 말고기였던 것으로 보인다.

사실, 말은 처음에 운송 목적이 아니라 고기를 얻을 목적으로 가축화되었다. 소는 눈 틈에서 풀이 보이지 않으면 풀을 뜯어먹지 않고, 양의 연약한 코는 부드러운 눈 속에 파묻힌 풀만 뜯어먹을 수 있다. 그래서 이 두 종은 겨울철 초원에서는 발밑에 먹이가 있는데도 그냥 서서 굶어죽기 쉽다. 반면에 말은 추운 초원 지역에 잘 적응해 차갑고 단단하게 뭉친 눈도 발굽으로 헤치고 그 밑에 숨어 있는 겨울의 풀을 찾아낼 수 있다. 또한 물을 마시기 위해 꽁꽁 얼어붙은 얼음을 본능적으로 깬다. 사실, 인간이 말을 가축화하기 시작한 계기는 유라시아에 추운 겨울을 가져온 기후 변화였을지도 모른다. 말의 가축화는 이르면 기원전 4800년 무렵에 흑해와 카스피해 북쪽의 스텝에서 일어났을 것이다.

사람들은 말을 통제하고 타는 법을 터득했는데, 이것은 아주 큰 변화를 가져온 사건이었다. 3장에서 보았듯이, 양과 소 같은 초식 포유류 종을 가축화하면서 우리는 풀을 영양분이 많은 고기와 젖으로 바꾸는 능력을 얻게 되었다. 하지만 정착 생활을 하는 농민에게는 가축을 먹여 살릴 풀밭이 얼마 없었고, 그래서 풀을 뜯어먹는 동물을 기르다 보면 풀밭이 금방 고갈되기 쉬웠다. 하지만 광대한 초원에서 말을 타고 가축을 몰면, 방목지를 훨씬 먼 곳까지 넓힐 수 있고 훨씬 많은 가축을 통제할 수 있었다. 게다가 기원전 3300년경에 메소포타미아에서 소가 끄는 일체형 바퀴 수레가 도입되면서 스텝 사람들은 필요한 모든 것—식량과 물, 천막 등—과 함께 가축을 이끌고 광대한 초원을 장기간 자유롭게 돌아다닐 수 있게 되었다. 이렇게 초식성 유제류 가축과 말을 이용한 빠른 기동성 그리고 이동식 주택 역할을 하는 소가 끄는 수레의 결합으로 스텝 지역은 많은 사람이 살아갈 수 있는 곳으로 변했다.*

곡물을 재배하는 관개 농업은 스텝 지역을 가로지르는 일부 강들 주변의 더 비옥한 지역에서만 가능했다. 그래서 대체로 이곳 사람들은 가축을 기르고 계절에 따라 다른 목초지를 찾아 늘 이동하면서 초원의 유목민으로 살아갔다. 그리고 스텝의 자연지형에는 육상 이동을 방해하는 장애물이 거의 없다. 아시아의 이 중심 지역은 판의 활동이 일어난 지 오래된 지역으로, 최근에 판의 충돌로 구겨지는 사건이 없었고, 오랜 침식을 통해 평평하게 변했다. 유라시아의 남쪽 가장자리에는 큰 산맥들이 우뚝 솟아 있는 반면, 대륙 가운데를 가로지르는 스텝 지역의 띠에는 그러한 장벽이 거의 없다. 예외는 우랄산맥인데, 아시아에서는 보

---

* 말 사육과 바퀴 차량 운송의 결합이 낳은 한 가지 중요한 결과는 가벼운 바퀴살을 사용해 빨리 달리는 전차의 발명으로, 이 사건은 기원전 2000년경에 일어났다. 투창병이나 궁수를 싣고 잘 훈련된 말들이 협력해 끄는 전차는 청동기 시대의 전격전을 이끄는 탱크와 같았다. 전차는 전쟁의 전술에 혁명을 가져왔고, 도시 국가들과 제국들 사이의 분쟁에서 훗날의 화약만큼 큰 변화를 가져왔다. 하지만 호메로스가 트로이 전쟁에서 500여 년이 지난 기원전 800년경에 《일리아드》를 쓸 무렵에는 청동기 시대의 이 군사 기술은 이미 낡은 것으로 변한 지 오래되었다. 전차는 창을 앞세운 보병의 밀집 대형이나 복합궁으로 무장한 기병으로 대체되었다. 전차는 명성과 권력의 상징으로만 명맥을 유지했다. 그래서 페르시아와 인도, 그리스-로마, 북유럽 신화에서는 신들이 모두 전차를 타고 다닌다. 오늘날에도 많은 도시들에는 콰드리가(quadriga, 말 네 마리가 끄는 고대 로마 시대의 이륜 전차)를 묘사한 기념물이 많이 있는데, 파리의 카루젤 개선문과 베를린의 브란덴부르크 문에서도 볼 수 있다.

기 드물게 남북 방향으로 뻗어 있는 산맥 중 하나이다. 우랄산맥은 서부 스텝과 카자흐 스텝을 가르며 뻗어 있는데, 이 장벽 때문에 사람들은 우랄산맥 아래쪽 끝부분과 카스피해 사이의 좁은 통로를 통해서만 지나갈 수 있었다.* 하지만 우랄산맥 말고는 습지나 숲 같은 천연 장벽이 거의 없다. 말을 탄 사람과 수레는 스텝 지역에서 쉽게 이동할 수 있어 이 지역을 대륙 전체를 가로지르는 광대한 천연 고속도로로 변모시켰고, 그럼으로써 유라시아 전체의 역사에 큰 영향을 미쳤다.

이들 유목민은 대륙 가장자리에 정착한 농경 사회들과 평화롭지만 긴장이 흐르는 공존 관계에서부터 군사적 충돌에 이르기까지 불안한 관계를 이어갔다. 이들은 가축과 가축에게서 얻은 산물을 거래했는데, 소와 양털 그리고 특히 초원에서 많이 기르던 말을 팔았다. 또, 이들은 다른 유라시아 나라들의 군대에 용병으로 가서 일하기도 했는데, 다른 유목민 부족의 침입을 막기 위해 국경을 지키는 일을 많이 했다. 자신들의 땅을 지나가는 대상들에게 보호비를 요구하거나 대상들을 습격하기도 했다. 하지만 이들이 유라시아의 역사에 가장 큰 영향력을 미친 사건들은 스텝 중심 지역에서 많은 군사를 이끌고 나와 대륙 가장자리에 정착한 문명들의 영토를 공격할 때 일어났다.

---

* 우랄산맥은 현존하는 산맥으로는 세상에서 가장 오래된 산맥 중 하나로, 2억~3억 년 전에 시베리아판이 판게아의 동쪽 끝에 들러붙으면서 초대륙 형성의 마지막 단계를 장식할 때 생겨났다. 키프로스섬 꼭대기에 원래 상태로 보존된 오피올라이트(6장에서 설명한)처럼 우랄산맥에도 오래전에 사라진 해양 지각 조각이 남아 있으며, 그 유산인 풍부한 구리 광상이 있다.

이들 기마 유목민은 농경 사회와 해양 사회의 강력한 적이었다. 이들은 때로는 공물을 요구했고, 때로는 농촌과 마을을 공격해 약탈했으며, 가져갈 수 있는 것을 다 약탈한 뒤에는 그냥 넓은 초원 지대로 돌아가 버렸다. 농경 사회 군대는 상당한 규모의 기병이 없으면, 풀의 바다까지 유목민 군대를 추격할 수 없었는데, 건조한 평원에서는 식량을 구할 수 없어 보병만으로는 원정에 나설 수 없었다. 그래서 유목민 부족들이 느슨한 형태의 거대한 연맹체를 이루어 스텝을 떠나 정착 문명들을 침공하고 정복하는 일이 역사를 통해 반복적으로 일어났고, 때로는 아시아 전역을 아우르는 거대한 제국을 세우기도 했다.

하지만 스텝 지역 민족들이 유라시아 가장자리 지역의 문명들에 미친 영향력은 단지 직접적인 군사적 공격에만 그치지 않았다. 유목민인 이들은 늘 이리저리 옮겨 다니며 살았지만, 환경의 미묘한 균형에 균열이 생기면(인구가 급증하거나 기후 변동으로 목초지가 황폐화되거나 하면) 전체 부족들이 기존의 생활 터전을 버리고 더 나은 장소를 찾아 이주하지 않을 수 없었다. 그 결과로 이동하는 부족들이 이웃 부족들을 밀어냄에 따라 마치 당구공이 서로 충돌하듯이 연쇄적으로 혼란의 물결이 스텝 지역 전체로 출렁이며 퍼져나갔다. 결국 일부 스텝 지역 민족은 정착 사회의 영토를 침범하지 않을 수 없었는데, 예컨대 동양에서는 만주와 중국 북부에서, 서양에서는 우크라이나와 헝가리에서 그런 일이 일어났다.

따라서 거대한 유라시아 대륙 가장자리 주변에 위치한 문명들—중국, 인도, 중동, 유럽—의 역사와 운명은 스텝 중심 지역에서 밖으로 진출하려는 유목민 부족들과 맞서 싸운 투쟁이 반복된 이야기라고 할 수 있다. 처음으로 기마전을 실전에 도입한 민족 중 하나는 스키타이인이었다. 알타이산맥 부근에서 발흥한 이들은 기원전 6세기부터 기원전 1세기까지 스텝 지역 대부분을 지배했고, 말을 타고 서쪽으로 진격해 메소포타미아와 페르시아에서 아시리아 제국과 아케메네스 제국과 맞섰고, 알렉산드로스 대왕하고도 싸웠다. 중국은 흉노, 거란, 위구르, 키르기스, 몽골 같은 스텝 민족에게 침략을 자주 받았다. 5~6세기에는 여러 유목 민족이 번갈아가며 스텝 지역에서 유럽으로 밀고 왔는데, 훈족과 아바르족, 불가르족, 마자르족, 칼무크족, 쿠만족, 페체네그족 그리고 몽골족까지 왔다.

수천 년 동안 스텝 지역은 유목 민족들이 서로 뒤엉켜 들끓은 가마솥이었는데, 이따금씩 그 가장자리 위로 넘쳐흘러 대륙 가장자리 주변에 자리잡고 있던 농경 정착 문명들의 영역을 침범하는 일이 반복적으로 일어났다. 양자 간의 이 갈등은 유라시아 역사에서 오랫동안 지속된 동역학이었고, 근본적으로는 건조한 초원 지대와 비옥한 농경 지대의 생태학적 차이 그리고 거기서 살아가는 사람들의 생활 방식 차이에서 비롯되었다. 하지만 이러한 이동과 침략이 동일한 경로를 따라 반복적으로 일어난 근본 원인은 유라시아 대륙의 자연 지형에 있다.

민족 대이동

실크 로드가 좁은 통로와 골짜기와 고개를 지나간 것과 마찬가지로 이런 자연 지형은 무장 병력이 문명 사회의 영토로 진입하기에 편리한 통로가 되었다. 이런 통로들은 육로를 통한 교역을 촉진한 반면, 유라시아 가장자리에 위치한 정착 사회들을 약탈이나 정복에 취약하게 만들었다.

인도는 대체로 히말라야산맥이라는 거대한 장벽으로 보호받았지만, 힌두쿠시산맥을 넘어가는 좁은 카이베르 고개는 침략자들에게 인도로 진격하는 입구를 제공했다. 중국은 앞에서 이야기한 것처럼 대체로 천연 장벽의 수혜를 입었지만, 중앙 평원은 북쪽으로는 스텝 지역에 사는 유목 민족의 침입에 노출되어 있었고, 서쪽으로는 침략자가 중가리아 관문을 통해 하서 회랑을 따라 곧장 중국 심장부로 진격할 수 있었다.

만리장성은 스텝 지역에 사는 유목 민족의 침략을 막기 위해 세워졌다. 진나라 시황제는 천하를 통일한 후 기원전 221년부터 이 북방의 변경을 요새화했고, 한나라 시대에 들어 하서 회랑을 따라 타림 분지까지 뻗어 있는 실크 로드를 방어하기 위해 기원전 200년부터 기원후 200년까지 만리장성을 증축해 더 길게 연장했다. 하지만 남아 있는 성벽 중 가장 인상적인 곳들은 대부분 명나라 시절인 14세기 중엽부터 개축되거나 신축되었다. 표면적으로는 만리장성은 생활 방식과 문화가 근본적으로 다른 사회들 (유목 사회와 정착 사회, 야만 사회와 문명 사회) 사이의 경계선 역할을 한다. 하지만 더 깊은 의미에서는 이 요새들은 농사짓기에 좋은 습하고 비옥한 땅과 오직 유목민만이 살 수 있는 대륙 중심부의 건조하고 혹독한 스텝 사이의 기본적인 생태학적 경계선을 따라 뻗어 있다. 그럼에도 불구하고, 중국은 스텝 지역 민족들로부터 반복적으로 침략을 받았는데, 중가리아의 산길과 하서 회랑을 통해 쳐들어오는 경우가 많았다. 카이베르 고개가 유목 민족에게 인도로 들어가는 입구가 된 것처럼 중국을 침략하는 이민족 역시 실크 로드의 경로를 따라 쳐들어왔다. 교역을 촉진하는 통로는 침략도 촉진했다.

유라시아 대륙에서 서쪽 끝에 위치한 유럽은 몇몇 주요 저지대 경로와 고지대 통로 때문에 스텝 지역 유목 민족의 급습과 침략에 취약했다. 서부 스텝에서 오는 한 경로는 캅카스산맥과 아나톨리아에 면한 흑해 남쪽을 지나간다. 또 다른 경로는 흑해 북쪽을 지나 카르파티아산맥으로 향했다가 이 산맥들과 프리페트 습지(핀스크 습지) 사이의 북쪽으로 나아가거나 다뉴브강 유역을 따라 남쪽으로 나아가는데, 둘 다 침략자들을 북유럽 평원 심장부로 안내한다. 4세기부터 로마 제국을 침략한 훈족과 7세기에 발칸반도로 이주한 불가르족, 9세기에 헝가리 평원으로 진출한 마자르족 그리고 13세기에 유럽을 침략한 몽골족은 모두 이 통로들을 통해 스텝에서 유럽으로 왔다.

유목 민족과 정착 사회 사이의 충돌이 각자의 서식지에서 살아가는 생활 방식을 반영한 것이라면, 자연계와 생태계의 분포는 스텝 지역 유목 민족이 농경 사회를 침략한 뒤에 취하는 행동도 좌우했다.

기마 민족의 가공할 위협은 대체로 기동성에서 나온다. 상대적으로 느린 정착 문명 군대와 달리 유목 민족은 먼 거리에 걸쳐 아주 빠르게 작전을 펼칠 수 있다. 하지만 스텝 지역의 침략자들을 제약하는 생태학적 조건이 있다. 이들의 군사력은 빨리 움직이는 기병을 많이 모으는 능력에 달려 있지만, 그러려면 말을 잘 먹일 필요가 있다. 광대한 초원이 널려 있는 자신들의 스텝 서식지에서는 아무 문제가 없지만, 유라시아 가장자리 주변의 농경 사회로 너무 깊이 들어오면, 말의 먹이를 공급하는 데 애를 먹었다. 관개 농사를 짓는 땅에서는 적은 면적으로 사람들을 먹여 살리기에 충분한 곡식을 수확할 수 있었지만, 많은 말을 먹여 살릴 목초지로서는 효율성이 떨어졌다.

이러한 자연의 구속 조건 때문에 농경 사회와 유목 사회의 생활 방식은 근본적으로 양립 불가능했으며, 그래서 스텝에서 온 침략자들은 전리품을 챙긴 뒤에는 광활한 목초지가 널린 자신들의 본거지로 되돌아가거나, 아니면 자신들의 생활 방식을 근본적으로 바꾸어 정착 사회에 동화하는 쪽을 택했다. 따라서 5세기 중엽에 유럽 심장부를 침략했던 훈족이 헝가리 평원을 군사 작전의 본거지로 선택한 것은 놀라운 일이 아니다. 헝가리 평원은 생태학적으로 스텝과 농경 지대 사이의 중간에 위치했고, 스텝 초원 지대에서 가장 서쪽 끝에 위치한 지역이었다.

어떤 부족들은 유목민으로 살아가는 방식을 버렸다. 오스만튀르크족은 13세기에 칭기즈 칸이 이끈 몽골족의 침략으로 스텝 지역에서 밀려나 아나톨리아로 옮겨갔다. 이곳에서 그들은 요새화에 의존하는 유럽식 전쟁 방식을 받아들이면서 정착했고, 포로로 잡은 기독교 국가 소년들을 이슬람교로 개종시켜 노예 군대를 만들었다. 그 유명한 예니체리(오스만 제국의 유명한 보병 군단)가 바로 그것이다. 13세기 말에 오스만 제국은 기독교 국가들에게 큰 위협이 되었고, 1453년에 콘스탄티노플을 점령해 비잔틴 제국(동로마 제국)을 멸망시켰다.

스텝 지역에서 말을 타고 온 유목 민족의 공격은 세계사에서 가장 결정적인 사건 두 가지를 낳았는데, 서로마 제국의 멸망과 몽골족의 아시아 정복이 그것이다.

로마 제국의 쇠퇴와 멸망

앞에서 우리는 1세기에 로마 제국이 지중해 가장자리 주변에서 영토를 크게 확장해간 과정과 북아프리카의 사막과 유럽의 산맥과 큰 강이라는 자연적 경계 앞에서 전진을 멈춘 것을 보았다. 하지만 300년경에 이르자, 라인강과 다뉴브강을 따라 뻗어 있던 로마 제국의 동북 지역 경계선 너머에 살던 게르만족 부족들의 인구가 크게 늘어나면서 국경 지역의 상황이 불안해지기 시작했다. 수십 년 뒤에 스텝 지역에서 온 기마 민족에 쫓겨난 이들이 로마 제국의 국경을 넘어오면서 침략과 이주가 자주 발생해 상황이 더욱 악화되었다. 이들을 공격한 기마 민족은 기원전 3세기부터 스텝의 동쪽 끝에서 중국을 자주 침략했던 유목민 부족들의 연합체와 같다고 널리 받아들여지고 있는데, 그 민족은 바로 흉노족이다. 서양에 나타난 이들은 훈족이라고 불리게 되었다.

훈족은 이제 스텝 지역을 가로질러 서쪽으로 이동했는데, 국지적 기후 변화 시기에 더 나은 목초지를 찾아 나섰을 가능성이 높다. 그 당시 북반구 스텝 지역의 기온이 크게 낮아졌고, 그 결과로 가뭄이 닥쳐 가축과 말을 먹일 풀이 크게 감소했다는 증거가 있다. 훈족은 370년경에 돈강에 이르렀는데, 그 과정에서 다른 유목민 부족들을 쫓아냈고, 그러자 이들 부족이 동유럽으로 옮겨가 그곳에 정착해 살아가던 주민들을 쫓아냈다.

엄청난 수의 난민이 라인강과 다뉴브강을 따라 뻗어 있던 서로마 제국의 국경 지역에 도착했고, 얼마 지나지 않아 부르군트족, 롬바르드족(랑고바르드족), 프랑크족, 서고트족, 동고트족, 반달족, 알란족 등의 부족이 차례로 로마의 영토로 들어오기 시작했다.

훈족은 자신들의 앞에 있던 부족들을 파도를 가르고 지나가듯이 차례로 밀어낸 뒤, 4세기 말에 로마 제국의 국경 지역에 이르렀다. 훈족은 다뉴브강 북쪽에 살고 있던 부족들을 정복하다가 그때까지 부족들의 이동과 침입에서 한 발 비켜서 있던 동로마 제국으로 공격의 방향을 돌렸다. 공포의 대상이던 아틸라^{Attila}가 이끈 훈족은 434년부터 연이은 원정에 나서 그리스와 발칸반도를 유린하고 콘스탄티노플 성벽 앞에 이르렀다. 그들은 강력한 요새 때문에 더 이상 진격할 수 없었지만, 그래도 동로마 제국으로부터 막대한 공물을 받아냈다.

동쪽에서 거둔 성공에 크게 고무된 아틸라는 이번에는 서로마 제국으로 창끝을 돌렸다. 다뉴브강과 라인강을 따라 도중에 있는 도시들을 차례로 정복하면서 진격하다가 451년에 갈리아(오늘날의 프랑스)를 침공했다. 여기서 그는 스텝 지역에서 훈족에게 쫓겨난 부족들과 서로마 제국의 연합군과 전투를 벌여 패하고 말았다. 하지만 아틸라는 다음 해에 다시 돌아와 이탈리아 북부 평원을 유린했고, 서로마 제국 황제는 훈족의 로마 진격을 멈추는 조건으로 막대한 배상금을 지불하고 아틸라와 협상할 수밖에 없었다. 아틸라는 2년 뒤에 사망했고, 그의 제국도 곧 해체되고 말았지만, 이들은 이미 서로마 제국을 멸망의 구렁텅이로 밀어넣었다.

민족 대이동에 큰 영향을 받은 사람들은 로마인뿐만이 아니었다. 페르시아 역시 캅카스산맥을 넘어와 메소포타미아와 소아시아의 도시들을 약탈한 유목 민족에게 맹공격을 받았다. 4세기 말에 공동의 적을 맞이한 동로마 제국과 페르시아는 오랜 적대 관계를 잠시 접어두고, 힘을 합쳐 요새화된 거대한 성벽을 건설해 수비대를 주둔시켰다. 흑해에서 카스피해까지 약 200km나 뻗어 있는 이 성벽 앞에는 깊이 4.5m의 해자를 팠고, 길이 방향으로 요새 30개를 설치하고 3만 명의 병력을 주둔시켰다. 페르시아의 이 성벽은 중국의 만리장성 다음으로 세상에서 두 번째로 긴 방어용 성벽이며, 만리장성과 똑같은 목적으로 건설되었다. 즉, 정착 문명과 야만 문명 사이의 경계선을 지키기 위한 것이었다.

하지만 서로마 제국은 이미 손을 쓸 수 없는 상황에 이르렀다. 라인강과 다뉴브강을 따라 뻗어 있던 국경선은 유명무실해졌고, 계속 밀려오는 이민족 부족들이 방어선을 뚫고 들어왔다. 서고트족은 이탈리아반도를 따라 남하하여 410년에 로마를 약탈했다. 훈족에게 쫓겨난 반달족은 중앙유럽을 관통하며 나아가다가 이베리아반도를 가로질러 로마 제국이 통치하던 북아프리카를 침공했는데, 439년에 서로마 제국에 식량을 공급하던 카르타고와 그 주변 지역을 점령했다. 반달족은 시칠리아섬, 사르데냐섬, 코르시카섬도 점령했고, 455년에는 로마를 약탈했다. 476년에 이르자 서로마 제국의 중앙 집권 통치 능력은 사실상 와해되었으며, 이전의 영토는 이제 동쪽에서 국경선을 넘어 밀려온 게르만족 부족들이 통치하는 왕국들로 분할되었다. 오늘날의 프랑스와 독일 지역에는 프랑크 왕국이, 에스파냐 지역에는 서고트 왕국이, 이탈리아에는 동고트 왕국이 들어섰다. 중세를 지나는 동안 이 왕국들은 근대 유럽 국가들로 발전해갔다.

서로마 제국은 정착 부족들과 스텝에서 온 유목 부족들의 '대이동'으로 멸망했다. 이번에도 역사의 이 전환점은 지구에 일어난 기본적인 원인으로 설명할 수 있다. 로마 제국의 멸망을 낳은 근본 원인은 기마 유목 민족이 살아간 유라시아 스텝의 건조한 초원과 제국의 정착 농경 민족을 부양한 가장자리 주변의 땅 사이의 생태학적 차이와, 민족 대이동을 촉발한 스텝 지역의 기후 변화에서 찾을 수 있다.

팍스 몽골리카

13세기에 스텝에서 온 기마 민족이 또 한 번 전체 유라시아 역사를 크게 변화시켰다. 몽골족은 초원 지대에서 세력을 키운 후 불과 25년 만에 로마 제국이 400년에 걸쳐 넓힌 것보다 더 많은 땅을 정복했다. 몽골 제국은 단지 광대한 유라시아 스텝의 부족들을 통합하는 데 그치지 않고, 중국과 러시아, 서남아시아 대부분까지 정복하여 세계 역사상 가장 넓은 육상 제국을 건설했다. 이 놀라운 원정을 주도한 지도자는 몽골 동부에서 유명한 부족장의 아들로 태어난 테무진(아마도 '대장장이'라는 뜻)이었다. 하지만 나중에 칸의 자리에 오르면서 얻은 칭호인 칭기즈 칸('강력한 통치자'라는 뜻)이라는 이름으로 널리 알려졌다.

칭기즈 칸이 속한 부족은 중국 북쪽 가장자리에서 양을 키우던 많은 유목민 부족 중 하나에 불과했지만, 칭기즈 칸은 1206년에 주변 부족들을 통합하고 몽골 스텝 지역의 지배자가 되었다. 권력의 기반을 공고히 다진 뒤, 그는 몽골 기병대를 이끌고 유라시아 주변 국가들을 공격하기 시작했다. 몽골군은 1211년에 중국 북부를 공격했고, 그러고 나서 중앙아시아를 휩쓸었다. 칭기즈 칸은 1227년에 죽었지만, 그의 후계자들은 막강한 군사력을 바탕으로 영토 확장에서 그에 못지않은 큰 성공을 거두었다. 몽골족의 정복은 중동 지역을 휩쓸며 계속되었고, 캅카스산맥을 지나 러시아 남부와 동유럽까지 진출했다.

여기서 그들은 폴란드와 헝가리 평원으로 진격하면서 빈 외곽 지역까지 이르러 기독교 국가들을 공포에 몰아넣었다. 하지만 얄궂은 운명의 장난 덕분에 유럽은 풍전등화의 이 위기에서 벗어났다. 그 당시 칭기즈 칸의 아들이자 후계자이던 오고타이 칸이 갑자기 사망하는 바람에 몽골군 지휘관들은 다음 황제를 정하기 위해 모두 몽골 제국의 수도 카라코룸으로 돌아가야 했다. 결국 그 후 몽골의 칸들은 대서양을 향한 서방 정복에 다시 나서지 않았다. 몽골 제국의 경계는 스텝 지역 서쪽 끝에서 끝났다. 대신에 그들은 다시 동쪽으로 방향을 돌려 중국 전체를 정복하고 원나라를 세웠다. 초대 황제인 쿠빌라이 칸은 상도上都(콜리지는 자신의 유명한 시 〈쿠빌라이 칸Kubla Khan〉에서 상도를 재너듀Xanadu로 표기했다)에서 원나라를 통치하다가 나중에 도읍을 베이징으로 옮겼다.*

13세기 말에 몽골 제국의 영토는 동서 방향으로 태평양에서 흑해까지 아시아 전체에 걸쳐 뻗어 있었다. 이 놀라운 팽창 시기에 몽골족은 즉각 항복하지 않는 도시들을 잔혹하게 다룬 것으로 악명을 떨쳤다. 그들은 모든 주민(남자, 여자, 어린이 그리고 가축까지)을 죽이고, 텅 빈 거리와 해골 피라미드만 남겨놓았다. 이러한 잔인성은 다음에 공격할 도시들에 저항하지 말고 항복하라는 무언의 압력을 가할 목적으로 의도적으로 자행했다. 이들의 야만적인 행위에 대한 소문은 몽골 기병의 진격보다 더 빨리 퍼졌다. 하지만 몽골인은 널리 퍼진 소문처럼 사나운 전사들로 이루어진 공포의 무리에 불과한 것이 아니었다. 일단 저항을 진압하

---

* 13세기와 14세기에 몽골족은 여러 번 인도 북서부 지역을 침공했지만, 1526년에 가서야 칭기즈 칸의 한 후손이 인도를 정복하고 무굴 제국을 세웠다.

고 나면, 세심한 관리 능력을 발휘하면서 점령한 도시를 재건했다. 칸은 자신이 통치하는 이민족에게 문화와 종교의 자유를 허용하면서 관용을 보였다. 몽골인은 충격과 공포의 공격을 감행한 뒤 통치를 할 때에는 주민들의 마음을 얻는 정책을 폈다.

게다가 정복의 공포와 폭력이 지나가고 나자, 통일된 아시아에는 넓은 대륙을 가로질러 교역이 왕성하게 일어나는 시대가 찾아왔다. 이 시기는 '팍스 몽골리카Pax Mogolica'(천여 년 전에 로마 제국이 통치하던 시절 지중해 주변 지역이 안정과 번영을 누린 시기인 팍스 로마나Pax Romana에서 딴 명칭)라고 불리게 되었다. 1260년부터 약 100년 동안 몽골의 지배는 아시아에서 상인들의 안전 통행을 보장했고, 또 뛰어난 행정 처리와 낮은 세금으로 교역과 상업이 융성했다. 약탈한 전리품이나 공물에 의존했던 이전 유목민 침략자들의 약탈 전술과는 대조적으로 몽골의 칸들은 약탈보다는 교역에서 훨씬 많은 이익을 얻을 수 있다는 사실을 이해했다. 이 시기에 실크 로드를 통한 교역이 크게 번창했는데, 이제 대상들은 중앙아시아의 사막을 지나가는 옛길뿐만 아니라, 몽골의 수도 카라코룸을 향해 그리고 스텝을 가로지르며 더 북쪽으로도 나아갔다. 몽골족은 이전의 어느 누구도 하지 못한 방식으로 동양과 서양의 연결을 완성시켰다.

그 결과로 향신료와 그 밖의 사치품이 유럽으로 쏟아져 들어왔다. 고로高爐는 팍스 몽골리카 시대에 유럽에 전해졌다. 몽골인은 중국의 화약도 유럽에 전해 전쟁의 성격을 완전히 바꿔놓았다. 하지만 아시아의 통일과 그로 인한 대륙 횡단 이동의 편리성은 역사에 또 하나의 큰 영향을 미쳤다. 유라시아를 가로지르는 커뮤니케이션 동맥을 통해 훨씬 파괴적인 것이 전달되었으니, 그것은 바로 질병이었다.

흑사병은 스텝 지역에서 시작되어 14세기 중엽에 연결된 이 세계를 가로지르며 크게 퍼져나갔다. 흑사병의 한 종류인 가래톳페스트는 1345년에 중국에, 1347년에는 콘스탄티노플에 퍼졌다. 그리고 콘스탄티노플에서 상선을 통해 뱃길로 제노바와 베네치아로 전파되었고, 그다음 해 여름에는 북유럽으로 퍼졌다. 잇따른 흉년으로 제대로 먹지 못해(흑사병이 퍼진 시기는 소빙하기 중 첫 번째 극소점에 이른 시기와 일치한다) 이미 몸이 많이 약해져 있던 사람들은 금방 이 질병에 걸렸다. 불과 5년 사이에 전체 유럽인과 중국인 중 적어도 3분의 1이 흑사병으로 숨졌고, 중동과 북아프리카에서도 많은 사람들이 죽었다. 유럽에서만 약 2500만 명이 죽었다.

흑사병은 몽골의 칸들이 통치하는 지역들에도 큰 타격을 주었는데, 칸들의 통치력은 이미 내부 경쟁으로 크게 약화돼 있었다. 중국에서는 원나라가 1368년에 명나라에 멸망했고, 유라시아 전체에서 광대한 몽골 제국이 많은 나라들로 분열되면서 정치적, 경제적 통일성이 무너졌다. 스텝 지역은 다시 많은 유목민 부족들이 서로 뒤엉켜 경쟁하는 장소로 변했고, 동양과 서양을 잇던 고속도로는 무너지고 말았다. 하지만 서유럽에서 흑사병은 좋은 결과도 일부 낳았다. 심각한 인구 감소로 많은 지주는 소작인을 잃게 되어 지대를 낮추고 더 유동적인 노동력을 받아들이지 않을 수 없었다. 또, 노동력 부족으로 인해 장인과 농촌 노동자는 더 높은 급료를 요구할 수 있었다. 이 때문에 봉건 제도에서 시행되던 농노 제도가 완화되었고, 서유럽에서 사회적 이동이 촉진되었는데, 인구가 많고 상업이 발달한 서유럽 도시들에서는 길드guild가 이미 상당히 큰 영향력을 떨치고 있었다.* 스텝에서 시작되어 몽골인의 도움으로 유지된 교역 기반 시설에 도움을 받아 퍼져간 흑사병은 봉건주의의 기반을 뒤흔들어 이전과는 다른 더 유동적인 사회를 탄생시키는 데 도움을 주었다.

그리고 초강대국 몽골의 정복은 유럽의 역사에 훨씬 지대한 영향을 미친 다른 결과들도 가져왔다. 몽골족은 서쪽으로 진격하면서 중앙아시아의 호라즘 제국을 멸망시켰는데, 그러면서 교역 집산지인 사마르칸트와 메르프, 부하라 그리고 아바스 왕조의 수도이던 바그다드까지 파괴했다. 하지만 몽골군은 유럽으로 깊숙이 들어오기 직전에 진격을 멈추었는데, 이것이 유럽에 큰 혜택을 가져다주었다. 그 덕분에 베네치아와 제노바의 항구들은 서양의 주요 상업 중심지로 계속 살아남았고, 중세 후기와 르네상스 시대에 부와 권력이 크게 성장했다. 유라시아의 이슬람 핵심 지역을 파괴한 반면 유럽을 고스란히 남겨둔 덕분에 몽골족은 이 지역에서 권력의 균형추를 유럽으로 기울게 했고, 유럽은 이슬람 세계를 추월해 더 빨리 발전할 기회를 얻었다. 하지만 1453년에 콘스탄티노플이 오스만 제국에 함락되었을 때, 이미 비잔틴 제국

* 이와는 대조적으로 동유럽의 지주들은 더 많은 권력을 갖고 있었고, 남아 있던 농부들을 더 힘든 농노의 신분으로 살아가도록 강요할 수 있었다.

은 그전부터 100년이 넘도록 크게 쪼그라든 국가로 간신히 명맥을 유지해왔고, 이슬람 통치자들이 동지중해 지역 전체를 지배하면서 동양에서 유럽으로 가는 교역로를 봉쇄하고 있었다. 다음 장에서 보게 되겠지만, 탐험 시대에 중국과 인도의 부를 찾아가기 위해 유럽인 항해자들이 서쪽 항로를 탐색하기 시작한 것은 바로 이 때문이었다.

한 시대의 끝

수천 년 동안 스텝은 유목민의 보금자리인 광대한 황야를 대표했다. 유라시아 가장자리에 위치한 농경 문명 사회들을 급습해 파괴한 기마병 전사들을 이 초원 지대가 부양했다. 하지만 16세기 중엽부터 처음에는 르네상스 시대의 유럽 국가들이, 그다음에는 러시아와 중국이, 농경 세계와 스텝 세계 사이에 유지되던 권력의 균형추를 돌이킬 수 없게 한쪽으로 기울어지게 했다. 결정적 요인은 상호 연결되어 일어난 일련의 발전들이었는데, 이를 군사 혁명이라 부른다. 농경 사회 국가들은 머스킷(화승총의 일종)과 대포에 화약을 효율적으로 사용하는 방법을 알아냈고, 전장에서 매우 파괴적인 화력을 쏟아부을 수 있는 조직적인 군사 훈련을 발전시켰으며, 군대에 보급을 지원하는 광범위한 병참 기술을 확립했고, 점점 규모가 커져가는 정규군을 지원할 수 있도록 경제 체제를 변화시켰다. 이러한 혁신은 군사력의 중앙 집권화를 낳았고, 그 덕분에 통치자들은 지배력을 확고히 다져 봉건 영주들의 영지들을 통합함으로써 단일 국가인 근대 국가가 탄생할 수 있었다.

스텝 지역의 사회들은 이렇게 군사적으로 발달한 나라들과 경쟁이 되지 않았다. 역사를 통해 농경 사회가 스텝에서 말을 샀던 것처럼 이들도 총이나 대포를 구입할 수는 있었지만, 통합된 농경 국가보다 경제가 훨씬 덜 발달하다 보니 구매력에 한계가 있었다. 이로써 역사상 처음으로 힘의 균형추가 유목 사회에서 정착 사회 쪽으로 확연히 기울어졌다. 몽골 부족 연합체인 중가르 제국이 부활을 위해 애썼지만, 1750년대에 청나라에 멸망하면서 유목 민족의 영광은 역사 속으로 영영 사라지고 말았다. 스텝 지역의 군사적 위협은 마침내 끝났고, 유라시아 역사에서 긴 부분을 차지하던 장이 막을 내렸다. 그 후로 스텝 지역에서 유목 민족의 제국은 다시 나타나지 않았고, 농경 문명 사회에 실질적인 위협을 전혀 가하지 못했다.

이제 반대로 농경 문명 사회가 광활한 초원 지대로 점점 더 깊이 침입하기 시작했는데, 그곳에 정착하고 땅을 개간함으로써 자신의 경제를 더 튼튼하게 했다. 러시아와 중국이 이 중간 지대로 영토를 확장해나가 결국에는 양국의 국경선이 맞닿게 되었다. 러시아는 특히 이전에 몽골 제국이 지배하던 스텝 지역으로 영토를 크게 확장함으로써 거대한 초강대국으로 성장했는데, 가축과 말을 키우기 위한 목초지를 찾기 위해서가 아니라, 이 광대한 지역에 묻혀 있는 풍부한 광물 자원을 활용하고, 수천 년 동안 이곳에 자란 풀에서 영양분을 추가로 얻은 비옥한 황토 토양을 활용해 초원을 생산성이 높은 농경지로 바꾸기 위해서 영토를 확장했다. 이렇게 팽창한 러시아 제국은 흑해와 카스피해 북쪽의 흑해-카스피해 스텝 지역을 점차 광대한 황금빛 밀밭으로 바꾸어놓았다. 그리고 1930년대에 이 땅은 군사적으로 매우 중요한 의미를 지니게 되었다.*

1941년 6월에 히틀러가 소련을 침공한 주요 동기는 캅카스 지역의 중요한 유전들뿐만 아니라, 북쪽의 이전 스텝 지역에 위치한 비옥한 농토를 차지하기 위해서였다. 이 농토는 농업 잠재력이 막대할 뿐만 아니라, 히틀러의 레벤스라움Lebensraum 구상을 만족시켜줄 것으로 기대되었다. 레벤스라움은 독일 국민이 지속적으로 생존할 수 있는 '거주 공간'을 뜻한다.

장거리 병참 지원의 어려움과 함께 혹독한 스텝 지역의 겨울 그리고 적군의 강력한 저항에 부닥쳐 바르바로사 작전은 결국

---

* 이 장에서는 유라시아의 등줄기를 따라 뻗어 있는 스텝 지역에만 초점을 맞추었지만, 북아메리카에도 생태학적으로 동일한 지역이 있다. 프레리는 내륙의 건조한 지역과 로키산맥의 비그늘 지역을 포함하면서 넓은 띠를 이루어 미국 중앙을 가로지르며 남북 방향으로 길게 뻗어 있다. 앞에서 살펴본 것처럼, 북아메리카는 유라시아에 비해 생물학적 유산이 빈약하다. 말은 태어난 곳에서 멸종했고, 스텝 지역의 유목민을 부양한 소나 양도 없었다. 프레리의 지배적인 포유류는 아메리카들소였는데, 아메리카 원주민은 아메리카들소를 사냥했지만 가축화하는 데에는 실패했다. 스쿼시를 비롯해 해바라기처럼 씨가 자라는 여러 종의 식물이 약 4000년 전에 북아메리카 동부 지역에서 순화되었지만, 프레리 벨트는 지구에서 농업에 전혀 활용된 적이 없었던 광대한 지역이다. 하지만 유럽인이 아메리카를 정복한 뒤에는 상황이 확 바뀌었다. 이들은 구세계에서 길들인 가축과 작물을 가지고 이곳으로 왔다. 서부의 더 건조한 프레리는 소를 방목하기에 아주 이상적인 장소였고, 지난 200년 동안 강철 날 쟁기와 발전한 관개 기술, 인공 비료와 살충제의 도움으로 동부 프레리 지역은 지구에서 가장 생산성이 높은 경작지가 되었다.

실패하고 말았다. 하지만 히틀러의 야심은 지난 수백 년 동안 스텝의 자연이 얼마나 크게 변했는지 생생하게 보여준다. 그동안 스텝 지역은 기마 유목 민족이 거주하면서 유라시아의 정착 문명을 위협하던 황야에서 농경 사회들을 먹여 살리는 데 아주 중요한 역할을 하는 개간 농경지로 변했다.*

유라시아 역사에서 스텝의 유목 사회가 그 가장자리의 문명들과 반복적으로 충돌한 긴 시대는 결국은 기마 유목민 사회와 정착 농경 사회를 각각 부양한, 서로 대조적인 지역 차이를 빚어낸 생태계와 기후의 차이에서 비롯되었다. 북아프리카와 아라비아의 사막을 가로지르는 육상 교역로와 유라시아의 동서를 연결하는 실크 로드 역시 특정 기후대에 자리잡고 있었다. 그 기후대는 지구의 대기 대순환 패턴 중 하나에서 건조한 하강 기류가 만들어낸 사막의 띠 지역에 위치했다. 전 지구적인 대기 순환 패턴은 세계 각지의 탁월풍(어느 지역에서 시기나 계절에 따라 특정 방향으로 가장 자주 부는 바람)을 만들어내는 데에도 큰 역할을 하는데, 유럽인은 이 패턴을 지도로 작성해 탐험 시대에 활용하는 법을 터득했으며, 그 덕분에 거대한 해상 교역망과 강력한 해외 제국을 건설할 수 있었다.

---

* 2016년, 러시아는 세계 최대의 밀 수출국이 되었는데, 생산량 중 대부분은 흑해 북쪽의 스텝 지역에서 생산되었고, 중동과 북아프리카 지역으로 수출되었다.

제 8 장

·

해류와 바람, 인류의
대탐험 시대를 열다

탐험 시대는 유라시아의 서쪽 끝, 즉 대륙을 횡단하며 일어난 상품과 지식의 교환에서 주변부에 위치한 이베리아반도에서 시작되었다. 나중에 포르투갈과 에스파냐가 된 왕국들은 지중해 건너편의 제노바와 베네치아 같은 항구에서 거래되는 부를 그저 선망의 눈으로 바라보고 있었다. 중세 동안에 이베리아반도 중 상당 부분은 711년에 이슬람의 우마이야 왕조 군대가 지브롤터 해협을 건너 침략한 후로 이슬람의 지배하에 놓여 있었다.* 이베리아반도의 기독교 왕국들은 수백 년에 걸친 레콩키스타Reconquista(8세기부터 15세기에 걸쳐 이슬람교도에게 점령당한 이베리아반도 지역을 탈환하기 위하여 일어난 기독교도의 국토 회복 운동)를 통해 잃은 땅을 되찾았는데, 포르투갈은 13세기 중엽에 반도 서해안을 따라 뻗어 있던 영토를 온전히 회복했다. 하지만 포르투갈은 더 크고 부유한 이웃인 카스티야 왕국에 둘러싸여 있었고, 반대편에는 미지의 광활한 대서양이 막막하게 펼쳐져 있었다.

---

* 지브롤터(Gibraltar)라는 이름은 '타리크의 산'이라는 뜻의 아랍어 자발 타리크(Jabal Tariq)에서 유래했다. 타리크는 이 침략을 이끈 이슬람 장군의 이름이다. 고대 세계에서 지브롤터는 헤라클레스의 두 기둥(다른 기둥은 북아프리카 해안의 아빌라산) 중 하나로, 알려진 세계의 끝이 시작되는 지점이었다. 유럽인이 대서양으로 세력을 확장함에 따라 지브롤터 해협은 지중해의 출입을 통제할 수 있는 해군의 군사적 요충지가 되었다.

포르투갈인은 지브롤터 해협 건너편에서 성전을 계속 펼쳐나 갔고, 1415년에는 이슬람이 지배하고 있던 모로코 북단의 항구 세우타를 점령했는데, 이 항구는 사하라 사막을 횡단하는 대상 들의 교역로에서 종점 중 하나였다. 포르투갈인은 이슬람 세계 를 빙 돌아 금과 노예를 자신들의 배에 실어 교역할 수만 있다면 얻을 수 있는 큰 부의 냄새를 이곳에서 처음 맡았다. 그들은 금이 나오는 곳을 찾기 위해 서아프리카 해안선을 탐험하기 시작했는 데, 얼마 지나지 않아 일부 항해자들은 아프리카 남단을 빙 돌아 인도와 향신료 교역의 부가 있는 곳으로 항해할 가능성을 모색 하기 시작했다.

그러다가 15세기 후반에 카스티야 왕국과 아라곤 왕국이 하나 의 왕국으로 통합되어 오늘날의 에스파냐로 발전했다. 1492년에 그들은 무어인의 마지막 거점이던 그라나다를 점령함으로써 이 베리아반도의 레콩키스타를 완수했고, 포르투갈의 뒤를 이어 대 서양을 건너 새로운 해외 교역로와 영토를 찾는 경쟁에 나섰다.**

** 에스파냐가 포르투갈보다 상당히 늦게 탐험 시대에 합류한 이유 역시 판 구 조론에 있다. 앞에서 보았듯이, 지중해는 판의 활동이 복잡한 지역이다. 지중 해는 아프리카가 북쪽의 유라시아에 충돌해 테티스해가 사라지면서 생겨났 고, 작은 대륙 지각 파편들이 마구 뒤엉켜 충돌대에 머물러 있다. 그중 하나는 알보란 미소 대륙인데, 지난 2000만 년 동안 서쪽으로 이동해 에스파냐 남동 부 가장자리와 부딪치면서 시에라네바다산맥을 밀어올렸다. 이베리아반도에 서 이슬람 세력이 차지하고 있던 나머지 땅이 기독교 레콩키스타에 의해 모 두 회복된 뒤에도 이슬람 지배의 마지막 보루였던 그라나다 토후국은 방어하 기 쉬운 이 구릉진 지형을 기반으로 250년을 더 버텼다. 반도 서쪽의 더 편평 한 지형을 차지한 포르투갈 왕국은 13세기 중엽에 원래 영토를 되찾고 해양 탐험에 전력을 기울일 수 있었던 반면, 에스파냐는 15세기가 끝날 때까지 더 힘겨웠던 레콩키스타에 계속 매달렸다.

볼타 두 마르

유럽 해안과 아프리카 해안에서 얼마간 떨어진 대서양에 작은 제도가 4개 있다. 카나리아 제도, 아조레스 제도, 마데이라 제도, 카보베르데 제도가 그것이다. 고대 로마인에게는 카나리아 제도가 알려진 세계의 끝이었지만,* 중세의 암흑시대가 되자 이 제도에 대한 지식이 사라졌다. 카나리아 제도는 문자 그대로 지도에서 사라졌다. 그러다가 14세기 후반과 15세기 전반에 포르투갈과 에스파냐 항해자들이 이베리아반도 너머로 모험 항해를 시작하면서 카나리아 제도는 이전에 알려지지 않았던 제도들과 함께 다시 발견되었다. 그들은 모로코 해안에서 겨우 100여 km 지점에서 카나리아 제도를 발견했는데, 그곳에는 이미 북아프리카에서 온 베르베르족의 후손으로 추정되는 원주민 부족들이 살고 있었다. 하지만 더 먼 곳에 있는 아조레스 제도와 카보베르데 제도에는 포르투갈인이 처음 그곳에 발을 디뎠을 때 아무도 살고 있지 않았다.

바다로 나간 이베리아 선원들은 곧 카나리아 해류를 만났는데, 이 해류는 그들의 배를 아프리카 해안을 따라 남서쪽으로 내려가게 해주었다. 그러다가 북위 30° 부근에서 탁월풍인 북동풍

---

* 카나리아 제도라는 이름은 '개들의 섬'이라는 뜻의 라틴어 인술라 카나리아 (Insula Canaria)에서 유래했다. 여기에서 개는 한때 이 제도의 해변을 빽빽하게 메웠던 큰 물범을 가리킨 것으로 보인다. 카나리아라는 새 이름도 여기서 유래했는데, 이 새는 이 섬들의 토착종이어서 제도의 이름을 따 카나리아라고 부르게 되었다.

에 밀려 카나리아 제도로 향했다. 모로코 해안선을 따라 나아가는 이 경로는 고대에 페니키아인이 갤리선(돛도 사용했지만 양쪽 뱃전에 두 줄로 늘어선 노를 주로 사용한 배)을 타고 아프리카 북서해안을 따라 이동하며 교역을 할 때 사용했던 해상로였다. 2000여 년 뒤에 모험에 나선 유럽인 항해자들이 맞닥뜨린 문제는 어떻게 하면 집으로 다시 돌아갈 수 있느냐였다. 범선은 노 젓는 사람이 필요하지 않아 보급품과 교역 상품을 많이 실을 수 있지만, 반대 방향의 해류나 역풍을 만나면 큰 어려움이 따랐다.

이때 포르투갈 항해자들이 볼타 두 마르^{volta do mar}('바다에서의 귀환' 또는 '바다에서의 선회'라는 뜻)라는 혁신적 방법을 찾아냈다. 모로코 해안선이나 카나리아 제도에서 북동쪽에 위치한 포르투갈로 돌아가기 위해 이들은 먼저 대서양을 향해 서쪽으로 나아갔다. 이것은 얼핏 보기에는 역설적으로 보이지만, 카나리아 해류는 해안에서 멀어질수록 약해지고, 북위 30° 지점에 이르면 탁월풍인 남서풍을 타고 고향으로 돌아갈 수 있었다. 따라서 이들은 지역에 따라 해류와 대기 순환이 서로 다르게 일어나는 성질을 활용해 카나리아 제도와 고향으로 돌아갔다. 우연히도 카나리아 제도는 북동 무역풍이 약해지고 남서 편서풍이 강해지는 지역 가까이에 위치한다.

이것에 대해서는 나중에 다시 자세히 이야기하겠지만, 여기에서는 약간 혼란을 초래할 수도 있는, 바람과 해류에 이름을 붙이는 방식을 설명하고 넘어갈 필요가 있을 것 같다. 바람은 불어오는 방향을 기준으로 이름을 붙인다. 따라서 북풍은 북쪽에서 남쪽으로 부는 바람이다. 반면에 해류는 나아가는 방향을 기준으로 이름을 붙인다. 따라서 북류北流는 남쪽에서 북쪽으로 흐르는 해류를 말한다. 이것은 혼란을 일으킬 소지가 크지만, 생각해보면 상당히 일리가 있다. 육지에 있을 때에는 바람이 불어오는 방향이 중요하다. 폭풍이 어느 방향에서 다가오는지 혹은 풍차를 어느 방향으로 향해야 하는지가 중요하기 때문이다. 하지만 해류를 타고 나아가는 배는 해류가 배를 어디로 향하게 하느냐가 중요하다. 배를 난파시킬 수 있는 산호초나 여울이 있는 곳을 향해 해류가 흘러간다면 특히 그렇다.

카나리아 제도에서 이베리아반도 해안으로 돌아가기 위해 난바다로 나가 크게 빙 도는 볼타 두 마르 항로를 택하면 도중에 마데이라 제도에 이르게 된다. 마데이라 제도는 실제로는 카나리아 제도보다 포르투갈에 더 가깝지만, 유럽인은 카나리아 제도를 먼저 발견했는데, 탁월풍인 북동풍이 지브롤터 해협에서 출발한 유럽인의 배들을 곧장 그곳으로 데려갔기 때문이다. 포르투갈 탐험대는 아프리카 해안을 따라 점점 더 아래로 내려가는 항해에 나섰다가 이번에는 대서양 한가운데를 향해 더 멀리 나아가는 볼타 두 마르 항로를 활용했는데, 그 과정에서 아조레스 제도를 발견했다. 아조레스 제도는 이베리아반도 끝에서 서쪽으로 약 800km 지점에 있는데, 이곳에는 동쪽으로 흐르는 포르투갈 해류가 있어 이 해류를 타고 항구로 무사히 돌아갈 수 있었다. 그리고 사하라 사막이 중앙아프리카의 무성한 열대 우림으로 바뀌는 아프리카 대륙 서단 앞바다에 위치한 카보베르데 제도(이

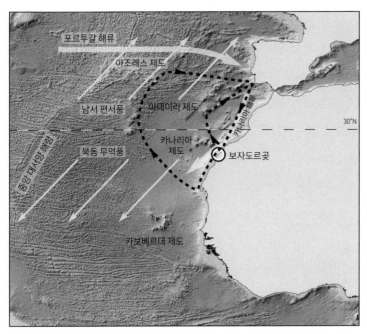

대서양의 제도들과 바람과 해류의 지역적 차이를 이용해 항해하는 볼타 두 마르 항로의 예

이름은 '초록색 갑'이라는 뜻이다)는 1456년에 포르투갈인 항해자가 발견했다.

　대서양의 이 제도들은 와이트섬이나 마요르카섬, 스리랑카섬처럼 대륙붕 위에 있지만, 해수면 상승으로 본토와 분리된 섬들과 달리 넓은 바다 한가운데에 고립된 섬들이다. 이 섬들은 해저에서 솟아오른 화산들이 수면 위로 나온 부분이다. 사실, 아조레스 제도는 아이슬란드까지 죽 뻗어 있는 해양 지각의 큰 균열인 중앙 대서양 해령에서 가장 높은 화산 봉우리들이다.*

　대서양의 섬들은 이베리아의 탐험가들에게 대양 항해의 디딤

돌 역할을 하는 중요한 기항지가 되었다. 특히 카나리아 제도는 더 긴 항해를 위해 보급품과 민물을 공급받는 핵심 기항지였다. 아조레스 제도는 고향으로 돌아가는 경로에서 비슷한 기능을 했다. 아프리카 해안과 이 제도들 사이에서 일어난 초기의 항해를 통해 유럽인 항해자들은 미지의 세계로 나아가는 더 먼 항해에 필요한, 숙련된 기술과 자신감을 얻었다. 여기서 그들은 지구의 대양과 대기에 일어나는 대규모 순환을 이해하기 시작했고, 해류와 바람의 패턴을 활용하는 법을 터득했다.

그런데 대서양의 섬들은 그 자체로도 큰 경제적 가치가 있었다. 기후와 비옥한 화산재 토양은 사탕수수 같은 작물을 재배하기에 이상적이었다. 마데이라 제도(마데이라는 포르투갈어로 '목재'라는 뜻이다)는 원래는 숲이 무성하게 우거져 있었지만, 포르투갈 선원들이 숲을 빠르게 베어냈고, 그 땅은 곧 포도밭과 사탕수수밭으로 변했다. 15세기 말에 마데이라 제도에서는 연간 약

---

* 고립된 화산섬은 망망대해에서 큰 전략적 가치가 있기 때문에 역사를 통해 중요한 역할을 했다. 남대서양의 세인트헬레나섬도 중앙 대서양 해령에서 생겨난 화산섬으로, 세상에서 가장 외딴 곳에 위치한 섬 중 하나이다. 세인트헬레나섬은 인도와 중국에서 돌아오는 동인도 회사 선박들의 중요한 기항지가 되었다. 또, 영국인이 워털루 전투에서 패한 나폴레옹을 유배한 곳으로도 유명하다. 태평양 가운데 위치한 화산 열도인 하와이 제도는 현대사에서 미국의 중요한 전략적 요충지였는데, 미국은 이곳에 공군 기지와 해군 기지를 건설했다. 1941년 12월에 일본이 오아후섬의 진주만에 정박하고 있던 해군 함정들을 공격하면서 미국은 제2차 세계 대전에 참전을 결심하게 되었다. 그리고 6개월 뒤, 길게 늘어선 하와이 제도에서 북서쪽 끝에 위치한 미드웨이섬에서 출격한 미군 폭격기들이 일본군 함대를 격파했는데, 이것은 태평양 전쟁의 전세를 뒤집는 결정적 계기가 되었다.

1400톤의 설탕이 생산되었는데, 아프리카 본토에서 데려온 노예들이 농장에서 일했다. 따라서 대서양의 섬들은 탐험 시대를 여는 데 핵심 역할을 했지만, 이 섬들의 '발견'은 유럽 국가들이 그후 팽창해가는 과정에서 드러낼 영토 정복, 식민지 경영, 노예 노동을 이용한 재식 농업(열대 또는 아열대 지방에서, 자본과 기술을 지닌 구미인이 현지인의 값싼 노동력을 이용하여, 특정 농산물을 대량 생산하는 경영 형태 또는 그 농장. 플랜테이션이라고도 함) 같은 아주 추한 측면을 예고했다.

폭풍의 곶

지도를 살펴보면, 보자도르곶은 서아프리카의 볼록한 해안선에서 살짝 튀어나온 부분에 지나지 않는다. 하지만 별다른 특징 없이 모래언덕이 여기저기 널린 이 곶은 한동안 아프리카 해안을 따라 항해할 수 있는 남쪽 끝 지점으로 간주되었다. 항해하기에 위험한 곳으로 알려진 보자도르곶은 아랍어로는 아부 카타르라고 불렸는데, '위험의 아버지'라는 뜻이다.

그 당시에는 가능하면 해안에 바짝 붙어 항해하는 것이 전통적인 항해 방법이었다. 해안선에서 가까우면 식량과 민물을 구하기 쉽고, 더 중요하게는 항해에 도움을 주는 지형지물을 활용할 수 있었다. 하지만 보자도르곶을 돌아가면, 모로코를 따라 불던 미풍이 사라지고, 대신에 동쪽에서 불어오는 강풍을 만나게 되는데, 이 강풍에 배가 난바다로 휩쓸려갈 위험이 컸다.* 게다가 널따란 모래톱이 물속에 잠겨 해변에서 30km 이상 바다 쪽으로 뻗어 있어 수심이 겨우 몇 미터에 불과한 곳이 많다. 그래서 이 위험을 피하려고 해안선에서 멀찌감치 떨어져 항해를 하려고 하면, 강한 해류에 휩쓸려 난바다 쪽으로 점점 더 멀리 밀려갈 위험이 있었다.

하지만 1434년에 포르투갈 항해자 질 이아느스Gil Eanes가 보자도르곶을 지나갈 수 있는 혁명적 기술을 발견했는데, 오늘날 유조항법流潮航法, current sailing이라 부르는 항해 방법이었다. 바람과 해류가 복잡한 장소에서 원하는 방향으로 나아가려면, 보이지 않는 해류에 의해 배의 경로가 얼마나 편향되는지 알 필요가 있다. 그 당시 이아느스가 쓸 수 있는 방법은 출항하기 전에 카나리아 제도에서 해류의 방향과 속력을 자세하게 측정한 뒤, 도중에 여러 지점에서 돛을 접거나 닻을 내려 그곳의 해류를 측정하면서 배의 경로를 수정해 나아가는 수밖에 없었다. 이아느스는 항해하는 데 필요한 보정 경로를 추측했을 수도 있고, 아니면 오늘날의 항해자들이 하듯이 항해도 위에 삼각형을 그려가면서(현재의 위치와 목적지를 잇는 선을 긋고, 해류에 의한 편향을 나타내는 선을 그은 다음, 이 둘을 합침으로써 해류의 영향을 보정하면서 나아가야 할 세 번째 선을 긋는 식으로) 그것을 계산했을 수도 있다. 이렇게 해서 보자도

---

* 기류는 대부분 눈에 보이지 않지만, 이 경우에는 사하라 사막에서 먼지를 잔뜩 품고 이동하는 이 바람을 우주에서도 볼 수 있다. 먼지를 잔뜩 머금은 이 공기가 대서양을 건너는 데에는 약 일주일이 걸리며, 먼지 입자는 아마존 열대 우림에 떨어져 토양을 기름지게 만든다.

르곶은 바다의 패턴을 이해하려고 노력했던 포르투갈 항해자들에게 정복되었다. 그리고 바다의 패턴을 숙지한 이들은 해안에서 더 멀리 떨어진 곳까지도 항해할 수 있다는 자신감을 얻었다.

보자도르곶을 지나가는 방법을 알아낸 포르투갈 탐험대들은 서아프리카 해안을 따라 점점 더 아래로 내려가 세네갈강을 발견했고, 해안에서 570km나 떨어진 지점에 있는 카보베르데 제도도 발견했으며, 이제 서아프리카에서 크게 불룩 튀어나온 부분을 돌아 기니만으로 다가갔다. 이곳에서는 기니 해류가 그들을 동쪽으로 데려다주었지만, 탐험가들은 카나리아 제도를 떠난 뒤 남쪽으로 여행하는 동안 신뢰할 만한 동반자였던 북동풍이 사라진다는 사실을 알아챘다. 이제 그들은 적도 무풍대의 약하고 가변적인 바람과 맞서 싸워야 했다.

1474년, 포르투갈 선장들은 아프리카 해안이 다시 남쪽으로 뻗기 시작하는 지점에 이르렀는데, 적도를 넘어서자마자 하늘에서 북극성이 사라졌다. 북극성은 작은곰자리에 있는 밝은 별인데, 우연히도 북극점 바로 위에 위치한다. 자신이 있는 장소의 위도(즉, 적도에서 북쪽으로 얼마나 멀리 떨어져 있는지)를 알고 싶다면, 밤하늘에서 북극성과 수평선 사이의 각도를 재기만 하면 된다. 하지만 이제 북극성이 시야에서 사라지자, 항해자들은 단지 지도에 없는 수역으로 들어섰을 뿐만 아니라, 자신들이 알고 있던 항해 방법이 더 이상 통하지 않는 기묘한 세계에 발을 들여놓았다는 것을 알아챘다. 북극성이 사라지는 현상을 나타내기 위해 만들어낸 포르투갈어 단어는 데즈노르테아두desnorteado(직역하면

'북쪽이 사라지다'라는 뜻)인데, 이 단어는 곧 '길을 잃다' 또는 '혼란에 빠지다'라는 더 일반적인 의미로 사용되었다.* 하지만 포르투갈 항해자들은 아프리카 해안을 따라 계속 내려가다가 반대편 수평선 위에서 남십자성(남십자자리)을 발견했는데, 남십자성은 남반구에서 북극성처럼 길잡이 역할을 하는 밝은 별자리이다.

포르투갈인은 이 신비한 대륙의 남단을 발견하기 위해 항해를 계속해나가는 과정에서 현지의 지리와 언어 그리고 가장 중요하게는 교역할 수 있는 상품에 대한 정보를 얻기 위해 자주 항해를 중단했다. 그들은 또한 각각의 탐험에서 가장 먼 지점에 도달한 해안에 세우려고 배에 돌기둥을 싣고 갔다. 돌기둥은 그곳이 포르투갈의 영토라고 주장하기 위한 근거 뿐만 아니라, 뒤따라오는 항해자들이 넘어가야 할 지표물 역할을 했다. 이리저리 요동치고 흔들리는 범선의 선창船倉(갑판 밑에 있는 짐칸)에 실려 운반된 이 작은 기념비는 미국의 우주 비행사들이 아폴로 계획 때 달로 가져간 국기에 해당하는 것이었다.

하지만 아프리카 남단을 돌아가는 데 성공하려면, 해안을 따라 느리게 탐사하면서 나아간 이 항해와는 근본적으로 다른 변화가 필요했다. 즉, 급진적으로 새로운 접근법이 필요했다.

1487년 늦여름, 바르톨로메우 디아스Bartolomeu Dias는 리스본에서 출항하여 카나리아 제도를 지나 보자도르곶을 돈 뒤, 수십 년

---

* 이에 대응하는 영어 단어는 프랑스어 단어에서 유래한 '디스오리엔티드(disoriented)'로 '방향을 잃다'라는 뜻이다. 이 단어의 어원을 풀이하면, 해가 뜨는 곳인 동쪽 방향을 잃었다는 뜻이 된다.

동안 포르투갈인의 탐험을 통해 이제는 익숙해진 아프리카 해안선을 따라 내려갔다. 항해에 나선 지 넉 달 뒤, 디아스는 이전의 탐험대들이 도달했던 가장 먼 지점을 가리키는 돌기둥을 지나갔다. 해안선을 따라 계속 나아가면서 새로 마주치는 만과 곶에는 산타마르타만(12월 8일), 상투메(12월 21일), 산타비토리아(12월 31일)처럼 성인 축일에서 이름을 따 지명을 지었는데, 그것은 마치 자신이 그곳을 지나간 날짜를 지도에 표시한 타임스탬프와도 같았다. 크리스마스에 들른 만에는 여행자들의 수호성인 이름을 따 성 크리스토퍼만이라고 이름 붙였다.

해안선을 따라 내려가는 이 여정 내내 디아스의 배들은 꾸준히 부는 남풍과 해안선을 따라 북쪽으로 밀고 올라오는 해류에 맞서며 나아가야 했다. 그러다가 디아스는 극단적인 결정을 내렸다. 육지 가까이에 붙어 나아가던 배들의 방향을 망망대해 한가운데로 돌린 것이다. 선원들은 해안선에서 느끼던 위안과 안전이 수평선 위로 서서히 사라져가는 것을 지켜보았다. 디아스는 북아프리카 해안에서 카나리아 해류를 거슬러 고향으로 돌아가게 해주는 것과 같은 방법(난바다로 멀리 나아가 편서풍을 타고 빙 돌아가는 볼타 두 마르 경로를 통해)이 이곳 남대서양에서도 효력을 발휘해 아프리카 남단을 돌아 동양으로 가는 통로를 발견할 수 있을 것이라고 기대했다.

디아스의 직감은 들어맞았고, 남위 38° 부근에서 기다리던 편서풍이 불기 시작했다. 마침내 배들은 이 바람을 타고 동쪽으로 방향을 틀었고, 사방에 물 외에는 아무것도 없는 남대서양의 망망대해에서 거의 한 달을 보낸 뒤에 육지에 상륙했다. 해안선을 따라가면서 그들은 해안선이 이제 북동쪽을 향해 뻗어 있다는 사실을 알아챘다. 아프리카 남단을 도는 데 성공해 광대한 대륙의 반대편에 접어든 것이다. 하지만 배에 실은 보급품이 바닥나는 바람에 디아스는 마지막 돌기둥을 세우고 배를 돌려야 했다. 디아스는 돌아가는 길에 자신이 아프리카 남단이라고 생각했던 곳을 보았다. 그는 이곳을 대서양과 인도양이 만나 격렬하게 요동치는 바다의 조건을 반영해 '폭풍의 곶'이라고 이름 붙였다. 하지만 디아스가 고국으로 돌아가고 나서 포르투갈 국왕 주앙 2세가 다음 탐험가들의 사기를 꺾지 않도록 그 이름을 '희망봉'으로 바꾸었다.*

디아스의 항해는 역사의 물줄기를 바꿔놓았다. 첫째, 프톨레마이오스의 생각이 틀렸으며, 아프리카에 끝이 '있음'이 확인되었다. 따라서 이슬람 세계를 우회해 유럽에서 인도양의 부를 찾아가는 해상로를 발견할 가능성이 매우 커졌다. 둘째, 이에 못지않게 중요한 사실인데, 디아스는 남대서양에서 믿을 수 있게 아프리카 남단을 돌아가게 해주는 편서풍대를 발견했다. 아프리카 해안선을 따라 나아가고, 적도를 지난 후에 북쪽으로 흐르는 해

---

* 주앙 2세는 경쟁자였던 카스티야 왕국의 이사벨 여왕(훗날 에스파냐를 통일한)으로부터 최상의 존칭을 들었는데, 이사벨 여왕은 그를 단순히 '남자(the Man)'라고 불렀다. 이것은 미국의 싱어송라이터 브루스 스프링스틴의 별명 보스(the Boss)보다 훨씬 나은 호칭으로 보인다(여기에서 'the Man'은 단순히 남자가 아니라, 최고의 권력자 또는 지배자를 뜻한다. 그러니 '최고의 남자'로 옮길 수도 있다 – 옮긴이).

류를 거스르며 힘들게 항해하는 대신에 중앙대서양으로 나아가 크게 빙 도는 경로가 그 답이었다. 북대서양의 카나리아 제도에서 고국으로 돌아가기 위해 개발한 볼타 두 마르 방법이 남대서양에서도 통했다. 북반구와 남반구에서 나타나는 바람의 띠들은 서로 거울상 같은 모습을 하고 있었다. 이를 통해 유럽 항해자들은 지구의 바다와 대기에 일어나는 대규모 순환 패턴을 처음으로 직감했고, 곧 그것을 더 깊이 이해하고 활용하기 시작했다.

신세계

포르투갈인이 아프리카 남단을 돌아가는 항로를 발견하고 있을 때, 제노바의 한 항해자는 반대 방향의 항해 모험을 후원해줄 사람을 찾고 있었다. 그는 서쪽으로 계속 항해하면 동양에 도착할 수 있다고 믿었다. 그는 마침내 1469년에 아라곤의 페르난도 2세와 결혼하면서 두 왕국을 합쳐 에스파냐 통일 왕국을 만든 카스티야의 이사벨 여왕에게서 후원을 얻어내는 데 성공했다. 그의 이름은 후원자들에게는 크리스토발 콜론Cristóbal Colón으로 알려졌는데, 오늘날에는 크리스토퍼 콜럼버스Christopher Columbus라는 이름으로 널리 알려져 있다.

오늘날 많은 사람들이 생각하는 것과는 반대로 중세의 교양 있는 사람들 중에서 지구가 편평하다고 믿은 사람은 거의 없었다. 기원전 3세기에 알렉산드리아 도서관에서 일하던 그리스의 지리학자이자 천문학자, 수학자인 에라토스테네스^{Eratosthenes}는 지구가 구형이라고 믿었으며, 그 원주를 25만 스타디아, 즉 약 4만 4000km라고 계산했는데, 이것은 실제 값과 놀라울 정도로 가깝다. 사실, 별들을 보고 자신이 있는 곳의 위도를 알아내는 기술인 천문 항법은 바로 지구가 둥글다는 원리를 기반으로 한다. 또, 유럽에서 서쪽으로 계속 나아가면 인도에 도착할 수 있다는 주장을 콜럼버스가 최초로 한 것도 아니다. 그리스 지리학자 스트라본이 이미 1세기에 같은 주장을 했다. 그리고 수평선 너머에 뭔가가 있다는 증거도 있었다. 대서양의 섬들에서 서쪽에서 밀려온 표류물을 보고했는데, 그중에는 아주 생소한 나무와 카누, 유럽인도 아프리카인도 아닌 사람들의 시체 등이 포함되어 있었다.

탐험에 필요한 재정적 지원을 확보하기 위해 콜럼버스는 잠재적 후원자에게 이 항해의 성공 가능성이 높다는 확신을 심어주어야 했다. 하지만 그런 모험에 나서기 전에 유럽 끝에서 서쪽으로 항해해 중국이나 인도에 도착하려면 얼마나 먼 거리를 가야 할지 어떻게 알 수 있을까? 먼저 지구 둘레 길이를 계산한 뒤, 거기에서 유럽에서 동양까지 육로로 가는 거리를 빼주면 되었다. 실크 로드를 따라 여행한 사람들이 보고한 정보를 통해 유라시아의 폭은 대략 알려져 있었다. 그런데 문제가 있었는데, 이 계산에 따르면 바다를 통해 서쪽으로 약 1만 9000km를 더 가야 동양에 도착할 수 있었다. 즉, 믿을 만한 바람을 받으면서 항해하더라도 넉 달이나 걸리는 거리였다. 그 당시에는 그런 여행은 꿈도 꿀 수 없었다. 도중에 육지에 들러 보급을 받지 않고서 그렇게 오랫동안 망망대해를 항해하면서 선원들을 먹여 살릴 만큼 충분히 많은 식량과 물을 배에 싣고 갈 수 없었다.

콜럼버스는 이에 굴하지 않고 자신의 신념에 푹 빠진 사람이 곧잘 사용하는 교묘한 속임수를 생각해냈다. 즉, 수치를 조작했다. 그 당시 계산된 지구의 둘레 길이 중 가장 작은 값을 선택하고 유라시아의 폭은 가장 큰 값을 선택함으로써 항해 거리를 크게 줄였다. 그는 피렌체의 수학자이자 지도 제작자인 파올로 달 포초 토스카넬리Paola dal Pozzo Toscanelli가 계산한 값을 사용했다. 토스카넬리는 지구의 둘레 길이를 아주 작게 잡음으로써 지구의 크기를 실제보다 3분의 1이나 작게 추정했을 뿐만 아니라, 일본이 중국에서 동쪽으로 2400km 지점에 있다고 주장함으로써 오랜 항해에서 쉬어갈 수 있는 기착지를 제공했다. 콜럼버스는 카나리아 제도에서 3900km만 가면 일본 주변의 섬들에 상륙할 수 있다고 주장했다. 이 항해에 걸리는 시간은 한 달이면 충분할 것으로 예상되었다. 사실, 콜럼버스는 동양이 아조레스 제도에서 그다지 멀지 않은 수평선 너머에 있다고 주장했다. 도중에 미지의 대륙이 있을 가능성은 꿈에도 생각지 않았다. 그의 계산에 따르면, 서쪽 바다에 그렇게 큰 대륙이 존재할 가능성은 전혀 없었다.

하지만 포르투갈은 이 모험을 후원하길 거부했다. 주앙 2세의 고문들은 콜럼버스가 제시한 수치가 위험할 정도로 과소평가한 값이라고 생각했고, 그 제안을 너무 무모하다고 여겼다. 게다가 바르톨로메우 디아스가 희망봉을 돌아가는 데 성공함으로써 이 아프리카 경로를 통해 인도양으로 가는 길을 활짝 열어젖힌 참

이어서 굳이 그런 모험을 해야 할 필요를 느끼지 않았다. 제노바와 베네치아, 영국도 콜럼버스의 제안을 거절했다. 하지만 콜럼버스는 에스파냐 궁정을 붙들고 로비를 반복한 끝에 마침내 후원을 얻어내는 데 성공했다. 이사벨 여왕은 그 제안이 위험은 크지만 성공할 경우 얻는 이익이 막대할 것이라는 자문 의견을 들었다. 그리고 여기에는 역사적으로 상당한 행운이 따랐다.

카스티야 계승 전쟁을 끝낸 1479년의 알카소바스 조약으로 카나리아 제도는 카스티야의 영토가 된 반면, 포르투갈은 마데이라 제도와 아조레스 제도, 카보베르데 제도를 차지했다. 이 조약으로 포르투갈은 대서양에서 유리한 위치를 차지하게 되었는데, 카스티야의 배들은 이 제도들로 항해하는 것이 금지되었기 때문이다. 게다가 포르투갈은 카나리아 제도 이남에서 발견되었거나 앞으로 발견될 모든 땅에 대해 배타적 권리를 부여받았다. 따라서 카스티야가 새로운 영토나 통상 이권을 원한다면, 선장들은 남쪽이 아니라 서쪽으로 가야 했다. 게다가 카나리아 제도는 바로 그 방향으로 대서양을 횡단하려는 배에게 아주 좋은 출발 지점에 위치하고 있었다.

만약 후앙 2세가 콜럼버스의 제안을 받아들였더라면, 그의 대담한 탐험대는 아조레스 제도에서 출발했을 것이다. 아조레스 제도는 마데이라 제도와 카나리아 제도에서 서쪽으로 약 850km 지점에 있기 때문에, 유럽 서쪽 끝에서 아메리카 해안까지 가는 거리의 약 3분의 1에 해당하는 곳에 있다. 하지만 아조레스 제도는 다른 대서양 제도들보다 훨씬 북쪽에 있는데, 이 위도에서는 탁월풍이 동쪽으로 불기 때문에 대서양 횡단 항해에는 매우 불리하다. 하지만 카나리아 제도는 북동 무역풍이 카리브해를 향해 부는 지역에 있다. 따라서 이사벨 여왕의 후원(그리고 알카소바스 조약)에 따른 역사적 우연의 요행까지 겹쳐 콜럼버스는 아메리카를 향해 바람이 부는 제도에서 출발하게 되었다. 만약 아조레스 제도에서 출발했더라면, 그의 탐험대는 십중팔구 망망대해에서 모두 죽었을 것이다.

1492년 8월 3일, 콜럼버스가 이끄는 세 척의 배가 에스파냐의 팔로스데라프론테라 항구에서 출항해 카나리아 제도로 향했다. 이곳에서 보급품을 다시 공급받고 필요한 수리를 한 뒤, 배들은 태양이 지는 쪽을 향해 나아갔다. 광활한 대서양 위에서 서쪽으로 부는 무역풍을 타고 이들은 5주 뒤에 바하마 제도에 상륙했다.* 그런 다음, 콜럼버스는 남서쪽으로 계속 나아가 쿠바와 히스파니올라섬 해안선을 탐사했다. 이곳에서 그는 소앤틸레스 제도에 사는 사람들 이야기를 들었는데, 이들을 에스파냐어로 카리바^{cariba} 또는 카니바^{caniba}라고 불렀다. 영어로 카리브해와 식인종을 뜻하는 단어 캐리비언^{Caribbean}과 캐니벌^{cannibal}은 여기에서 유래했다.**

이 섬들을 넉 달 동안 탐사한 콜럼버스는 이제 고향으로 돌아가 부와 영예를 차지할 준비가 되었다. 하지만 이전에 어느 누구

---

* 판의 활동으로 열리기까지 1억 년 이상이 걸린 대양을 이렇게 콜럼버스는 불과 한 달 만에 횡단했다.

** 콜럼버스는 또한 서인도 제도 원주민으로부터 해먹을 알게 되었는데, 이것은 수백 년 동안 유럽인 선원들이 배에서 잠을 자는 방식을 바꿔놓았다.

도 바닷길을 통해 간 적이 없는 그곳으로 어떻게 돌아간단 말인가? 콜럼버스는 먼저 단순히 자신이 왔던 길로 되돌아가려고 시도했지만, 곧 자신들을 서쪽으로 데려다준 동풍을 거스르며 항해하기가 매우 힘들며, 그렇게 항해하다가는 육지에 도착하기 전에 보급품이 바닥나리라는 사실을 깨달았다. 그래서 대신에 방향을 북쪽으로 틀었고, 중위도 지점에 이르자 아조레스 제도를 지나가는 편서풍대를 만나 유럽으로 돌아갈 수 있었다. 따라서 콜럼버스가 태어나기도 전에 포르투갈인 선원들이 아프리카 해안을 따라 내려가기 위해 수십 년 동안 체계적인 노력을 기울인 끝에 얻었던 지식, 즉 서로 이웃한 위도대에서는 탁월풍의 방향이 서로 반대라는 지식을 몰랐더라면, 콜럼버스의 탐험은 불가능했을 것이다. 한겨울에 대서양을 건너는 동안 선원들은 맹렬한 폭풍에 노출되었지만, 한 달 동안 항해한 끝에 콜럼버스 일행은 안전하게 아조레스 제도에 도착했고, 그곳에서 에스파냐로 돌아갔다.

콜럼버스는 서쪽으로 향한 항해를 네 차례 감행하여 카리브해에 줄지어 늘어선 열대 섬들의 지도를 작성했지만, 실제로 아메리카 본토(오늘날의 베네수엘라)에 발을 디딘 것은 세 번째 항해 때였다. 그리고 콜럼버스는 죽을 때까지도 자신이 도착한 땅이 동양이라고 주장했다.

15세기 초까지 유럽인 선원들은 열대 섬 수십 개의 지도를 작성했고, 그와 함께 적도를 넘어 계속 길게 이어지는 남아메리카 해안선도 탐사했는데, 거대한 강들이 바다로 흘러드는 것으로 보아 내륙에 아주 광대한 땅이 있는 게 분명해 보였다. 다른 탐험가들은 북쪽에도 멀리까지 거대한 땅이 있다고 보고했다. 카나리아 제도와 같은 위도를 따라 아시아로 가는 신항로를 에스파냐가 발견했다는 소식에 깜짝 놀란 영국 왕 헨리 7세는 베네치아 항해자 조반니 카보토^{Giovanni Caboto}(영어권에서는 존 캐벗^{John Cabot}이라는 이름으로 알려져 있다)에게 북대서양을 통과하는 대체 항로를 발견하라는 명을 내려 탐험에 나서게 했는데, 카보토는 이 항해에서 뉴펀들랜드섬에 도착했다.

이제 콜럼버스가 도착한 곳이 동양이 아니라는 사실이 분명해졌다. 그렇다면 그가 발견한 땅은 도대체 어디란 말인가? 유럽인들은 서쪽에 있는 그 땅들은 모두 같은 해안선으로 연결되어 있으며, 항해자들이 발견한 땅들은 일련의 새로운 섬들이 아니라 하나의 거대한 대륙, 곧 신대륙일지 모른다는 생각이 들기 시작했다.

전 지구적인 바람 기계

포르투갈인이 아프리카 해안을 따라 조금씩 내려가 마침내 아프리카 남단과 인도양으로 가는 통로를 발견하기까지는 거의 100년이 걸렸다. 이제 1492년에 아메리카 대륙이 발견되고 나서 한 세대가 지나기 전에 유럽인은 전 세계의 모든 바다로 모험 항해에 나섰고, 최초의 세계 일주 항해까지 이루었다. 이것은 오늘날의 지구촌 경제의 탄생을 예고하는 혁명적 사건이었다.

이 모든 일이 가능했던 것은 전 세계 각지의 바람과 해류의 분명한 패턴을 항해자들이 이해했기 때문인데, 그 패턴은 유럽에 막대한 부를 안겨준 교역로를 결정했다. 하지만 전 세계 각지에서 교대로 나타나는 탁월풍의 띠들(이것은 또 바다에서 거대한 규모로 일어나는 해류 순환의 주 원인이 된다)은 어떻게 생겨날까?

지구에서 가장 따뜻한 곳은 적도 지역인데, 일 년 내내 햇빛이 직사광선에 가까운 각도로 내리쬐기 때문이다. 적도 지역의 지표면 부근 공기는 가열되어 상승하는데, 높이 올라감에 따라 냉각되면서 수증기가 응결하여 구름이 만들어지고, 이것이 다시 비가 되어 떨어진다. 높은 고도에서 냉각되는 기단은 마치 대기권의 T자형 삼거리처럼 갈라지면서 남쪽과 북쪽으로 이동한다. 이 각각의 팔은 3000km쯤 이동하다가 매우 건조한 상태가 되어 남반구와 북반구의 위도 30° 지점(적도와 극점 사이의 3분의 1쯤 되는 지점)에서 지표면으로 하강한다. 지구 주위를 빙 두르는 이 두 띠를 아열대 고압대라고 부르는데, 이곳은 아래로 밀고 내려오는 공기 때문에 기압이 약간 높기 때문이다. 반면에 적도에서 따뜻한 공기가 위로 솟아오르는 곳은 기압이 낮아져 적도 저압대가 된다.

위도 30°의 아열대 고압대에서 공기는 지상풍의 형태로 적도 쪽으로 돌아가면서 이 거대한 연직 순환이 완성된다. 유럽인이 아메리카로 항해하는 데 중요한 역할을 담당한 이 풍대風帶는 앞 장에서 소개했던 열대 우림의 띠와 중위도 지역 사막의 거대한 띠를 만들어낸 것과 동일한 대기 순환 패턴이다. 이 거대한 두 대기 순환 패턴은 해들리 세포Hadley cell라고 부르는데, 적도를 사이에 두고 서로 반대 방향으로 회전하는 한 쌍의 톱니바퀴처럼 작용한다. 적도 지역의 가열에서 에너지를 얻는 해들리 세포의 움직임은 거대한 열기관과 같다―원리적으로는 증기 기관이나 내연 기관과 다를 바가 전혀 없다. 비록 그 출력이 오늘날 전 세계의 인류 문명이 사용하는 전체 에너지보다 10배나 큰 200조 와트나 되긴 하지만 말이다.

그런데 우리 행성에는 지구상의 바람들에 큰 영향을 미치는 요소가 또 하나 있다. 지구와 그 대기는 회전하고 있다. 지구는 단단한 구체이기 때문에, 지구가 자전할 때 적도 지역 표면이 고위도 지역 표면보다 더 빠르게 움직인다. 그리고 공기가 아열대 고압대에서 적도 쪽으로 돌아가는 동안 그 아래의 지표면은 갈수록 동쪽으로 점점 더 빨리 움직인다. 지표면과 공기 사이에 약간의 마찰이 일어나 움직이는 지표면이 공기를 함께 끌고 가려고 하지만, 공기는 옆 방향으로 움직이는 속도가 충분히 붙지 않아 지표면을 따라가지 못한다. 그래서 적도를 향해 불어가는 바람은 자전하는 지표면을 따라가지 못하고 뒤처지고 만다. 그로 인해 적도를 향하는 바람은 서쪽으로 살짝 구부러지면서 나아가게 된다. 이 현상을 코리올리 효과Coriolis effect라고 부르는데, 이 효과는 회전하는 구의 표면 위에서 움직이는 모든 물체에 작용한다. 예컨대 탄도 미사일도 코리올리 효과 때문에 날아가면서 경로가 옆으로 구부러진다. 이것은 이렇게 바꿔 생각해볼 수 있다. 여러분이 열대 바다를 지나가는 배 위에 서 있고, 탁월풍이 동쪽에서 불어온다고 상상해보자. 하지만 여러분과 지표면이 대기 속에서 빨리 움직이고 있고, 이때 부는 동풍은 자동차를 타고 질

주할 때 머리카락을 스치며 지나가는 바람과 같은 것이라고 하는 게 더 정확한 설명이다.

북반구에서 부는 바람은 모두 코리올리 효과 때문에 진행 방향의 오른쪽으로 구부러진다. 남반구에서는 반대로 왼쪽으로 구부러진다. 따라서 북위 30°와 적도 사이에서 탁월풍은 남서쪽을 향해 구부러진 경로를 그리며, 따라서 풍향 명명법에 따라 이 바람을 북동풍이라 부른다. 남반구에서도 똑같은 일이 일어난다. 지표면을 따라 북쪽으로 적도를 향해 돌아가는 공기는 서쪽으로 구부러지므로 이곳의 탁월풍은 남동풍이다. 이 두 가지 동풍을 무역풍trade wind이라고 부르는데, 무역풍은 열대 지역에서 늘 신뢰할 수 있게 부는 바람이어서 항해자들에게 절대적으로 중요한 존재였다.*

적도로 돌아가는 북동 무역풍과 남동 무역풍이 적도 부근에서 서로 만나는 지점의 띠를 오늘날의 대기과학자들은 적도 수렴대라고 부른다. 하지만 항해자들 사이에서는 적도 무풍대(적도 저압대)라는 이름으로 알려져 있다. 이곳은 저기압 공기가 모이는 곳으로, 바람이 약하거나 바람이 전혀 불지 않는 상태가 오래 지속되는 것이 특징인데, 15세기 후반에 아프리카 해안을 따라 아

---

* 놀라운 사실이 있는데, 무역풍이라는 이름은 흔히 우리가 생각하는 '무역trade'에서 유래한 것이 아니다. 이 용어는 사실은 16세기에 'trade'라는 단어가 다른 의미로 쓰이던 용법에서 유래했다. 'trade'에는 '경로'나 '길'이라는 뜻이 있었기 때문에, 'a wind blowing trade'는 '일정한 방향으로 부는 바람'을 뜻했다. 따라서 'trade wind'는 일정한 바람을 뜻했고, 우리가 세계를 이해하기 위한 탐험과 일에 아주 유용하게 쓰였다.

래로 내려가던 포르투갈 선원들이 적도를 건너면서 처음 발견했다. 이 지역은 항해하는 선박에 매우 위험했는데, 바람이 다시 불 때까지 혹은 해류가 배를 그곳에서 빠져나가게 할 때까지 마냥 기다려야 했기 때문이다. 몇 주일 동안이나 적도 무풍대에 갇혀 오도 가도 못하는 신세가 될 수 있었는데, 뜨겁고 후텁지근한 이 적도 지역에서 그렇게 오래 머물 경우, 단지 화물을 제때 운반하지 못하는 데 그치지 않고, 식수가 바닥나 죽음을 맞이할 수도 있었다. 새뮤얼 테일러 콜리지는 〈노수부의 노래〉에서 태평양의 적도 무풍대에 갇힌 선원들의 절망감을 생생하게 표현했다.

하루가 가고 이틀이 가도, 사흘이 가고 나흘이 가도,
우리는 꼼짝도 못 했소, 숨결도 움직임도 없이;
그림으로 그린 바다 위에
그림으로 그린 배처럼 가만히 있었소.

물, 물, 물은 사방에 널려 있었지만,
그런데도 모든 널빤지는 오그라들었소;
물, 물, 물은 사방에 널려 있었지만,
마실 물은 한 방울도 없었소.

적도 수렴대의 위치는 태양열에 가열되어 상승하는 공기에 의해 결정되며, 계절에 따라 적도를 나타내는 기하학적 선에서 남북으로 이동한다. 여름에는 육지가 바다보다 온도가 더 빨리 올라가기 때문에, 대륙이 있는 곳에서는 적도 수렴대의 위치가 적도에서 더 멀어진다. 그래서 적도 수렴대는 지구의 허리 주위로 뱀처럼 구불구불 뻗어 있다. 이 때문에 적도 수렴대의 정확한 위치와 폭을 예측하기가 어려우며, 선원들이 적도 무풍대에 갇힐 위험이 커진다.

해들리 세포의 팔들이 하강하는 위도 30° 지점을 지나 북위 60°와 남위 60° 부근에서는 지표면의 공기가 비록 적도 지역보다는 차갑지만 여전히 충분히 따뜻하기 때문에, 위로 상승하면서 극 쪽으로 향하는 또 하나의 대류 고리(극 세포)를 만들어낸다. 그리고 해들리 세포와 마찬가지로 이 고리 바닥에서 적도 쪽을 향해 부는 지상풍은 코리올리 효과 때문에 오른쪽으로 구부러지면서 극동풍이라는 바람의 띠를 만들어낸다.

지구의 대기에서 세 번째이자 마지막 한 쌍의 대순환 흐름은 위도 30°와 60° 사이에서 순환하는 페렐 세포이다. 하지만 나머지 두 세포와 달리 페렐 세포는 수동적이다. 페렐 세포는 자체의 따뜻한 상승 기류가 만들어내는 것이 아니라, 양쪽에서 순환하는 해들리 세포와 극 세포의 상호 작용에 의해 생겨난다. 양쪽에서 돌아가는 두 톱니바퀴 사이에 끼여 저절로 돌아가는 톱니바퀴와 같다고 할 수 있다. 페렐 세포와 해들리 세포에서 하강하는 팔들이 만나는 북위 30°와 남위 30° 부근의 아열대 지역에 기압이 높은 곳이 띠를 이루며 생기는데, 이곳을 '아열대 무풍대horse latitudes'라고 부른다. 이 지역은 바람이 약하거나 풍향이 자주 바뀌거나 바람이 불지 않는 경우가 많다. 그래서 적도 무풍대처럼

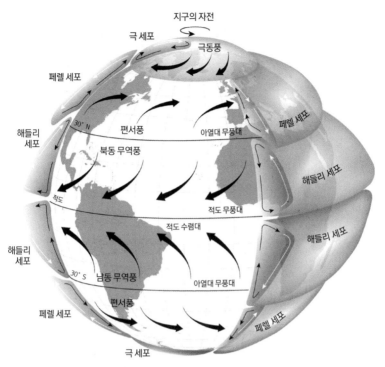

교대되는 탁월풍의 띠들을 만들어내는 지구 대기의 대순환

선원들은 이곳을 지나갈 때에는 조심해야 했다.

페렐 세포는 양쪽의 해들리 세포와 극 세포에 의해 생겨나기 때문에, 두 세포와는 반대 방향으로 순환이 일어난다. 이것은 항해 시대에 아주 중요한 사실이었다. 페렐 세포의 지상풍은 적도 쪽이 아니라 극 쪽을 향해 불며, 따라서 코리올리 효과는 바람의 진행 방향을 반대쪽으로 구부러지게 한다. 이곳은 편서풍이 부는 지역이다. 서로 다른 두 위도대의 바람들—해들리 세포의 무역풍과 극동풍—은 서쪽으로 분다. 하지만 동쪽으로 항해하려고 한다면, 편서풍이 부는 두 페렐 세포의 영역 안에서만 그럴 수 있다. 이것은 중앙아메리카와 북아메리카에서 유럽으로 돌아가는 경로인데, 고향으로 돌아가려면 북쪽으로 더 올라가 이 지역으로 들어가야 한다는 사실을 깨달은 콜럼버스가 처음으로 이를 활용해 유럽으로 돌아갔다.

편서풍대는 남반구에서도 그 중요성이 입증되었다. 앞에서 보았듯이, 판들의 활동으로 인해 현재 남반구와 북반구에 대륙들이 불균형하게 분포되어 있어, 북반구에는 바람의 흐름을 방해하는 육지와 산맥이 많다. 반면에 남반구에는 대양이 널따랗게 펼쳐져 있어 바람을 막는 장애물이 거의 없다. 특히 남위 40° 아래에서는 지구를 빙 두르며 거칠 것 없이 부는 편서풍을 방해하는 장애물은 남아메리카 남단과 뉴질랜드의 두 섬밖에 없다. 따라서 남반구의 편서풍은 북반구의 편서풍보다 훨씬 강해 뱃사람들은 이곳을 로어링 포티즈Roaring Forties(포효하는 40도대)라고 부르게 되었다. 강렬한 바람과 파도, 차가운 기후와 빙산의 위험을 무릅쓰고 더 남쪽으로 나아가려고 한다면, 더 강한 바람이 부는 퓨리어스 피프티즈Furious Fifties(격노한 50도대)나 슈리킹 식스티즈Shrieking Sixties(비명 지르는 60도대)를 이용할 수도 있었다.

적도와 극 사이에 이렇게 교대로 나타나는 풍대 패턴은 전 세계 바다의 해류에도 영향을 미치는데, 해류 역시 전 세계를 거대한 교역망으로 조직하는 데 매우 중요한 역할을 했다. 서로 이웃한 무역풍대(편동풍이 부는)와 편서풍대는 표층수를 서로 반대 방향으로 밀어 보낸다. 이것은 바닷물이 단순히 지구를 빙 돌지 못하도록 가로막는 대륙들의 효과와, 남쪽이나 북쪽으로 이동하는 물에도 코리올리 효과가 작용한다는 사실과 결합되어 대양 환류라는 거대한 표층 해류 순환 패턴을 만들어낸다. 주요 대양 환류는 모두 5개가 있는데, 북대서양과 남대서양, 북태평양, 남태평양, 인도양에 있다. 이 대양 환류들은 북반구에서는 시계 방향으로, 남반구에서는 반시계 방향으로 선회하며, 풍대들의 풍향과 마찬가지로 적도 너머의 짝과 거울상 모습으로 나타난다.

북아프리카 해안을 따라 흐르는 카나리아 해류는 페니키아 선원들 그리고 나중에는 이베리아 선원들도 잘 알고 있었다. 카나리아 해류는 북대서양에서 순환하는 대양 환류의 동쪽 팔이다. 그리고 카리브해의 따뜻한 물을 북유럽 쪽으로 싣고 가는 멕시코 만류가 서쪽 팔이다. 멕시코 만류는 1513년에 에스파냐 탐험가들이 플로리다 해안을 따라 남쪽으로 항해하다가 강한 바람을 타고 나아가는데도 배가 자꾸 뒤쪽으로 밀린다는 사실을 알아채면서 발견되었다(물은 공기보다 밀도가 훨씬 크기 때문에, 약한 해류도 바람보다 범선에 훨씬 큰 영향을 미친다). 그들은 이 해류가 상업적으로 어떤 의미가 있는지 즉각 깨달았다. 짐을 잔뜩 실은 갤리언선(16~17세기에 유럽에서 사용했던 대형 범선)도 폭이 넓고 빨리 흐르는 대양 속의 이 강으로 들어가기만 하면, 곧장 북쪽으로 올라가 편서풍을 타고 방향을 돌려 고향으로 돌아갈 수 있었다. 남아메리카 동해안을 따라 흐르는 브라질 해류는 멕시코 만류의 거울상으로, 배를 남쪽의 편서풍대로 실어다준다. 편서풍대에 이른 배는 그곳에서 편서풍을 타고 아프리카를 돌아 인도양으로 갈 수 있다.*

따라서 전체적으로 각각의 반구에서 지구를 에워싸고 있는 대기는 3개의 대순환 세포로 나누어져 있다. 이 세포들은 각자 자신의 자리에서 빙빙 돌고 계절에 따라 남북으로 조금씩 이동하면서 지구를 빙 두르고 있는 거대한 관들과 같다. 이 세포들은 지구의 주요 풍대—편동 무역풍, 편서풍, 극동풍—를 만들어내며, 이 바람들은 다시 주요 해류의 순환을 촉발한다. 다시 말해 지구의 전체 바람 패턴 중 대부분은 세 가지 단순한 사실로 설명할 수 있다. 그 세 가지는 적도가 극보다 따뜻하다, 따뜻한 공기가 상승한다, 지구가 자전한다는 사실이다.

이로써 지구 주위에 띠를 이루어 나타나는 바람의 일반적인 패턴을 요약 설명했다. 하지만 지구에는 아주 독특한 풍계가 나타나는 지역이 하나 있는데, 이 풍계는 유럽인이 그것을 발견하기 전에 크게 번성한 해양 교역망을 만들어냈다.

몬순의 바다로

'몬순monsoon'이라는 단어를 들으면, 여러분은 후텁지근한 날씨에 푸른 초목이 사방에 널린 인도의 풍경과 장대처럼 굵은 빗방

---

* 이 광대한 대양 환류에 작용하는 유체역학은 수면의 물질을 환류 중심으로 끌어당긴다. 북대서양 환류 한가운데에 자리잡고 있는 사르가소해(대양 가운데에 있는 지역 중 바다(sea)로 분류되는 유일한 곳)는 가로가 약 3000km, 세로가 약 1000km인 깨끗한 파란색 바다이지만 온갖 해초로 뒤덮여 있다. 최근에 이와 동일한 작용으로 많은 플라스틱 표류물이 대양 한가운데에 집중되는 일이 여러 곳에서 일어났는데, 그중 한 곳은 북대서양 거대 쓰레기 지대이다. 이와 비슷하게 태평양에 오염 물질이 집중된 곳은 태평양 거대 쓰레기 지대라 부른다.

울이 억수로 쏟아지는 광경을 떠올릴지도 모르겠다. 몬순이라는 단어는 '계절'을 뜻하는 아랍어 마우심에서 유래했다. 몬순은 동남아시아의 농업을 좌우하는 우기와 건기를 빚어내는 데 중요한 역할을 하지만 과학적으로는 몬순은 남아시아 주변 지역의 독특한 대기 조건이 빚어낸 결과이며, 탁월풍의 풍향이 주기적으로 역전되는 현상이 두드러지게 나타난다. 이곳에서는 포르투갈 선원들이 지중해나 대서양에서 맞닥뜨렸던 것과는 완전히 다른 풍계가 나타난다(한국의 국어사전에서는 몬순을 단순히 '계절풍'으로 풀이하고 있는데, 일반적으로는 인도양과 동남아시아 지역의 계절풍과 우기를 가리킨다. 더 현대적인 정의에서는 육지와 바다의 비대칭적인 가열로 인해 일어나는 대기 순환과 강수의 계절적 변화를 가리킨다 – 옮긴이).

포르투갈 탐험가 바스쿠 다가마Vasco da Gama는 바로톨로메우 디아스의 발자취(혹은 그 배가 지나간 자취)를 따라 인도로 가는 항로를 완성하기 위해 1497년 여름에 리스본에서 출항했다. 그는 이제 일상적인 항로가 된 아프리카 북서해안을 따라 내려가 카보베르데 제도에서 물을 보충한 다음, 서아프리카 해안을 따라 빙 돌아갔다. 하지만 아프리카 해안선을 따라 기니만의 적도 무풍대로 가는 대신에 디아스의 볼타 두 마르를 크게 확대한 항로를 택했는데, 이를 위해 뱃머리를 남서쪽으로 돌려 육지에서 수천 킬로미터나 벗어난 대서양의 망망대해로 나아갔다. 먼바다에서 다가마는 남쪽으로 일정하게 흐르는 브라질 해류를 만나 그것을 타고 아래로 내려가다가 디아스가 10년 전에 발견한 편서풍대에 이르렀다. 그리고 편서풍의 도움으로 아프리카 남단을 향해 나아갈 수 있었다.

이때까지 다가마와 그의 선원들은 대서양에서 약 1만 km나 항해하면서 바다에서 석 달 이상을 보냈는데, 이것은 그때까지 대양에서 가장 오랫동안 항해한 기록이었다. 이에 비해 콜럼버스는 서쪽으로 항해에 나선 지 고작 38일 만에 불안에 사로잡힌 선원들이 반란을 일으켜 되돌아갈 것을 요구하고 나섰다—우연히도 이틀 뒤에 육지를 발견하는 행운이 따라주었지만.

다가마는 이제 아프리카 남동부 해안선 주위에 휘몰아치는 해류에 맞서며 희망봉을 돌아가려고 애썼다. 1497년 12월 16일, 그들은 디아스가 세운 마지막 돌기둥을 지나갔다. 다음 해 3월에는 모잠비크에 도착해 아라비아해 교역상들의 활동 영역으로 들어섰다. 다가마는 오늘날의 케냐에 위치한 말린디 항구에서 처음으로 인도 상인을 만났고, 인도양을 항해하는 데 필요한 지식을 가진 구자라트인 수로 안내인의 도움을 얻는 데 성공했다. 4월 하순에 출발한 그들은 운 좋게도 북동쪽으로 일정하게 부는 바람을 탈 수 있었다(다가마는 몬순 바람의 성격과 자신이 우연히도 적절한 시기에 출발했다는 사실을 아직 제대로 이해하지 못했다). 다가마의 배들은 대각선 방향으로 인도양을 곧장 가로질러 인도 말라바르 해안의 캘리컷(오늘날의 코지코드)을 향해 나아갔다. 4월 29일에 수평선 위로 북극성이 보였다. 그들은 다시 북반구로 되돌아온 것이었다. 바스쿠 다가마의 배들은 불과 25일 만에 대양에서 4000km 이상을 항해해 1498년 5월 20일에 캘리컷에 도착했다. 다가마는 수십 년 동안 포르투갈 탐험가들이 추구했던 꿈을 마침내 이루었고, 유럽에서 인도와 향료 제도의 부를 향해 가는 해상로를 개척했다.

그들은 인도 해안을 탐험하면서 시간을 약간 보낸 뒤, 10월 초에 고향으로 돌아가는 항해에 나섰다. 하지만 다가마가 알고 있던 계절풍의 규칙적인 패턴은 아주 잘못된 것이었다. 현지 사정을 잘 아는 항해자라면 일 년 중 그 시기에 남서쪽을 횡단해 아프리카 해안으로 가려고 시도할 사람은 아무도 없었다. 다가마의 배들은 맞바람과 맞서며 사투를 벌였지만, 아주 느릿느릿 나아가는 데 그쳤다. 게다가 바람이 불지 않는 지역에 자주 들어가 발이 묶였고, 식수도 변해 악취가 났으며, 선원들 사이에 괴혈병이 발병하기 시작했다.*

그들은 마침내 동아프리카 해안의 모가디슈에 도착했다. 시기를 아주 잘못 선택한 이 항해는 132일이 걸렸다. 두 달만 기다렸다가 항해에 나섰더라면, 겨울철 계절풍을 타고 불과 몇 주일 만에 인도양을 건널 수 있었을 것이다. 바스쿠 다가마 일행은 거의 만 2년

----

* 선원들이 일상적으로 괴혈병에 걸리기 시작한 것은 포르투갈인이 감행한 최초의 이 장거리 항해들에서였다. 그 당시에 괴혈병의 존재가 알려지지 않았던 것은 아니다. 기아가 발생할 때나 영양 공급이 빈약한 군인들 사이에서도 괴혈병이 나타났다. 하지만 이제 몇 달 동안 바다에서 항해를 계속한 선원들에게 괴혈병이 흔히 나타났고, 심지어 필연적이라고 할 정도로 나타났다. 지금은 괴혈병이 비타민 결핍이 원인이라는 사실이 밝혀졌다. 비타민 C, 즉 아스코르브산은 우리 몸이 결합 조직의 주성분인 콜라겐을 만드는 필수 성분으로 쓰인다. 비타민 C가 부족한 식사를 한 달 정도 계속하면, 괴혈병 증상이 점점 악화된다. 잇몸 출혈과 뼈 통증과 함께 상처가 잘 낫지 않고 이가 빠지며 결국에는 경련이 일어나 죽게 된다. 흥미롭게도 사람은 괴혈병에 걸리는 극소수 동물종 중 하나이다(또 다른 동물은 기니피그이다). 진화의 역사에서 우리가 다른 영장류 종들과 갈라질 때 유전 암호 중 한 문자에 돌연변이가 일어났고, 그 결과로 간세포에서 아스코르브산을 만드는 데 필요한 핵심 효소가 생기지 않게 되었다. 감귤류를 섭취하면 괴혈병을 예방할 수 있다는 사실이 밝혀진 18세기 말까지 괴혈병은 긴 항해에 나선 선원들의 주요 사망 원인이었다.

만에 마침내 고향으로 돌아갔는데, 그동안 여행한 거리는 약 4만 km나 되었다. 불굴의 용기와 인내심이 낳은 이 쾌거에는 전체 선원 중 3분의 2를 잃는 희생이 따랐는데, 상당수는 괴혈병으로 죽었다. 계절풍의 리듬을 등한시했다가 값비싼 대가를 치른 것이다.

하지만 이들은 계피와 정향, 생강, 육두구, 후추, 루비를 가득 싣고 돌아왔다. 반면에 콜럼버스는 첫 번째 항해에서 큰 가치가 나가는 것을 거의 발견하지 못했다. 오늘날 가장 크게 기억되는 사건은 1492년에 콜럼버스가 감행한 8개월 동안의 탐험이지만, 다가마의 1497년 항해가 많은 점에서 훨씬 더 인상적인 사건이었다. 다가마는 콜럼버스가 찾기 위해 떠났지만 실패한 것을 발견했다. 그것은 바로 동양의 부를 찾아가는 해상로였다.

몬순 메트로놈

계절풍은 해변에서 밤낮에 따라 풍향이 변하는 바람과 똑같은 과정을 통해 생겨난다. 낮 동안에는 주변의 바다 표면보다 육지의 온도가 더 빨리 올라간다. 이 때문에 육지 위의 공기가 상승하고, 바다 위에 머물던 더 차가운 공기가 육지에 생긴 저기압을 메우기 위해 몰려온다. 이러한 대류 작용으로 낮에는 바다 쪽에서 육지 쪽으로 해풍이 분다. 해가 지고 나면, 반대로 육지가 바다보다 더 빨리 식어 육지 쪽에서 바다 쪽으로 육풍이 분다. 해가 진 뒤에 해변에 앉아 있으면, 바람의 방향이 낮과는 정반대로 바뛰는 걸 느낄 수 있다. 유일한 차이점은 계절풍이 훨씬 큰 규모로 일어나고, 매일 일어나는 게 아니라 계절에 따라 일어난다는 것이다. 여름에는 대륙이 주변의 바다 표면보다 더 빨리 가열되어 바다 쪽에서 습한 공기가 몰려오는 계절풍이 분다. 겨울에는 바다가 더 천천히 식어 육지보다 더 따뜻하기 때문에 대류 세포의 흐름이 반전되면서 계절풍의 방향도 바뀌며, 대기 중의 높은 곳에서 건조한 공기가 대륙으로 하강한다.

계절풍은 여러 대륙과 주변 대양 사이의 온도차 때문에 생겨난다. 서아프리카와 북아메리카와 남아메리카에도 약한 계절풍이 나타나지만, 인도와 동남아시아에 부는 계절풍이 지구에서 가장 강한데, 여기에는 지리적 요인이 큰 역할을 한다. 티베트고원은 세상에서 가장 크고 높은 고원 지역으로, 남북 방향의 길이가 약 1000km, 동서 방향의 길이가 2500km나 되며, 평균 해발고도는 5000m 이상이다. 티베트고원 지표면이 여름에 햇빛을 받아 달궈지면, 그에 따라 상층 대기의 공기도 가열된다. 이것은 여름 몬순기의 시작 무렵과 끝 무렵에 상승 기류를 만들어내는 데 크게 기여한다. 강한 계절풍을 만들어내는 데 이보다 훨씬 중요한 요인은 티베트고원 남단을 따라 뻗어 있는 히말라야산맥이다. 높은 벽처럼 우뚝 솟은 히말라야산맥은 북쪽에서 내려오는 차갑고 건조한 공기가 인도로 내려와 바다에서 오는 따뜻하고 습한 공기와 섞여 대기 순환을 완화시키지 못하도록 차단하는 장벽 역할을 한다. 히말라야산맥은 본질적으로 인도를 격리시켜 몬순 효과를 강화시키는 조건을 제공한다. 따라서 동남아시아의

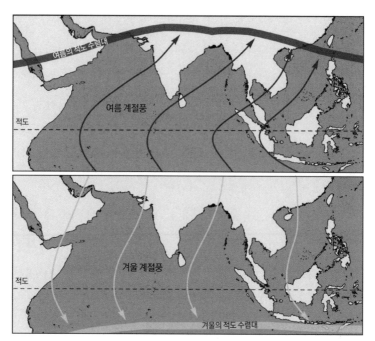

몬순 지역에서 계절에 따라 바람의 방향이 바뀌는 패턴

강한 계절풍은 판 구조론이 낳은 또 하나의 결과—약 5500만 년 전에 인도가 유라시아와 충돌한 사건이 빚어낸 결과—이다.

인도는 거대한 'M'자 중앙의 뾰족한 모서리처럼 주위를 둘러싼 대양 가운데에 위치하고 있으며, 여름의 시작과 함께 지면이 가열되어 그 위의 공기가 상승하면 주변 바다에서 습한 공기가 몰려온다. 그리고 나서 습한 공기가 상승하면서 냉각되어 응결하여 구름을 만들어 몬순기의 많은 비를 내린다. 앞에서 보았듯이, 북쪽과 남쪽에서 불어오는 무역풍이 서로 만나는 지점인 적도 수렴대는 지구의 허리 주위를 뱀처럼 구불구불 지나간다. 여름 동안에 인도의 가열과 티베트고원과 히말라야산맥의 효과가 강하게 나타나기 때문에, 적도 수렴대는 적도에서 북쪽으로 3000km 이상이나 올라갔다가 겨울이 되면 다시 남쪽으로 많이 내려간다. 이렇게 적도 수렴대가 이 지역에서 출렁거림에 따라 남반구에서 불어오는 무역풍이 여름에는 적도 바로 위까지 밀고 올라가고, 겨울에는 북반구에서 불어오는 무역풍이 인도양과 동인도 제도의 섬들까지 세력을 뻗친다.

사실상 인도의 지리적 조건은 나머지 세계에서 나타나는 '정상적인' 바람의 패턴을 붕괴시킨다. 거대한 지구의 폐가 숨을 내쉬었다 들이쉬었다 하는 것처럼, 동남아시아 전체 지역에서 계절이 바뀔 때마다 바람의 방향이 주기적으로 확 바뀐다. 포르투갈인 선원들이 도착하기 오래전인 11세기부터 15세기까지 이 바람을 이용해 인도양을 횡단하거나 동인도 제도의 많은 섬들 사이를 오간 배들은 역동적이고 다양한 교역망을 만들어냈고, 그 경로들을 따라 활기찬 항구들이 생겨났다.

계절풍의 역전은 메트로놈처럼 규칙적이고 예측 가능하게 일어나기 때문에, 항해 시기를 잘 맞추기만 하면 원하는 곳으로 순풍을 타고 항해해 상품을 싣고 보급품을 채운 다음, 바람의 방향이 바뀔 때까지 기다렸다가 다시 순풍을 타고 고향으로 돌아올 수 있다. 따라서 인도양이나 동인도 제도 부근에서 항해하는 방법은 대서양이나 태평양에서 항해하는 방법과 근본적인 차이가 있다. 대서양이나 태평양에서는 적도 무역풍대나 중위도의 편서풍대가 있는 북쪽이나 남쪽으로 이동해야 한다. 즉, 공간상의 이동을 통해 원하는 바람을 얻는 방법을 쓴다. 하지만 몬순 지역의 바다에서 항해할 때에는 계절적으로 바람이 바뀔 때까지 기다렸다가 왔던 길을 따라 그대로 돌아가면 된다. 즉, 시간상의 이동을 통해 원하는 바람을 얻는 방법을 쓴다. 1498년에 인도양에 처음 갔을 때, 바스쿠 다가마는 이 사실을 제대로 이해하지 못했다.

물의 제국

다가마가 돌아온 해부터 포르투갈은 그가 발견한 새 항로를 통해 매년 인도로 탐험대를 보내기 시작했다.* 이들은 다가마가 겪었던 힘겨운 귀환 항해에서도 교훈을 얻었고, 인도양과 동남아시아의 섬들을 지나가는 항해 일정을 좌우하는 계절풍의 리듬에 대한 지식을 금방 습득했다. 이제 이 중요한 항해 지식과 함께 대포를 실은 큰 배와 유럽에서 수백 년 동안 벌어진 전쟁을 통해 얻은 튼튼한 요새 건축 경험으로 무장한 포르투갈인은 신속하게 이 지역에 대해 자신들의 지배권을 주장했고, 향신료의 원천을 찾아 계속해서 동쪽으로 나아갔다. 그들은 1510년에 고아(인도 서해안의 항구 도시)를 정복해 인도양 주변 지역의 주요 작전 기지로 삼았고,** 그 다음 해에는 믈라카 해협을 점령해 이 해협을 통

---

* 다가마 이후에 그의 경로를 따라 인도로 간 최초의 선단은 남대서양에서 아주 큰 볼타 두 마르 경로를 택했다가 도중에 브라질을 발견했다.
** 포르투갈인과 그들의 유럽식 음식과 음료를 처음 접한 스리랑카 사람들은 "그들은 일종의 흰 돌을 먹고 피를 마신다"라고 보고했다. 빵과 와인을 본 것이 처음이었기 때문이다.

과하는 해상 통행을 통제했다. 향료 제도의 위치를 확인한 뒤에는 1512년에 원정대를 보내 말루쿠 제도를 점령했다. 포르투갈인은 1577년에 남중국 해안에 위치한 마카오에 그리고 1570년에는 일본 나가사키에 교역소를 설치하는 허가를 얻었다.

1520년경에 포르투갈이 인도양 지역의 향신료 교역에서 얻는 수입이 왕국 전체 수입의 약 40%에 이르렀다. 포르투갈은 새로운 종류의 제국을 건설했는데, 넓은 영토 획득을 통해 부강해진 것이 아니라, 지구 반대편에 퍼져 있는 해상 교역망을 전략적으로 통제함으로써 부강해졌다. 그것은 물의 제국이었다.

에스파냐와 포르투갈이 개척한 길을 네덜란드와 영국과 프랑스도 뒤따라가려고 했다. 이들 해상 교역 강대국 사이의 경쟁이 치열해지자, 전략적 가치가 있는 항구와 요새에서 경쟁자를 쫓아내고, 중요한 해상 통로를 지배할 수 있는 요충지를 서로 차지하려고 각축하면서 전 세계 각지에서 식민지 쟁탈전이 일어났다. 탐험과 해상 교역이 가져다준 결과로 유럽에서 힘의 무게중심은 동쪽에서 서쪽으로 확연히 기울어졌다. 유럽은 이제 더 이상 세계에서 아시아를 횡단하는 실크로드 교역망의 종착역인 서쪽 변방이 아니었다. 그리고 지중해 지역(수천 년 동안 도시 국가들과 왕국들과 제국들이 패권을 놓고 서로 경쟁을 벌여온 내해 지역)은 이전의 중심적 위치를 잃고 상대적으로 중요성이 크게 떨어진 변두리 지역으로 전락하고 말았다.

신세계 그리고 인도와 동양으로 가는 새로운 해상로는 유럽인에게 고갈되지 않을 것처럼 보이는 영토와 자원, 부와 힘의 보물

창고에 접근할 기회를 제공했다. 유럽인 항해자들은 지구의 바람과 해류 패턴을 파악하자, 광대한 대양을 가로질러 항해하면서 이전에 단절되어 있던 지역들을 연결함으로써 세계화 과정에 시동을 걸었다. 따라서 탐험 시대는 단순히 세계 지도에 새로운 땅들을 채워 넣는 과정이 아니라, 보이지 않는 지리학적 특성을 발견하는 과정이기도 했다. 유럽인 항해자들은 교대로 늘어선 풍대와 서로 연결된 거대한 컨베이어벨트 시스템처럼 순환하는 해류를 이용해 원하는 곳으로 갈 수 있는 방법을 터득했다.

초기의 탐험선은 미지의 해안선을 잘 돌아다니도록 기동성을 높이고, 특히 바람을 헤치며 잘 나아가기 위해 선체를 가늘게 만들었다. 하지만 대형 '삼각돛'을 단 이 소형 범선은 선원이 많이 필요했고, 보급품과 화물을 적재할 공간이 작았다. 대양 횡단 교역에 이상적인 설계는 큰 사각돛을 단 널따란 배였다. 이 배는 다루기가 훨씬 간단할 뿐만 아니라, 필요한 선원의 수를 최소화하면서 보급품과 이익을 가져다줄 화물을 실을 공간을 최대화할 수 있었다. 에스파냐의 갤리언선으로 대표되는 사각돛 범선은 바람에서 많은 추진력을 얻을 수는 있었지만, 전적으로 바람의 힘에 의존해야 했다. 바람을 거스르면서 항해하는 것은 사실상 불가능했다. 그래서 초기의 탐험 시대와는 달리 유럽 국가들에게 해외 식민지를 건설하게 해준 해상 교역로는 탁월풍의 방향에 큰 영향을 받았으며, 이 것은 식민지 건설 패턴과 그 후에 펼쳐진 세계사에 중요한 의미를 지니게 되었다. 그중에서 가장 중요한 세 가지 교역로는 마닐라 갤리언선 무역로, 브라우어르 무역로, 대서양 삼각 무역로였다.

세계화를 향해

포르투갈이 동남아시아에서 해상 무역 제국을 건설하고 있을 때, 에스파냐는 아메리카에서 자신들이 차지한 땅을 탐험하면서 서쪽으로 향료 제도에 이르는 항로를 찾기 시작했다.

1513년에 한 에스파냐 탐험가가 걸어서 파나마 지협을 건너 반대편에 있는 대양을 처음으로 본 유럽인이 되었다. 2장에서 보았듯이, 페르디난드 마젤란(포르투갈인이지만 에스파냐를 위해 일한 항해자)은 1520년에 오늘날 자신의 이름이 붙어 있는 해협을 통해 남아메리카 남단을 지나 이 새로운 대양에 들어섰고, 이 대양을 '마레 파시피쿰Mare Pacificum'(평화로운 바다)이라고 불렀다. 그의 함대는 남태평양 환류의 훔볼트 해류를 타고 해안선을 따라 북쪽으로 올라가다가 무역풍을 만나 서쪽으로 항해해 필리핀에 도착했고, 마젤란은 그곳을 에스파냐의 영토라고 선언했다. 마젤란은 막탄섬에서 원주민에게 살해되었지만, 그의 함대는 항해를 계속해 1521년에 그 유명한 향료 제도이자 그 당시 세상에서 유일한 육두구와 정향 산지였던 말루쿠 제도에 도착했다.*

향료 제도로 가려는 에스파냐인이 안고 있던 난제는 태평양을 가로질러 서쪽으로 가는 항로는 발견했지만, 동쪽으로 항해해 아메리카로 돌아가려면 어떤 바람을 이용해야 할지 모른다는 것이었다. 마젤란의 탐험대 중 유일하게 고향으로 돌아온 배는 계속 서쪽으로 나아가 인도양을 건너 최초의 세계 일주 항해에 성공함으로써 돌아올 수 있었다. 그 배의 선장은 "우리는 세상을 완전히 한 바퀴 도는 경로로 나아갔다. 즉, 서방으로 감으로써 동방을 통해 돌아왔다"라고 썼다.

에스파냐 항해자들이 태평양을 동쪽으로 가로질러 아메리카로 돌아가게 해주는 바람에 대한 지식을 얻기까지는 그로부터 40년이 더 걸렸다. 태평양의 바람 패턴이 대서양의 그것을 복제한 것처럼 똑같다는 사실을 알아낸 항해자들은 필리핀에서 북쪽으로 일본 해안까지 올라간 뒤 편서풍대(대기 순환의 하나인 페렐세포에 속한)에서 원하는 방향의 바람을 타고 태평양을 건너갔다. 이 발견으로 에스파냐인은 정기적인 왕복 항해로 광대한 태평양을 연결했는데, 이 항로를 마닐라 갤리언선 무역로라 부른다. 이것은 누에바에스파냐^{Nueva España}(북아메리카와 아시아-태평양에 위치한 에스파냐의 영토. 영어로는 뉴스페인이라 함 – 옮긴이)의 식민지들인 멕시코의 아카풀코와 필리핀의 마닐라 사이를 왕래하는 항로였

---

* 그 당시 두 해양 강대국은 1494년에 세계를 양분해 포르투갈이 그 동쪽을, 에스파냐가 그 서쪽을 차지하기로 하는 토르데시야스 조약을 맺었다. 토르데시야스선은 카보베르데 제도에서 서쪽으로 370리그(2000km를 조금 넘는) 지점에서 대서양을 남북으로 가르면서 지나간다. 그것은 망망대해를 지나가는 지도 위의 선에 지나지 않았다. 포르투갈 항해자들이 인도로 가던 도중에 남아메리카 해안을 발견했을 때, 그곳이 이 경계선에서 자기 쪽 구역에 속한다는 사실을 알고는 포르투갈 영토라고 주장했다. 나머지 라틴아메리카 국가들은 모두 에스파냐어를 사용하는 반면, 오직 브라질만 포르투갈어를 사용하는 이유는 이 때문이다. 1520년대가 되자, 그렇다면 지구 반대편 지역은 누구의 영토로 해야 하느냐 하는 문제가 생겨났다. 만약 토르데시야스선을 양 극을 지나 지구 주위를 한 바퀴 돌도록 계속 연장해 태평양(대서양을 지나는 선과 180° 반대편에 있는)을 지나가게 한다면, 말루쿠 제도는 에스파냐의 영역에 속할까, 포르투갈의 영역에 속할까? 결국 이 분쟁은 프랑스와 계속된 전쟁 때문에 현금이 급히 필요했던 에스파냐가 말루쿠 제도에 대한 권리를 포르투갈에 팔면서 해결되었다.

다. 250년 동안(1565년부터 멕시코 독립 전쟁과 함께 끝난 1815년까지) 사용된 이 태평양 횡단 뱃길은 역사상 가장 오래 지속된 교역로였다. 태평양을 가로지르며 부는 편서풍은 갤리언선을 캘리포니아 해안으로 데려다주었고, 긴 대양 항해를 마친 배들은 이곳 중간 기착지에서 보급품을 공급받은 뒤, 여행의 최종 목적지인 멕시코를 향해 해안을 따라 남쪽으로 출발했다. 이 지역의 샌프란시스코, 로스앤젤레스, 샌디에이고 같은 주요 도시들의 이름에는 에스파냐 식민지 시절의 강한 영향력이 남아 있다.

이 항로를 따라 태평양을 서쪽으로 횡단하면서 운송된 주요 화물은 은이었다. 1540년대에 에스파냐인은 멕시코에서 풍부한 은 광맥을 발견했고, 안데스산맥 고지대에 있는 포토시 '은산'도 발견했다.** 대부분의 은은 훔볼트 해류를 타고 남아메리카 해안을 따라 파나마 지협으로 운반된 뒤, 이곳에서 노새를 이용해 이좁은 지협을 건너 에스파냐로 가는 배에 실렸다. 대서양을 횡단해 보물을 실어 나르는 에스파냐 갤리언선 소함대는 프랑스, 네덜란드, 영국 해적들에게 좋은 먹잇감이었는데, 이 당시에 활약한 해적으로는 '나무다리' 르 클레르Le Clerc와 프랜시스 드레이크Francis Drake처럼 큰 명성을 떨친 사람들도 있었다.

** 포토시산은 세로리코산(Cerro Rico는 에스파냐어로 '풍요로운 산'이라는 뜻이다)이라고도 부르는데, 약 1300년 전에 생겨나 침식된 화산의 중심부이다. 화산 활동은 지하 열수계 깊은 곳의 암석에서 은뿐만 아니라 주석과 아연을 침출시킨 뒤, 그것을 산 중심부 곳곳을 지나가는 아주 풍부하고 두꺼운 광맥으로 만들었다. 이곳은 역사상 가장 큰 은광으로, 100년 이상 전 세계 생산량의 절반 이상을 생산해왔다.

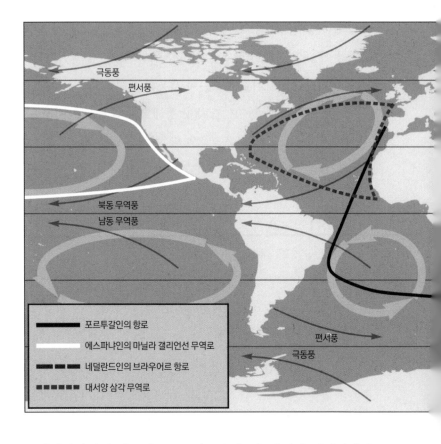

극동풍

편서풍

북동 무역풍

남동 무역풍

편서풍

극동풍

━━━	포르투갈인의 항로
━━━	에스파냐인의 마닐라 갤리언선 무역로
▰▰▰	네덜란드인의 브라우어르 항로
▪▪▪▪	대서양 삼각 무역로

　아메리카에서 채굴된 은 중 약 5분의 1은 마닐라 갤리언선에 실려 태평양을 건너가 필리핀에서 비단, 자기, 향, 사향, 향신료 같은 중국의 사치품과 교환되었다. 마닐라 갤리언선 무역로를 통해 필리핀으로 가 중국인과 거래를 하건, 에스파냐로 가서 유럽 제국들을 거쳐 동양으로 흘러가건, 남아메리카에서 생산된 전체 은 중 약 3분의 1이 결국에는 중국으로 흘러갔는데, 중국에서는 금보다 은을 더 가치 있게 여겼다. 일부 은은 인도와 거래되었다. 인도에서는 17세기 전반에 무굴 제국 황제 샤 자한이 아내

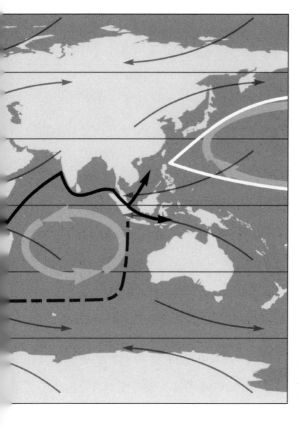

전 세계를 연결한 항로:
서로 다른 풍대와 해류를
이용한 주요 해상 교역로

를 위해 화려한 묘를 만들었는데, 그것이 바로 타지마할이다. 역
사에 길이 남은 이 사랑의 징표는 항해 시대와 함께 시작된 초기
의 지구촌 경제를 보여주는 증거이기도 하다. 에스파냐인이 착
취한 남아메리카의 은이 유럽 상인들의 손을 거쳐 결국에는 인
도의 기념비적 건축물을 짓는 비용으로 투입되었다.

　한동안 에스파냐는 아메리카에서 생산되는 은으로 국력이 매
우 부강해졌다. 하지만 나중에 보게 될 대서양 삼각 무역처럼 이
막대한 유럽의 부는 한번 들어가면 몇 달씩 은산의 깊은 갱에서

틀어박혀 일한 노동자들의 큰 희생에서 나온 것이었다. 이들 광부는 해발 고도가 4000m나 되는 숨 쉬기 힘든 고지대의 광산에서 열기와 먼지의 고통 속에서 힘겹게 일했다. 그래서 포토시 은산은 '사람을 잡아먹는 산'이라고 불렸다.

17세기에 동인도 제도로 가는 또 하나의 중요한 항로가 개척되었다. 15세기 말에 포르투갈인이 아프리카 남단을 돌아 아프리카 동해안을 따라 올라가 인도로 건너간 뒤, 인도를 빙 돌아 믈라카 해협으로 가려고 하다가 이 항로를 발견했다. 이 경로는 편서풍대에 아주 살짝 걸쳐 있었고, 편서풍은 아프리카 남단을 지나가는 데에만 도움을 주었다. 이 편서풍은 에스파냐인이 마닐라 갤리언선 무역로를 따라 필리핀에서 멕시코로 갈 때 이용한 중위도 편서풍과 거울상이다. 하지만 앞에서 이야기했듯이, 남반구에서는 바람을 가로막는 큰 대륙이 얼마 없기 때문에 편서풍이 훨씬 강하게 분다. 하지만 100년이 지나지 않아 항해자들은 로어링 포티즈를 활용하는 법을 알아냈다.

1611년, 네덜란드 동인도 회사의 헨드릭 브라우어르^{Hendrik Brouwer} 선장은 희망봉을 지난 뒤, 인도를 향해 북동쪽으로 가는 대신에 남쪽으로 방향을 돌려 편서풍대로 더 깊이 들어갔다. 이 바람을 타고 7000여 km를 이동한 뒤에 이 해양 고속도로에서 빠져나와 북쪽으로 방향을 돌려 자바에 도착했다. 로어링 포티즈를 이용하는 브라우어르 항로를 택하면 전통적인 항해에 비해 여행 시간이 절반 이하로 줄어들었다. 특히 인도양에서 원하는 계절풍이 불기까지 기다리면서 시간을 허비하지 않아도 되었다. 적도 지역에서 벗어나 더 남쪽에서 더 시원한 곳을 지나가는 이 항로는 향료 제도로 더 빨리 갈 뿐만 아니라, 선원들도 더 건강하게 항해를 하게 해주었고, 보급품도 더 신선한 상태로 유지할 수 있었다.

신항로 개발은 역사적으로 중요한 결과를 여러 가지 낳았다. 오스트레일리아 서해안을 처음 본 유럽인도 바로 브라우어르 항로로 여행하던 선원들이었다. 그리고 인도양 남쪽으로 우회하는 항로를 택하자, 동인도 제도로 가는 관문이 이전의 믈라카 해협에서 자바섬과 수마트라섬 사이의 순다 해협으로 바뀌게 되었다. 네덜란드인은 이 지역의 활동 중심지로 삼는 동시에 이 중요한 해협을 관리하기 위해 1619년에 바타비아(오늘날의 자카르타)를 세웠다. 강한 바람이 부는 이 풍대는 케이프타운이 건설된 이유 중 하나이기도 하다. 네덜란드인은 전체 여행 중 마지막 긴 여정에 나서기 전에 들를 보급 기지가 필요했기 때문이다. 따라서 오늘날 남아프리카 공화국에서 아프리칸스어를 쓰는 이유는 로어링 포티스 풍대 때문이다.*

유럽의 배들이 이끈 탐험 시대 초기와 세계적인 해상 교역을

---

* 항해 시대 내내 큰 문제 중 하나는 망망대해에서 선장이 배의 위치를 정확하게 알기가 어려웠던 점이다. 천문학을 활용하면 자신이 있는 곳의 위도는 쉽게 알 수 있지만(수평선과 특정 별 사이의 각도를 측정하기만 하면 된다), 정확한 시계가 발명되기 이전에는 정확한 경도를 알기가 거의 불가능했다. 로어링 포티스를 따라 동쪽으로 나아가는 배는 인도네시아로 가기 위해 북동쪽으로 방향을 틀어야 할 순간이 정확하게 언제인지 알아야 했다. 우물쭈물하다가 때를 놓치면, 오스트레일리아에 충돌할 위험이 있었다. 산호초로 뒤덮인 오스트레일리아 서해안에는 방향을 돌려야 할 시점을 놓치고 난파한 배들의 잔해가 널려 있다.

촉진한 주요 동기는 향신료였지만, 18세기가 되자 새로운 상품이 수요를 지배하게 되었다. 아프리카와 인도가 원산인 작물들이 신세계로 옮겨가 재배되었고, 이제 다량의 커피가 브라질에서, 설탕이 카리브해에서, 목화가 북아메리카에서 생산되었다. 그리고 유럽 시장에 공급된 이러한 상품들의 대량 생산에 필요한 노동력 때문에 또 다른 대륙 횡단 교역이 생겨났는데, 이것은 오늘날의 세계를 만드는 데 가장 중요한 영향을 미친 요소라고 할 수 있다.

간단히 말하면, 대서양 삼각 무역은 값싼 목화와 설탕, 커피, 담배를 원하는 유럽인의 끝없는 수요를 만족시키기 위해 유럽과 아프리카와 아메리카를 연결했다. 직물과 무기처럼 선진국에서 생산한 상품을 싣고 유럽에서 출발한 배들은 서아프리카 해안으로 내려가 현지 추장들이 붙잡아온 노예와 유럽의 상품을 교환했다. 그리고 나서 노예들을 싣고 대서양을 건너가 식민지인 브라질과 카리브해와 북아메리카의 농장 소유주들에게 팔았다.* 선장들은 이 인간 화물을 팔아서 얻은 수입으로 농장에서 노예의 노동력으로 생산한 산물을 구입했다. 노예를 실었던 선창을 식초와 잿물로 박박 문질러 씻은 뒤, 이 원자재를 가득 싣고 유럽

---

* 포르투갈인은 15세기 후반에 마데이라 제도와 카보베르데 제도의 사탕수수 농장에 팔기 위해 아프리카인 노예를 수입하기 시작했고, 1530년대부터는 대서양을 건너 브라질의 식민지로 실어갔다. 곧이어 다른 유럽 해양 국가들도 중간 항로(대서양 삼각 무역 중에서 아프리카 서해안에서 노예를 싣고 대서양을 건너 서인도 제도로 가는 항로)를 이용해 노예 무역에 뛰어들기 시작했다.

으로 가져가 판매함으로써 삼각 무역의 고리가 완성되었다. 배들의 정확한 항로와 각각의 기항지에서 교환하는 상품은 조금씩 차이가 있었고, 특정 해안선에서 상품을 교환하기 위해 짧게 들르는 곳들도 있었지만, 이것이 16세기 후반부터 19세기 전반까지 유럽 본국과 식민지들 사이를 연결한 대서양 삼각 무역의 핵심 항로였다.

대서양 건너편으로 실어나르기 전에 아프리카 노예들은 공장이라 부르던 해안 요새에 가둬두었는데, 이러한 공장은 내륙에서 잡아온 노예들을 운송하기에 가장 편리한 하구에 많이 설치했다. 대부분의 노예들은 아프리카 중동부 지역(적도와 남위 15° 사이)과 황금 해안(아프리카 서북부, 기니만에 접한 해안)을 따라 베냉만과 기니만의 비아프라만에서 배에 실렸다. 여기에도 대기 순환 패턴과 해류의 역학이 큰 영향을 미쳤다. 이 장소들에서는 남동 무역풍을 타고 남아메리카로 건너가기가 쉬웠고, 대서양을 건넌 뒤에는 브라질 해류를 타고 해안을 따라 남쪽으로 브라질의 커피 농장으로 가거나 북동 무역풍과 북적도 해류를 타고 카리브해의 사탕수수 농장과 앨라배마주와 캐롤라이나주의 목화 농장, 버지니아주의 담배 농장으로 갈 수 있었다. 대서양 노예 무역은 1807년에 금지되었지만, 1865년에 미국 남북 전쟁이 끝나면서 노예 제도가 폐지될 때까지 밀수업자들을 통해 계속 이어졌다. 그때까지 1000만 명이 넘는 아프리카인이 강제로 붙잡혀 아메리카로 실려 갔는데, 많은 노예가 여행 도중에 처참한 조건을 견뎌내지 못하고 죽거나 농장에서 혹사당해 일이 년 만에 죽었다. 전체 노예 중 40%는 브라질로, 40%는 카리브해로, 5%는 훗날의 미국 지역으로, 15%는 에스파냐가 지배하던 아메리카 지역으로 실려 갔다.

운송을 담당한 상인들은 삼각 무역의 매 단계마다 실어간 화물을 팔아 이윤을 챙겼고, 이 시스템은 마치 경제적 영구 기관처럼 크랭크를 한 번 돌릴 때마다 그 주인들에게 막대한 재정적 이득을 가져다주었다. 유럽 국가들은 처음에는 수차를, 그다음에는 증기 기관을 사용해 방앗간과 공장을 돌리기 시작했지만, 원자재를 공급한 해외의 노예 노동력도 산업화 경제를 돌아가게 한 중요한 요소였다. 노예 제도 폐지론의 목소리가 높아지기 전에는 달콤한 차나 럼주의 맛, 등에 닿는 깨끗한 셔츠의 감촉, 기운을 돋우는 파이프 담배에 흠뻑 취한 유럽인은 자신들에게 안락한 생활 방식을 제공하기 위해 희생된 인간의 고통에 눈을 감았다.*

유럽의 해외 식민지였던 광대한 면적의 땅과 거기서 나오는 원자재와 이윤은 산업 혁명의 조건을 만드는 데 큰 도움을 주었지만, 이러한 변화를 이끄는 데 이에 못지않게 중요한 역할을 한 것은 땅속 세계에 거의 무한정 묻혀 있는 것처럼 보인 에너지 자원이었다. 다음 장에서는 이것을 자세히 살펴보기로 하자.

---

* 오늘날 개발도상국의 많은 공장 노동자들이 혹독한 조건을 견뎌내면서 그것을 만든다는 사실을 조건을 알면서도 최신 전자 터치스크린 기기나 값싼 티셔츠에 열광하는 우리는 더 이상 책임 의식이 있는 소비자가 아니다.

제 9 장

•

석탄과 석유가 바꿔놓은
인류의 문화

●

인류는 정착 생활을 시작하고 나서 지난 1만 년 동안 대부분 농경 사회를 이루어 살아왔다. 정착 생활을 한 사람들은 근처의 논밭에서 재배한 농작물 그리고 고기와 젖과 견인력을 얻기 위해 기른 가축에 의존해 살아갔다. 농업은 무명, 리넨, 비단, 가죽, 양털처럼 추위를 피하는 옷을 만들 수 있는 섬유도 제공했다.

본질적으로 농업은 일정 면적의 땅에 쏟아진 태양 에너지를 모아 그것을 우리 몸을 위한 영양분과 공동체에 필요한 원자재로 바꾼다. 시간이 지나면서 우리는 재배 면적을 늘리거나(숲을 개간해 농경지로 만들고, 무거운 쟁기 같은 새 도구와 기술을 발전시켜 이전의 불모지를 경작함으로써) 생산성이 높은 작물과 동물을 선택 교배하거나 윤작법을 사용해 농업 생산량을 늘렸다. 역사를 통해 우리는 점점 더 생산성이 높아졌고, 그 결과로 인구가 크게 늘어났다.

숲을 베어내면 조리와 난방에 필요한 땔감도 얻을 수 있었다. 그리고 목재는 자연 환경에서 얻은 원자재를 도자기와 벽돌, 금속, 유리로 변화시키는 데 필요한 열에너지를 제공했다. 가마와 노, 대장간, 주조 공장에 필요한 더 높은 온도를 얻기 위해 우리는 나무를 탄화시켜 숯을 만들었다. 이렇게 숲의 나무로 만든 숯에 의존함으로써 강철과 유리 생산도 나무의 생장과 밀접한 관계를 맺게 되었다. 인구가 늘어나면서 연료와 건축 재료로 쓰이는 목재 수요도 증가해 근처의 자연림이 사라져가자, 우리는 저림 작업低林作業 방법을 사용하기 시작했다. 저림 작업은 물푸레나무, 자작나무, 참나무 같은 큰 나무를 잘라내고 그 밑동에서 움이 다시 자라나 완전한 나무로 생장하도록 숲을 관리하는 방법이다. 저림 작업을 반복적인 주기로 실시함으로써 같은 땅에서 목재를 계속 공급받을 수 있다.*

하지만 유럽의 인구가 계속 증가하자, 저림 작업으로도 점점 치솟는 땔감과 건축용 목재 수요를 충족시킬 수 없게 되었다. 17세기 중엽부터 이러한 공급 부족 상황이 점점 더 심해져 목재 값이 한없이 뛰기 시작했다. 유럽은 목재 생산 한계점에 도달하고 있었다. 활용 가능한 땅은 이미 모두 식량 생산에 쓰이고 있었고, 연료 생산을 더 이상 늘릴 수가 없었다. 하지만 이때 발견된 새 에너지원이 가정의 난로를 계속 타오르게 했을 뿐만 아니라, 근육의 힘을 훨씬 능가하는 새로운 차원의 에너지를 제공했다.

---

* 북유럽에 자라는 많은 나무 종(오리나무, 물푸레나무, 자작나무, 참나무, 플라타너스, 버드나무를 포함해)은 잘린 줄기에서 움이 다시 자라나는데, 이 능력 덕분에 저림 작업 방법을 쓰기에 적합하다. 그런데 이 능력은 식물이 코끼리를 비롯한 대형 초식 동물(더 따뜻한 간빙기에 더 높은 위도 지역을 돌아다녔던 큰 동물들)에게 입은 손상에 대응하기 위한 진화적 반응으로 발달한 것으로 보인다.

햇빛과 근육의 힘

인류의 역사에서 대부분의 시기에 문명을 건설하고 유지하는 데 필요한 힘은 인간 노동자나 짐을 끄는 동물의 근육으로 공급했다. 적절히 사용하고 조정하기만 한다면 근육은 경이로운 일을 해낼 수 있다. 기자의 피라미드나 중국의 만리장성, 중세 유럽의 성당은 모두 근육의 힘과 롤러, 경사면, 윈치 같은 단순한 기계 장치를 사용해 건설되었다. 하지만 근육은 음식물로 연료를 공급해야 하며, 음식물을 생산하려면 농경지와 목초지가 필요하다. 그래서 인구가 증가하면서 농경지가 점점 부족해지자, 근육을 사용하는 비용이 치솟았다.

물론 근육의 힘 대신에 재생 가능한 자연의 에너지원을 이용하는 방법은 이전부터 있었다. 처음에는 수차가, 그다음에는 풍차가 제공하는 회전력으로 많은 일을 할 수 있었다. 수차는 2500여 년 전에 발명되었고, 1세기경에 중국인은 철을 제련할 때 고로에 바람을 불어넣는 풀무를 작동시키는 데 사용했다. 로마인이 기원후 100년 직후에 건설한 가장 광범위한 수차 시설은 프랑스 남부의 바르베갈에 있었다. 16개의 수차로 이루어진 이곳 물레방아는 고대 세계 전체를 통틀어 가장 큰 규모의 기계적 동력을 제공했는데, 전체 출력이 30킬로와트에 이르렀다.* 풍차는 9세기에 페

---

* 물론 이것은 그 당시로서는 매우 인상적인 동력이었지만, 오늘날 우리가 일상적으로 사용하는 에너지에 비하면 새 발의 피에 지나지 않는다. 이 전체 수차 장치가 만들어내는 동력은 일반 자동차 엔진 하나의 동력보다 훨씬 작다.

르시아에서 처음 만들어졌고, 중세 유럽으로 퍼져나가면서 끊임없는 개선이 일어났다. 특히 저지대 국가들은 풍차를 열렬히 도입해 해안 간척지에서 물을 빼내 농경지로 만드는 데 사용했다. 수차와 풍차는 곡물을 갈고, 올리브를 압착해 기름을 짜고, 목재를 자르고, 금속 광석과 석회암을 분쇄하고, 롤러를 움직임으로써 쇠막대를 짓눌러 원하는 모양으로 바꾸는 작업을 비롯해 온갖 일에 원동력을 제공했다.

11세기부터 13세기까지 가속된 이 기계적 혁명으로 중세 유럽은 처음으로 오로지 인간이나 동물의 근육에 의존해 생산력을 얻던 사회에서 벗어나게 되었다. 하지만 그래도 강 수위와 바람의 변덕에 민감한 수차와 풍차의 속성 때문에 생산성을 증가시키는 데에는 한계가 있었다. 수차와 풍차는 생산 과정을 구동하는 육체적 노력을 줄여주긴 했지만, 우리는 여전히 근육의 힘과 햇빛으로 돌아가는 세계에서 계속 살아갔다.

역사를 통해 우리는 생태계에서 돌아다니는 태양 에너지를 붙들어 우리 몸과 사회로 흘러가게 하는 방법을 알아냈다. 농작물을 익게 하고 숲을 자라게 하는 것은 바로 햇빛이었다. 사실, 인류의 역사에서 대부분의 시기에 문명의 생산성은 광합성과 우리가 이용할 수 있는 땅에서 식물이 식량과 연료를 생산하는 속도에 의존한 동시에 제약을 받았다.

이 시스템에는 유기 에너지 경제, 신체 에너지 체제, 생물학적 구체제 등 다양한 이름이 붙었지만, 이것들이 가리키는 진실은 모두 똑같다. 그것은 바로 18세기 이전까지 전체 문명의 역사는 작물과 숲이 수확한 태양 에너지 그리고 인간 노동자와 짐 끄는 동물(이들은 다시 식물에서 얻는 식량으로 연료를 공급받아야 했다)이 제공한 근육의 힘이 견인했다는 것이다. 하지만 만약 작물과 저림 작업의 성장률(즉, 태양 에너지를 수확하는 속도)이 사회의 생산성을 지배한다면, 생산성은 결국 이용 가능한 땅의 면적에 제약을 받을 수밖에 없다. 게다가 우리가 먹는 식품과 생산에 필요한 땔감은 같은 땅에서 서로 경쟁을 벌인다. 그래서 농업 제국이 이룰 수 있는 성취에는 넘을 수 없는 한계가 있다.

이 한계에서 벗어날 수 있는 유일한 방법은 태양 에너지를 직접 수확할 필요가 없는 에너지원을 찾는 것이다. 18세기 유럽에서 그 방법을 찾아냈는데, 바로 우리 발밑에 묻혀 있는 막대한 에너지원을 이용하는 방법이었다. 지표면에서 더 많은 에너지를 추출하려고 노력하는 대신에 땅속으로 파고 들어가 거기에 묻혀 있는 에너지 자원을 추출했는데, 그것은 먼 옛날의 숲이 탄화되어 변한 석탄이었다. 석탄은 사실상 가연성 퇴적암인데, 각각의 석탄층에는 많은 계절 동안 자란 광대한 숲의 에너지가 농축돼 있다. 석탄은 햇빛이 화석화한 것이다. 석탄 1톤은 저림 작업을 한 숲 1에이커에서 일 년 동안 벌채한 땔감에 해당하는 에너지를 공급할 수 있다. 현대 세계를 건설한 것은 바로 석탄이다.

에너지 혁명

우리는 산업 혁명이 일어나기 오래전부터 석탄을 사용했다. 13세기 후반에 실크 로드를 통해 중국을 여행한 마르코 폴로Marco Polo는 중국인이 기이하게도 검은 돌을 연료로 사용하는 생활 방식을 자세히 묘사했다. 심지어 영국에서도 7세기 말에 로마인이 금속 가공과 온돌 난방에 쓰기 위해 잉글랜드와 웨일스에서 많은 탄전을 채굴했다.

산업 혁명 과정에 시동을 건 것은 직물 생산이었다. 18세기 후반에 일련의 발명들을 통해 면섬유와 양털 섬유를 실로 잣고 이 실을 짜 직물을 만들 수 있는 기계들이 나오면서 이 가내 수공업에 큰 변화가 일어났다. 공장들의 생산 능력이 급속히 증가하면서 날로 증가하는 섬유 수요를 아메리카와 인도의 영국 식민지들에서 생산된 값싼 목화가 공급했고, 처음에는 수차가 필요한 동력을 제공했다. 하지만 산업 혁명의 진행을 이끈 진짜 동력은 석탄과 철 생산과 증기 기관 사이에 작동한 선순환이었다.

산업 혁명은 고로의 연료로 코크스를 쓰면서 추진력을 얻기 시작했다. 땅속에서 파낸 석탄은 순수한 탄소 연료가 아니라, 휘발성 유기 화합물과 황, 습기 같은 불순물을 포함하고 있다. 코크스 제조 과정은 석탄을 불이 붙지 않도록 가열하면서(나무로 숯을 만드는 것과 비슷한 방식으로) 이 불순물들을 날려 보내 더 뜨겁게 타는 연료로 만드는데, 특히 철을 오염시켜 잘 부서지게 만드는 황을 제거한다. 코크스를 연료로 사용하는 고로는 철을 훨씬 값싸게 생산하여 건축 계획과 점점 정교해져가는 기계 도구의 재료로 널리 쓰이게 했다.

지하에 매장된 석탄 자원과 그것으로 만든 코크스를 사용하면서 산업화 초기의 영국은 저림 작업의 한계에서 벗어났고, 이 막대한 에너지원을 사용해 사회에 필요한 제품들을 생산할 수 있게 되었다. 하지만 정말로 획기적인 진전을 가져온 것은 동물의 근육에 의존하지 않고 힘과 움직임을 제공한 증기 기관이었다. 기본적으로 증기 기관은 열에너지를 운동 에너지로 바꾸는 변환 장치이다. 증기 기관은 열을 운동으로 바꾼다. 최초의 증기 기관은 더 깊은 석탄층으로 파고 들어가기 위해 탄광에서 지하수를 뽑아내는 데 사용되었다. 설치된 위치가 탄광이었기 때문에, 초기의 원시적 설계로 만든 증기 기관이 연료를 엄청나게 소비하는 것은 별로 큰 문제가 되지 않았다. 하지만 연속적인 혁신과 개선을 통해 증기 기관은 점점 더 에너지 효율적이고 강력하게 변해갔다.

증기 기관은 다목적 동력 장치처럼 쓰였다. 공장에서는 '원동력'을 제공했는데, 증기 기관 한 대로 머리 위로 지나가는 벨트와 체인 장치를 통해 온갖 기계 장비들이 널린 전체 작업장을 돌아가게 할 수 있었다. 운송을 위해 더 작고 연료 효율성이 높은 고압 증기 기관이 개발되었는데, 엄청난 무게는 선로를 깔아 넓은 표면 위에 분산시킬 수 있었다. 혹은 배에 설치해 선체의 부력으로 그 무게를 떠받쳤다. 얼마 지나지 않아 증기는 화물과 승객을 전 세계로 실어 날랐다. 1900년 무렵에 증기 기관은 영국에 필요한 전체 동력 중 약 3분의 2를 공급했고, 철도를 통한 모든 육상 운송 물량 중 90%를 실어 날랐으며, 바다를 통한 운송 화물 중 80%를 책임졌다.

이것이 산업화의 가속을 이끈 세 갈래 과정의 핵심이다. 증기는 석탄을 더 많이 채굴하게 했고, 석탄을 연료로 사용한 제련소와 주조 공장은 점점 더 많은 철을 생산했으며, 석탄과 철은 더 많은 증기 기관을 만들고 돌아가게 하는 데 쓰였고, 그렇게 제작된 증기 기관은 석탄을 채굴하고 철을 생산하고 더 많은 기계 장비를 점점 더 빨리 만들었다. 이렇게 해서 석탄과 철과 증기 기관은 선순환 삼각형을 이루었다.

이 산업적 전환이 인류 역사에서 아주 중요한 이유는 이전의 문명들에서 우리의 발목을 잡았던 에너지 제약에서 우리를 해방시켰기 때문이다. 석탄은 저림 작업에 의존할 필요 없이 막대한 양의 열에너지를 제공했고, 증기 기관은 동물과 인간의 근육에 의존하던 작업 방식에서 벗어나게 해주었다. 지하에 막대한 양이 매장된 연료 자원이 없었더라면, 농경 사회에서 벗어나 문명이 발전했을 가능성이 희박하다. 그런데 언제든지 쓸 수 있는 형태로 우리를 기다린 이 에너지 자원은 어떻게 만들어졌을까?

화석화한 햇빛

먼 옛날에 살았던 나무들이 땅속에 묻혀 석탄이 만들어졌다는 사실은 여러분도 알고 있을 것이다. 그리고 이 책에서 반복적으로 보았듯이, 석탄 생성이 가장 생산적이고 광범위하게 일어난 지질 시대는 조금 별난 측면이 있다. 이 시대를 지배한 조건은 지구상의 생물에게 아주 큰 영향을 미쳤다.

식물은 호수에서 자라던 녹조류에서 진화해 약 4억 7000만 년 전부터 육지에서 퍼지기 시작했지만, 아주 적은 양이라도 최초의 석탄층을 만들 정도로 충분히 많은 식물이 자라기까지는 상당히 오랜 시간이 걸렸다. 지구에서 상당한 면적의 땅이 숲으로 덮이고 나서 약 4억 년이 지나기 전인 석탄기(3억 6000만여 년 전에 시작돼 3억여 년 전에 끝난 약 6000만 년간의 시기)에 가장 거대하고 광범위한 석탄층이 생겼다. 이 지질 시대에 석탄기라는 이름이 붙은 것도 바로 이때 석탄이 생성되었기 때문이다. 나중에 다른 시기들에도 석탄이 생성되긴 했지만, 석탄기에 생성된 석탄이 전체 매장량 중 대부분을 차지한다. 산업 혁명 이후 우리가 사용한 전체 석탄 중 약 90%가 바로 이 짧은 지질 시대 때 만들어졌다.

정상적으로는 떡갈나무가 되었건 올빼미가 되었건 생물이 죽으면, 그 몸이 분해되면서 유기 분자 속의 탄소가 이산화탄소의 형태로 공기 중으로 빠져나가고, 다시 광합성 식물이 그것을 흡수한다. 그런데 석탄기 동안에 그토록 막대한 양의 탄소가 석탄으로 변하려면, 그러한 분해 과정을 방해하는 일이 일어나야 한다. 따라서 그 시기에 어떤 이유로 탄소 순환 과정이 붕괴하는 사건이 일어난 것으로 보인다. 즉, 나무들이 죽어갔지만, 어떤 이유로 썩지 않은 것이다. 쓰러진 식물은 땅 위에 쌓여 이탄泥炭이 되었고, 이것이 땅속으로 점점 더 깊이 묻혔다가 지구 내부의 뜨거운 열을 받아 석탄으로 변했다.

이탄이 쌓이기 위한 핵심 조건은 죽은 물질이 분해되어 없어지는 속도나 더 긴 시간 척도에서는 퇴적물이 물리적으로 침식되는 속도보다 식물의 생장이 더 빨리 일어나는 것이다. 그리고 석탄기 때 균형을 깬 결정적 요인은 저지대 습지 환경에서 무성하고 왕성하게 자라던 숲이었다. 이곳에서 죽은 나무는 완전히 부패하기 전에 산소가 없는 땅속에 묻혔다.

석탄기의 세계는 지금과는 아주 딴판이었다. 판들의 활동 때문에 지표면 위를 늘 돌아다니던 대륙들의 배열은 지금과는 아주 달랐다. 석탄기 내내 주요 대륙들은 서로 들러붙으면서 하나의 초대륙 판게아로 합쳐지고 있었다.

오늘날의 북아메리카 동부와 서유럽, 중앙유럽에 있던 거대한 저지대 분지들은 적도에 나란히 위치해 열대 습지 지대를 이루고 있었고, 거기에 울창한 숲이 자랐다. 이 습지 숲을 메우고 있던 나무들은 아직도 포자로 번식했는데(3장에서 본 것처럼), 우리 눈에는 불안감을 야기할 정도로 이질적으로 보였을 것이다. 이 나무들은 오늘날 숲의 그늘진 하층에서 볼 수 있는 속새와 석송, 물부추, 양치류의 조상 친척이었다. 생성된 석탄 중 상당량은 석송류에서 만들어졌다. 두께가 몇 미터나 되는 석송류의 줄기는 곁가지가 별로 없이 똑바로 곧게 뻗었고, 기묘한 초록색을 띠고 있었으며, 움푹 들어간 홈들이 규칙적으로 배열돼 있었는데, 이 홈들은 오래된 잎들이 떨어져나간 자국이다. 이 나무 화석은 타이어 자국과 매우 흡사해 보인다. 높이가 30m 이상 자란 이 나무들의 꼭대기에는 기다란 칼날 같은 잎들이 촘촘하게 난 수관^{樹冠}이 있었다.

이 무성한 습지 생태계에는 기괴한 동물이 많이 살았다. 석탄기 숲의 하층에는 오늘날의 바퀴벌레와 그 모습이 놀랍도록 비슷한 거대 바퀴벌레와 투구게만 한 크기의 거미(아직 거미줄을 내뿜지는 않았지만), 길이가 1.5m나 되는 노래기가 들끓었다. 크기가 말 만하고 영원처럼 생긴 양서류가 다리를 널따랗게 벌리고 이곳 습지에서 어기적거리며 돌아다녔다. 그리고 날개폭이 최대 75cm나 되는 거대한 육식 잠자리가 뜨겁고 습한 공기 중에서 날아다녔다. 하지만 만약 시간을 거슬러 올라가 이 무성한 숲을 거닌다면, 특정 소리가 들리지 않는다는 사실에 깜짝 놀랄 텐데, 일단 그것을 알아채는 순간 매우 기괴한 느낌이 들 것이다. 바로 새가 지저귀는 소리가 전혀 들리지 않았다. 먼 옛날의 이곳 하늘에는 오직 곤충만 날아다녔다. 새는 여기서 2억 년이 더 지난 뒤에야 나타났다. 이런 환경에서 여러분이 당연히 만나리라고 기대하는 동물 중 상당수도 이 무렵에는 아직 진화하지 않았다. 미적지근한 연못에서 윙윙거리는 모기도 아직 없었고, 거미와 딱정벌레, 파리, 호박벌도 없었다.

석탄기는 나무가 무성하게 자라는 데 이상적인 환경을 제공했지만, 그 후에도 따뜻하고 후텁지근한 환경이 지속된 시기가 있었기 때문에, 이것만으로는 이 시기에 석탄이 대규모로 생성된 이유를 설명하기에 부족하다. 설명이 필요한 부분은 식물이 무성하게 자란 이유가 아니라, 죽은 나무들이 썩어서 없어지지 않고 쌓여서 두꺼운 이탄층을 생성한 이유이다. 석탄기에 산소가 부족하고 악취가 심한 적도 부근의 습지 토양은 물질을 분해하는 미생물의 활동을 늦추는 데 분명히 도움이 되었을 것이다. 하지만 습지는 지구의 역사 내내 존재해왔다. 습지는 석탄기에만 존재한 특징이 아니다.

그렇다면 3억 2500만 년 전의 지구에는 어떤 특별한 점이 있었을까? 왜 쓰러진 나무줄기가 썩지 않았을까? 석탄기 동안에 왜 탄소 순환이 제대로 작동하지 않아 산업 혁명에 불을 당긴 석탄이 그토록 많이 만들어졌을까?

최근에 인기를 끈 가설에 따르면, 석탄기에는 분해 과정에서 핵심 역할을 하는 균류가 쓰러진 나무를 분해할 생화학적 준비가 되어 있지 않았다고 설명한다.

초기의 나무들은 더 크게 자라기 위해 자신을 지탱할 내부적 힘을 크게 발달시킬 필요가 있었다. 모든 식물은 당류 단위체들이 긴 사슬 구조로 결합된 분자인 셀룰로스(섬유소)를 포함하고 있는데, 셀룰로스는 세포벽을 튼튼하게 만든다. 리넨 재킷, 면 셔츠, 지금 여러분이 읽고 있는 이 페이지의 종이(여러분이 전자책을 읽고 있는 게 아니라면) 등은 모두 셀룰로스로 이루어져 있다. 하지만 우뚝 솟은 나무줄기를 지탱하는 힘의 진짜 원인은 생물이 만들어낸 두 번째 분자에 있는데, 그것은 바로 리그닌이다. 이끼 비슷하게 생긴 데본기 초기의 작은 식물들이 석탄기에 웅장한 나무로 진화한 비밀은 바로 리그닌에 있다. 그리고 또 한 가지 중요한 사실은 리그닌이 셀룰로스보다 분해하기가 훨씬 어렵다는 것이다.

오늘날의 숲을 거닐면, 부엽토가 쌓인 흙과 잎에서 나는 자극적 냄새가 코를 찌르고, 길 옆에 쓰러진 통나무가 흐릿한 색으로 변하고 질감도 스펀지처럼 퍼석퍼석해진 모습을 볼 수 있다. 이것은 목재에서 어두운 색의 리그닌을 분해하는 백색부후균白色腐朽菌(목재의 조직을 썩게 하는 균류)의 활동 때문에 일어난다(백색부후균에 속하는 종류 중 특히 맛있는 것으로는 느타리버섯과 표고버섯이 있다). 그런데 이 가설은 석탄기 동안 나무들은 목재를 강화하기 위해 새로운 종류의 리그닌을 만들었지만, 균류는 그것을 분해하는 데 필요한 효소를 아직 개발하지 못했다고 설명한다. 그래서 나무에서 단단한 부위 중 상당 부분은 분해가 되지 않았고, 쓰러진 나무들은 그렇게 수백만 년 동안 땅 위에 쌓이게 되었다.

그런데 이것은 만족할 만한 설명을 제시하는 가설이기는 하지만, 불행하게도 최근에 불리한 증거들이 나왔다. 먼저 석탄기의 습지에 가장 흔하게 존재했다가 석탄을 만든 종류의 나무들에는 리그닌이 많이 없었다. 그리고 북아메리카와 유럽에서는 석탄기 직후의 지질 시대(페름기)에 석탄이 많이 만들어지지 않았지만, 중국의 일부 지역에서는 많이 만들어졌는데, 이 일은 리그닌을 분해하는 균류가 출현한 이후에 일어났다. 따라서 만약 숲이 리그닌으로 자신을 강화한 시점과 균류가 그것을 분해하는 능력을 발달시킨 시점 사이의 차이가 원인이 아니라면, 석탄기에 나무가 석탄으로 변하는 일이 그토록 대규모로 일어난 진짜 원인은 무엇일까?

석탄기에 그토록 많은 석탄이 퇴적된 주 이유는 생물학이 아니라 지질학에 있는 것으로 보인다.

적도 부근의 열대 지역은 따뜻했지만, 석탄기 후기는 지구의 역사에서 매우 추운 시기였고, 곤드와나 남쪽은 거대한 대륙 빙하로 뒤덮였다. 따라서 흔히 생각하는 것과는 달리 석탄기의 세계는 푹푹 찌는 정글이 사방에 널려 있었던 것이 아니다. 이렇게 몹시 추운 기후가 닥친 주요 원인은 그 당시 대륙들의 배열에 있다. 한데로 모이던 땅덩어리들은 남극점에서부터 적도를 넘어 북극점까지 죽 뻗어 있었다. 이 때문에 세계 각지에서 따뜻한 열대 바다와 차가운 극 지역 바다 사이에 일어나는 순환(8장에서 설명했던 컨베이어 벨트)이 막혔고, 적도에서 극 쪽으로 열의 이동이 원활하게 일어나지 않았다. 게다가 곤드와나 대륙이 남극점 위에 자리잡고 있어 이 지역에 두꺼운 얼음이 쌓이게 되었다. 앞에서 보았듯이, 넓은 대양 위로는 얼음이 광범위하게 뻗어나가지 못한다.

활기차게 생장한 석탄기의 숲들도 이러한 빙하기 조건을 촉발한 일부 원인이었다. 나무들은 광합성을 위해 공기 중에서 이산화탄소를 빨아들였는데, 죽고 나서 나무의 유기 물질 중 상당 부분은 썩는 대신에 그대로 나무로 남아 있는 바람에 탄소가 공기 중으로 돌아가지 못했다. 그 결과로 대기 중의 이산화탄소 농도가 크게 떨어졌고, 이 온실가스의 농도 감소는 지구 냉각화를 부추겼다. 그리고 죽은 생물의 분해 과정에서는 공기 중의 산소를 사용해 이산화탄소를 만드는데, 이탄이 많이 만들어질수록 대기 중 산소 농도가 아마도 최대 35%까지 높아졌을 것이다(오늘날의 대기 중 산소 농도는 약 20%이다). 이렇게 높은 산소 농도는 큰 날개를 가진 잠자리처럼 거대한 곤충이 진화하는 데 도움을 준 것으로 보인다.

따라서 석탄기 중기부터 지구는 얼음 저장고로 변하기 시작했다. 지구 기온의 요동과 얼음에 갇힌 물 양의 요동(2장에서 본 것처럼 지구 궤도의 흔들림이 주 원인인)은 지난 250만 년 동안의 빙하 시대에 일어난 것처럼 해수면 상승과 하강 주기를 만들어냈다. 석탄기에 해수면 상승과 하강이 반복됨에 따라 광대한 저지대 습지가 물에 잠겼다 물 위로 드러났다 하길 반복했다. 그 과정에서 식물 물질이 자주 해양 퇴적층 아래에 묻혔다가 결국 석탄층이 되었다. 실제로 함탄층含炭層(석탄층을 포함하고 있거나 석탄 형성과 관련이 있는 지층)에서 노출된 암석층들을 자세히 살펴보면, 석탄층과 함께 이암층 같은 해양 퇴적층, 셰일층 같은 석호 퇴적층, 새로운 토양층이 쌓이는 삼각주에서 생긴 사암층이 수직으로 나란히 늘어서 있고, 그다음에 다시 석탄층이 나타나는 것을 볼 수 있다. 이렇게 함탄층에 층층이 쌓인 지층들은 습지 분지에서 반복된 침수 이야기를 들려주는 지질학적 기록이다.

석탄이 철광석과 나란히 매장돼 있는 웨일스 남부나 잉글랜드 중부 지역 같은 장소에서는 연료와 제련할 광석을 같은 곳에서 채굴할 수 있다. 이런 곳은 마치 지구가 우리를 위해 원 플러스 원 행사를 하는 것과 같다. 때로는 원 플러스 투 행사가 펼쳐지는

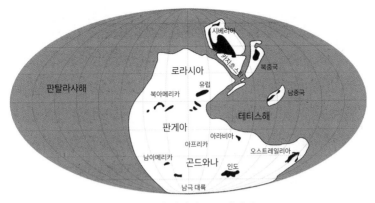

초대륙 판게아가 생길 무렵 석탄이 생성된 주요 분지들

곳도 있다. 함탄층 바로 아래에서 석탄기 초기(지구의 해수면이 높아 따뜻하고 얕은 바다 근처의 저지대가 물에 잠겼던)에 생성된 석회암이 주변의 지표면에 노출된 채 발견될 때가 많다. 6장에서 보았듯이, 석회암은 철을 제련할 때 금속을 녹이고 불순물을 제거하는 데 도움을 주는 융제로 쓰인다. 게다가 각각의 석탄층 바로 밑에 있는 하반 점토층(여기에는 습지 나무의 뿌리 화석이 많이 보존되어 있다)에는 함수규산알루미늄이 풍부한 경우가 많다. 이런 광물은 점토의 내화성耐火性을 크게 높이기 때문에, 이 점토는 1500°C 혹은 그 이상의 온도에도 견딜 수 있어 용광로나 녹은 금속을 쏟아붓는 도가니 안벽에 덧대는 내화 건축재로 이상적이다. 따라서 석탄기 동안에 변한 환경 조건은 산업 혁명에 요긴하게 쓰인 원자재를 가끔 동일한 지역에 연속적인 지층으로 쌓아놓았다.

주기적으로 일어난 침수와 저지대 습지에 나무들이 묻힌 사건을 통해 이탄이 보존되었고, 그것이 연속적인 퇴적층으로 압축되어 석탄층이 만들어졌다. 그리고 해수면이 빙기 때 낮아졌다가 간빙기 때 높아지는 일이 반복된 것은 판들의 활동과 대륙들의 배열이 빚어낸 직접적 결과였다. 하지만 석탄기 동안에 석탄이 생성되는 데 도움을 준 지구의 두 번째 특이한 사건이 있다. 땅덩어리들이 북극점과 남극점 사이에 단순히 한 덩어리로 죽 늘어서 있었던 게 아니라, 여전히 서로 격렬하게 충돌이 일어나고 있었다.

석탄기에는 북쪽의 큰 대륙 로라시아(북아메리카와 유라시아 북부와 서부를 포함한)가 적도 부근에서 곤드와나(남아메리카와 아프리카, 인도, 남극 대륙, 오스트레일리아를 포함한)에 충돌하면서 초대륙 판게아가 형성되는 과정이 계속 진행되었다. 느리게 일어난 이 충돌 사건으로 바리스칸 조산 운동*이 일어나면서 오늘날의 미국과 캐나다 동해안을 따라 늘어선 애팔래치아산맥과 모로코의 소아틀라스산맥(이 거대한 산맥은 대서양이 열리면서 분리되기 전에는 애팔래치아산맥과 이어져 있었을 것이다) 그리고 프랑스와 에스파냐 사이에 있는 피레네산맥과 유럽 각지의 많은 산맥을 비롯해 두꺼운 산맥들이 띠를 이루며 생겨났다.** 그러다가 석탄기 후기에 시베리아가 북동쪽에서 미끄러져 와 이 거대한 대륙 덩어리에 합류했는데, 동유럽 지역에 들러붙으면서 그 경계 지점에 우랄

---

* 조산 운동(orogeny)은 판의 섭입이나 충돌로 산맥이 생성되는 현상을 나타내는 지질학 용어이다. 그런데 실망스럽게도 영어 단어 'orogeny'의 형용사형은 'orogenous'가 아니라 'orogenic'이다.

** 이 조산 운동은 또한 영국 콘월주에서 화강암 관입을 일으켜, 청동을 만드는 데 쓰이는 주석과 자기 생산에 쓰이는 고령토를 만들었다.

산맥을 만들었다.

앞에서 보았듯이, 대륙들의 충돌에서는 높은 산맥만 만들어지는 게 아니라 지각이 아래로 접히는 지점을 따라 저지대 침강 분지도 만들어진다. 대표적인 예는 히말라야산맥 기슭을 따라 뻗어 있는 갠지스 분지인데, 인도판과 유라시아판이 충돌할 때 생겨났다. 히말라야산맥에서 바다로 흘러가는 인더스강과 갠지스강이 이곳 갠지스 분지를 지나간다.

석탄기에 일어난 판들의 활동은 이렇게 아래로 구부러진 전면 분지들도 만들어냈는데, 이 분지들은 주기적으로 침수가 일어나고 이탄을 땅속에 묻어 보존하는 일이 일어나기 쉬운 저지대 습지가 광대한 면적에 생겨날 무대를 마련했다. 하지만 퇴적 주기가 반복됨에 따라 석탄층이 생겨난 뒤 노출을 통해 침식되지 않으려면, 계속 침강하는 분지가 필요하다. 석탄기 때 판게아가 생성된 과정이 여기에 아주 중요한 역할을 했는데, 대륙 충돌이 분지들의 침강 속도를 석탄층이 쌓이는 속도와 거의 비슷하게 유지함으로써 석탄층이 연속적으로 아주 두껍게 쌓이게 했다.

이 여러 가지 요인이 우연의 일치로 같은 시기에 같은 장소에 함께 작용한 결과로 석탄기는 오늘날 우리가 크게 의존하는 석탄층을 만들어낸, 지구의 역사에서 특별한 시기가 되었다. 판게아 초대륙은 우연히도 적도 부근에 위치한 경계선을 따라 충돌이 일어나면서 여전히 활발하게 만들어지고 있었고, 그와 함께 전면 분지들이 만들어졌는데, 이곳은 나무가 생장하기에 아주 좋은 따뜻하고 습한 기후에서 저지대 습지들이 들어설 무대를 마련했다. 이 습지들은 빙기와 간빙기의 진동이 일어난 회귀한 시기에 갑작스런 해수면 상승으로 침수가 반복적으로 일어난 덕분에 이탄을 땅속에 묻어 보존할 수 있었다. 게다가 습지들은 계속 침강하여 지층들이 침식을 피할 수 있었다. 이 모든 일의 배후에서 작용한 궁극적인 힘은 바로 판들의 활동이었다. 그 후에도 세계 각지에서 석탄이 생성된 시기들이 있었지만, 석탄기에 판게아가 생성되는 동안 일어난 것만큼 생산적인 것은 없었다.

지구에서 일어난 이 여러 가지 요인이 합쳐진 결과가 결국 산업 혁명을 추진시키는 연료를 제공했다. 광대한 석탄기의 함탄층이 생기지 않았더라면, 인류는 300년 전의 기술 발전 단계에 그대로 머물러 있을지도 모른다. 우리는 아직도 수차와 풍차를 사용하고, 말이 끄는 쟁기로 논밭을 갈고 있었을 수도 있다.

석탄의 정치학

산업 혁명이 영국에서 시작된 이유는 많다. 목재(따라서 숯도 함께) 부족으로 가격이 치솟자, 쓸 수 있는 곳이라면 어디에나 석탄을 대체 연료로 쓰게 되었다. 영국의 노동 경제는 값비싼 장인을 기계로 대체하는 쪽을 선호할 수밖에 없었는데, 기계는 비록 초기 설비 투자는 많이 들었지만 생산성이 더 높았고, 운용하는 데노동자가 덜 필요했다. 그리고 영국 제국은 식민지인 아메리카와 인도에서 값싼 목화를 공급받을 수 있었고, 이것은 기술 혁신을 촉진해 섬유로 직물을 더 빨리 생산할 수 있었다. 따라서 영국에서는 기계의 도입으로 인간의 노동력을 대체했지만, 산업 혁명을 이끌어간 목화 같은 원자재를 생산한 것은 해외의 경작지에서 열심히 일한 노예들이었다.

그런데 영국은 산업화 과정에 연료를 제공한 지질학적 노다지(접근이 용이하고 품질이 좋은 석탄기의 석탄이 지하에 묻혀 있는 산맥들)에서도 혜택을 누렸다. 1840년경에 영국의 탄전들이 공급하는 에너지는 석탄 대신에 숯을 사용했더라면 '매년' 1500만 에이커(전체 국토 면적의 3분의 1에 해당하는)의 삼림지를 태워야 할 정도로 막대한 양에 이르렀다.

유럽 대륙에서도 집중적 채탄 작업과 철과 강철의 대량 생산을 위한 도구와 기술을 도입하면서 산업 혁명은 탄생 장소에서 다른 곳으로 확산되기 시작했다. 유럽 대륙도 영국의 산업에 연료를 공급한 것과 동일한 석탄기의 석탄층이 프랑스 북부와 벨기에에서 독일 루르 지역까지 죽 뻗어 있다. 이곳은 유럽의 산업 중심지로 성장해갔는데, 고대 세계의 비옥한 초승달 지대처럼 현대사에서 중심적 역할을 한 석탄 초승달 지대라고 부를 수 있다. 북아메리카에서는 에너지원을 석탄으로 전환하는 과정이 훨씬 늦게 일어났다. 동해안을 따라 늘어서 있던 식민지들은 인구밀도가 낮았고, 숯을 만들 수 있는 숲이 광대한 면적에 널려 있었다. 그래서 아메리카의 산업계에서는 19세기 중엽 이전에는 숯을 석탄으로 대체하는 과정이 대규모로 일어나지 않았다. 하지만 1890년경에 이르자 미국은 영국을 추월해 세계 1위의 철과

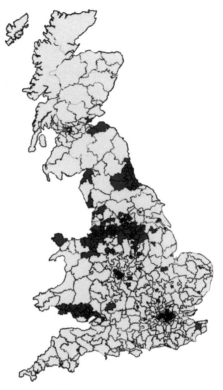

노동당이 승리한 선거구를 어두운 색으로 나타낸 2017년 영국 선거 결과 지도 (위)와 석탄기 탄전들을 나타낸 지도(오른쪽)

강철 생산국이 되었다. 특히 피츠버그는 철광석 산지와 융제 원료인 석회암 산지, 애팔래치아산맥의 풍부한 함탄층에서 아주 가까운 곳에 있었는데, 이 지질학적 우연의 일치는 일부 자본가들에게 막대한 부를 안겨주어 앤드루 카네기Andrew Carnegie 같은 현대 자본주의 시대의 가장 부유한 산업계 거물들을 배출했다.

남아 있는 석탄층들에 접근하기가 어려워지고, 해외에서 값싼 석탄을 수입하고, 오염 물질을 덜 배출하는 에너지원이나 재생

에너지원의 수요가 커지면서* 영국의 산업 혁명에 연료를 공급한 탄광들은 오늘날 사실상 거의 다 폐쇄되었다. 일부 노천 탄광이 남아 있긴 하지만, 영국에서 깊은 탄광 중에서 마지막으로 남아 있던 요크셔주의 켈링리 탄광이 2015년에 문을 닫았다. 하지만 놀랍게도 3억 2000만 년에 생긴 영국 탄전들의 분포는 아직도 영국의 정치 지도에 그 영향을 미치고 있다.

----

* 2017년 4월 21일, 영국은 1880년대 이래 처음으로 하루 종일 발전소에서 석탄을 전혀 사용하지 않는 날을 보냈다.

영국 노동당은 노동조합 운동이 발전하여 1900년에 창당되었는데, 특히 탄광 광부들과 긴밀하게 연대했다. 지난 100년 동안 노동당은 많은 변천을 겪었지만(자유당의 그늘에 가린 작은 정당에서 제2차 세계 대전 직후에 압도적인 승리를 거두고, 토니 블레어가 천명한 신노동당의 길까지), 석탄과 정치 사이의 깊은 연결 고리는 많은 세대를 거치면서도 유지되었다. 예를 들어 앞에 실린 2017년 총선 결과를 살펴보자. 실제 선거 결과는 지도가 보여주는 것보다 훨씬 박빙이었는데, 런던처럼 인구 밀도가 높은 다문화 도시들은 노동당이 우세했던 반면, 인구 밀도가 낮고 넓은 농촌 선거구들은 보수당에 압도적으로 표를 몰아주었다. 어느 당도 과반수 의석을 차지하지 못했는데, 노동당은 262석을, 보수당은 318석을 차지했다.

영국 전체에서 노동당이 우세를 점한 지역들의 분포를 더 자세히 살펴보자. 지도는 영국 탄전들의 위치를 보여주는데, 정치 지도와 지질도 사이에 놀랍도록 긴밀한 상관관계가 있음을 알 수 있다. 컴벌랜드주, 노섬벌랜드주, 더럼주, 랭커셔주, 요크셔주, 스태퍼드셔주, 웨일스 북부와 남부의 탄전 지역들은 노동당을 지지한 선거구 지역들과 완벽하게 일치한다.* 이러한 상관관계는 2015년 총선에서 더 강하게 나타났는데, 노동당은 이 선거에서 참패하면서 그 중심 지역들에서만 의석을 건졌다. 이 패턴은 그 이전 수십 년 동안에도 분명하게 나타났다. 영국에서 주요 좌파

---

* 노동당과 탄전 사이의 상관관계는 스코틀랜드에서는 덜 분명하게 나타나는데, 스코틀랜드국민당이라는 또 하나의 주요 좌파 정당이 있기 때문이다.

정당을 지지하는 지역은 석탄기에 석탄층이 퇴적된 지역과 거의 완벽하게 일치한다. 땅속 깊숙이 묻혀 있는 오래된 지질학적 특징이 오늘날 사람들의 삶에 여전히 반영되는 것처럼 보인다.

석탄은 주로 전기 생산과 강철과 콘크리트를 제조하는 데 쓰이면서 아직도 전 세계의 중요한 에너지 자원으로 남아 있는 반면, 석탄의 정치학은 이제 또 다른 화석 연료의 정치학에 밀려났다. 오늘날 석유는 세상에서 가장 가치 있는 상품 중 하나이자 지배적인 에너지원으로, 전 세계에서 소비되는 전체 에너지 중 약 3분의 1을 차지한다. 석유 생산과 운송을 둘러싼 지정학적 긴장은 수십 년간 국제 관계를 좌우했고, 4장에서 보았듯이 페르시아만과 유조선이 지나가는 전 세계의 해양 요충지에 서양 국가들의 큰 이해가 달려 있는 주요 이유이기도 하다.

검은 죽음

우리는 석탄과 마찬가지로 석유도 수천 년 동안 사용해왔다(석유石油는 한자도 그렇지만, 영어의 'petroleum'이라는 단어도 '돌에서 나는 기름'이라는 뜻을 담고 있다). 지표면으로 솟아나온 아스팔트(역청)는 4000년 전에 바빌론에서 벽을 만드는 데 썼고, 기원전 625년 무렵에는 도로 건설 재료로 쓰였다. 350년경에 중국인은 석유갱을 파서 얻은 연료로 바닷물을 끓여 소금을 만들었으며, 10세기에 페르시아의 연금술사들은 석유를 증류해 등잔에 쓰는 등유를 얻었다. 하지만 우리가 석유를 산업적 규모로 사용하기 시작한 것은 19세기 후반부터였다.

원유는 다양한 크기의 탄소 화합물들이 섞인 아주 복잡한 혼합물로, 각각의 성분은 분별 증류를 통해 분리할 수 있다. 이렇게 분리한 성분들은 초기에는 증기 기관과 기계에 윤활유로 쓰이기도 하고, 도시의 거리를 밝히는 등유로도 쓰였다. 하지만 석유 소비가 확 늘어나기 시작한 것은 1876년에 독일에서 내연 기관이 발명되면서부터였다. 원유에서 정제한 가솔린(휘발유)은 이전에는 휘발성이 너무 강하고 위험해서 별로 이용 가치가 없다고 간주되었지만, 이 새로운 내연 기관의 피스톤을 움직이는 연료로 완벽한 것으로 드러났다. 오늘날 우리가 비행기를 타고 구름 위로 날아갈 때에는 항공 등유를 사용한다. 이러한 액체 연료의 성분인 기다란 탄화수소 화합물들에는 석탄보다 훨씬 많은 에너지가 들어 있어, 운송에 필요한 동력을 적은 부피에 아주 밀도 높게 저장할 수 있다. 그리고 석유는 자동차를 달리게 할 뿐만 아니라, 자동차가 달리는 반반한 도로를 까는 데에도 중요하게 쓰인다. 점성이 높은 아스팔트는 원유 성분 중에서 가장 긴 사슬 모양의 탄화수소 화합물 분자들로 이루어져 있다.

석유가 매력적인 연료인 이유는 에너지 회수율이 아주 높기 때문이다. 즉, 석유를 추출하고 정제하는 데 드는 에너지는 적은 반면, 거기서 얻는 에너지는 아주 많다. 그리고 석유는 석탄보다 가지고 다니기가 훨씬 쉽다. 액체인 원유는 관을 통해 먼 거리로 보낼 수 있다. 이렇게 높은 에너지 밀도와 운송 편이성, 상대적 풍부성이라는 속성 때문에 석유는 오늘날 세상에서 가장 중요한 에너지원으로 등극할 수 있었다. 그런데 석유는 단지 연료로서만 중요한 게 아니다. 연간 총 생산량 중 약 16%는 연료로 쓰이는 대신에 다양한 유기화학 분야의 원료로 쓰이면서 용매와 접착제, 플라스틱, 의약품 등 온갖 종류의 물질을 만들어낸다. 오늘날의 집약 농업 역시 석유가 없다면 불가능할 것이다. 석유는 다수확 농경지의 인공 환경을 만드는 데 필수적인 살충제와 제초제 합성에 쓰이고, 농경지를 관리하는 트랙터와 수확기의 연료로 쓰이며, 인공 비료 역시 화석 에너지를 사용해 만든다. 석유는 단지 우리의 자동차를 굴러가게 하는 데 그치지 않는다. 음식을 먹을 때마다 우리는 사실상 석유를 마시는 셈이다.

석탄은 먼 옛날의 습지 숲이 압축되고 가열되어 만들어진 반면, 석유와 천연가스는 아주 작은 해양 플랑크톤의 유해에서 만들어졌다. 식물이 육지에서 퍼져나가기 훨씬 오래전부터 바다에서 많은 생물이 번성했지만, 21세기 문명에 동력을 공급하는 석유 중 대부분은 석탄기 숲이 번성한 이후인 약 2억 년 전에 생겨났다. 그 석유는 지금은 사라진 테티스해에서 약 1억 5500만 년 전과 1억 년 전의 두 시기(각각 쥐라기 후기와 백악기 중기에 해당하는)에 만들어졌다.

오늘날 밝은 햇볕이 내리쬐는 전 세계 바다의 표층수에는 뭉뚱그려 플랑크톤이라고 부르는 미생물이 무수히 들끓고 있다. 해양 생태계의 기반을 형성하는 1차 생산자는 규조류와 원석조류와 와편모충류 같은 식물 플랑크톤이다. 이 단세포 광합성 미생물은 햇빛 에너지를 이용해 이산화탄소를 재료로 당류와 그 밖의 필요한 유기 분자를 만든다. 그리고 육상 식물과 마찬가지로 그 과정에서 산소를 부산물로 배출한다. 아마존 열대 우림이 지구의 폐라고 자주 이야기하지만, 실제로는 우리가 숨 쉬는 산소 중 대부분을 만드는 것은 바다에 떠다니는 수많은 식물 플랑크톤이다. 그리고 조건이 아주 좋을 때에는 엄청나게 밀도가 높은 식물 플랑크톤 집단이 물속에 넘쳐난다. 원석조류의 대규모 증식으로 청록색으로 뿌옇게 변한 바다는 심지어 우주에서도 보인다.

플랑크톤의 세계에는 유공충처럼 미생물계의 초식 동물에 해당하는 식물 플랑크톤과 방산충처럼 육식 동물에 해당하는 동물 플랑크톤이 있다. 동물 플랑크톤은 정교한 모양의 단단한 껍데기에 난 구멍에서 촉수를 뻗어 운 나쁜 플랑크톤을 잡아먹는다. 식물 플랑크톤과 동물 플랑크톤은 모두 물고기(이 물고기는 다시 더 큰 물고기에 잡아먹힌다)에게 잡아먹히거나 물과 함께 고래의 입속으로 들어갔다가 걸러져 뱃속으로 들어간다. 따라서 플랑크톤은 전체 해양 먹이 그물의 기반을 이루고 있다. 플랑크톤이 포식자를 피해 자연적 원인으로 죽으면, 분해 세균이 이들을 분해해 탄소와 그 밖의 영양 물질을 생태계 내에서 순환시킨다. 1차 생산자와 포식자, 부식자, 분해자로 이루어진 이 플랑크톤 생태계는 풀과 가젤, 치타, 독수리가 함께 살아가는 세렝게티만큼이나 복잡하며, 전 세계 바다의 반짝이는 표층수에서 아주 작은 규모로 그 모든 일들이 일어나고 있다.

플랑크톤이 죽으면 그 사체는 점점 더 깊은 곳으로 내려가, 대륙에서 바람에 불려 날아오거나 강물에 실려와 물속으로 천천히 가라앉는 광물 입자와 함께 섞인다. 썩어가는 유기 물질과 무기 물질 부스러기가 위에서 떨어져 해저에 계속 쌓이는 모습은 마치 눈이 쏟아지는 것처럼 보여 바다 눈marine snow이라 부른다. 오늘날 바다에서 가장 깊은 곳도 전 세계적인 해수 순환 덕분에 산소가 잘 공급되므로, 해저에 쌓인 유기 물질은 대부분 세균에 의해 분해되어 탄소 순환이 일어난다.

오늘날의 바다 대부분에서는 이런 일이 일어난다. 하지만 나중에 석유가 될 유기 물질 부스러기가 해저에 쌓이려면, 표층수에 사는 플랑크톤이 크게 번식해야 하고, 해저에 산소가 부족해야 한다. 그래야 탄소를 순환하는 세균이 부족해 해저에 유기 물질이 풍부한 검은색 진흙이 쌓일 수 있다(석탄층이 쌓이는 데 필요한 조건과 비슷하게). 탄소를 듬뿍 포함한 이 진흙은 그 위에 퇴적물이 계속 쌓임에 따라 그 무게에 짓눌려서 검은색의 셰일 암석으로 변한다. 이것이 바로 전 세계의 원유와 천연가스를 만드는 출발 물질이다. 셰일은 땅속으로 점점 더 깊이 내려가면서 지구의 내부 열에 의해 뜨거워지는데, 그러다가 '석유 창oil window'(50~100°C의 온도 범위)이라 부르는 온도 구간을 지나게 된다. 이렇게 천천히 뜨거워지는 과정을 통해 죽은 해양 생물의 복잡한 유기 화합물들이 분해되어 석유의 구성 성분인 긴 사슬 탄화수소 화합물 분자들이 만들어진다. 만약 셰일이 약 250°C에 이르는 더 높은 온도에 노출되면, 깊은 땅속에서 일어나는 화학적 작용으로 긴 사슬 분자들이 탄소를 포함한 작은 분자들로 분해되는데, 작은 분자들은 대부분 메탄이지만, 에탄과 프로판, 부탄(즉, 천연가스 성분)도 일부 있다. 석유 창은 일반적으로 지하 2~6km 지점에서 나타나지만, 셰일이 위에 계속 쌓이는 퇴적물에 눌려 이 깊이까지 묻히는 데에는 1000만 년 이상이 걸릴 수 있다.

이 깊이에서 작용하는 큰 압력은 근원암을 짓눌러 거기서 액체 석유를 빠져나오게 하는데, 이 석유는 그 위에 쌓인 암석층들 틈새를 통해 솟아오를 수 있다. 만약 이 석유의 수직 방향 이동을 차단해 지하에 가둬두는 방해물이 전혀 없다면, 석유가 해저에서 스며나오게 된다. 사암은 훌륭한 저류암貯留巖(빈틈이 많아 기름이나 가스를 품고 있는 암석)인데, 알갱이 사이에 다공질 공간이 많아 스펀지처럼 석유를 빨아들여 저장한다. 그리고 미세한 입자로 이루어진 이암이나 액체가 투과하지 못하는 석회암이 그 위를 뚜껑처럼 덮고 있으면, 석유와 가스는 그 사이에 갇힌 채 우리가 시추를 해 끌어올릴 때까지 한없이 기다리게 된다.

앞에서 보았듯이, 오늘날의 바다에서는 이 과정이 더 이상 일어나지 않는다. 그렇다면 1억 년 전의 테티스해에서 그토록 많은 플랑크톤 부스러기를 해저에 쌓이게 해 석유로 변하게 한 조건은 무엇이었을까?

백악기가 되자 판게아가 쪼개지기 시작하면서 대륙들이 다시 여기저기로 흩어졌다. 하나의 거대한 땅덩어리가 적도를 가로지르며 죽 뻗어 있던 이전의 모습은 찾아볼 수 없었다. 대신에 테티스해라는 거대한 바다가 지구 가운데를 빙 두르면서 북쪽 대륙들과 남쪽 대륙들을 나누었다. 이것은 그 당시의 해양 순환 패턴이 아주 달랐음을 의미한다. 해류가 아무 방해도 받지 않고 지구 주위를 한 바퀴 빙 돌며 흐를 수 있었다. 이 적도 해류는 열대 지역의 뜨거운 햇빛을 듬뿍 받아 아주 따뜻했다.

사실, 백악기 중기의 세계는 적도의 해수면 온도가 25~30°C에 이르고, 극 주변에서는 미지근한 10~15°C에 이르러 후끈후끈한 온실과 같았다. 빙모는 어디에도 존재하지 않았고, 캐나다와 심지어 남극 대륙에도 무성한 숲이 자랐다. 방대한 양의 물을 가두는 빙모와 대륙 빙하가 없어 해수면은 오늘날보다 훨씬 높았다. 게다가 그 당시 지각에는 열곡 활동이 많이 일어나 대륙들이 서로 멀어져가면서 북대서양과 남대서양이 열렸다. 이러한 해저 확장 중심지에서 생성되는 새 해양 지각은 아직 따뜻하고 위로 떠오르는 성질이 있어 기다랗게 뻗은 해저 산맥을 따라 지각이 불룩 솟아오른다. 이 거대한 중앙 해령은 많은 물을 밀어내 해수면이 더욱 상승한다. 따뜻한 기후와 활발한 해저 확장의 결합으로 백악기 후기 동안의 해수면은 지난 수십억 년 간의 지구 역사 중 어느 시기보다도 높았는데, 오늘날보다 무려 300m나 더 높았던 것으로 추정된다.

그 결과로 광범위한 대륙 지역이 바닷물에 침수되었다. 유럽은 대부분 물 밑에 잠겼고, 멕시코만에서 북극해까지 서부 내륙 해로가 북아메리카 중앙 부분을 관통하며 지나갔으며(4장에서 미국 남동부 지역의 투표 패턴을 살펴볼 때 나왔던), 사하라 횡단 해로가

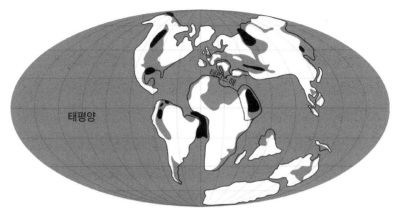

태평양

테티스해

산소가 부족했던 백악기의 바다에서 석유가 생성된 지역들

테티스해에서 오늘날의 리비아, 차드, 니제르, 나이지리아를 지나 아프리카를 휩쓸며 내려갔다. 광범위한 열곡 활동과 연관된 활발한 화산 활동에서도 많은 영양 물질이 바다로 흘러들어 플랑크톤이 크게 증식하는 데 도움을 주었다. 따라서 백악기 후기는 단순히 깊은 대양의 세계였던 것이 아니라, 얕은 가장자리 바다의 세계이기도 했는데, 이곳의 따뜻한 물은 플랑크톤의 성장을 위해 이상적인 조건을 제공했다.

하지만 백악기의 해저는 조건이 아주 달랐다. 극 지역에 차갑고 밀도가 높은 물을 만들어내는 얼음이 존재하지 않았던 온실 세계에서는 3장에서 보았던 열염 순환이 일어나지 않았다. 깊은 바다를 통해 물을 순환시키는 전 지구적 컨베이어벨트가 작동하지 않았던 것이다. 그리고 중요한 사실이 또 있는데, 따뜻한 물은 용존 산소량이 적다. 그래서 깊은 물로 흘러드는 산소가 있더라도, 분해 세균이 금방 소비해버리고 만다.

이 모든 과정의 결과로 백악기의 해저는 산소가 고갈된 죽음의 영역이 되었고, 세균이 유기 물질을 제대로 분해하지 못했다. 그와 동시에 햇빛이 잘 드는 따뜻한 표층수에서는 플랑크톤이 미친 듯이 증식하여 바다 눈이 눈폭풍처럼 바닥으로 쏟아져 내렸다. 유기 물질은 분해되지 않은 채 쌓였다가 그 위에 퇴적물이 많이 쌓임에 따라 점점 더 깊이 묻혔다.* 석탄기에 침강하는 습지 분지에 있었던 숲처럼 백악기의 해저에서는 탄소 순환 체계가 붕괴하여 유기 물질이 수천만 년 동안 쌓이게 되었다. 그 결과로 산소가 부족한 해저에는 유기물이 풍부한 진흙 슬러지가 두껍게 쌓였고, 이것은 광범위한 지역에서 검은색 셰일 퇴적층으로 변했다. 그래서 테티스해의 광범위한 지역에 셰일이 축적된 시기를 '블랙 데스Black Death', 즉 '검은 죽음'이라 부른다.

지구에서 이보다 더 이전이나 나중에 원유와 천연가스가 생성된 시기도 있었지만, 가장 많이 매장돼 있는 장소들은 쥐라기 후기와 백악기 중기 동안 테티스해의 대륙붕 주변에 퇴적된 검은색 셰일에서 생겨났다. 오늘날 석유와 천연가스가 가장 많이 묻혀 있는 지역인 페르시아만과 상당한 양이 묻혀 있는 서시베리아와 멕시코만, 북해, 베네수엘라의 이 화석 연료는 모두 이 시기에 일어난 지질학적 과정들이 결합되어 생겨났다.

---

* 이와 비슷하게 산소가 부족한 해저 환경은 오늘날에도 흑해 해저나 용승류가 솟아오르는 페루 해안 앞바다 지역처럼 일부 지역에서 발견되지만, 백악기에는 이런 환경이 전 세계 각지의 바다에 광범위하게 분포했다.

중간 단계를 없애다

석탄은 산업 혁명에 동력을 제공했고, 석유는 우리를 현대 기술 문명으로 이끌었지만, 이러한 화석 연료의 사용은 전 지구적인 문제를 낳았다. 17세기 초부터 우리는 지구가 땅속에 저장하는 데 수천만 년이 걸린 먼 옛날의 탄소를 땅속에서 열심히 파내 불과 수백 년 만에 상당히 많은 양을 태웠다. 석유 생산의 한계와 원유 공급 감소에 대한 우려가 있긴 하지만, 우리가 이용할 수 있는 석탄은 아직도 많은 양(현재의 소비 추세를 감안한다면 수백 년은 더 쓸 수 있는)이 묻혀 있다. 따라서 이 관점에서 본다면, 우리는 현재 또 다른 에너지 위기에 직면한 게 아니라 기후 위기에 직면했는데, 이 위기는 에너지 부족을 해결하기 위해 우리가 과거에 사용한 방법에서 비롯되었다.

화석 연료를 태워 배출되는 이산화탄소는 대기 중 이산화탄소 농도를 급격히 높이는데, 현재의 이산화탄소 농도는 산업 혁명 이전에 비해 이미 45%나 높다. 현재 인류 문명이 온실가스를 배출하는 속도는 적어도 지난 6600만 년 동안의 지질학적 역사에서는 유례를 찾아보기 어렵다. 이와 가장 비슷한 자연적 배출은 3장에서 살펴본 팔레오세-에오세 최고온기에 일어난 것을 꼽을 수 있는데, 그 사건은 기온을 급상승시켜 세계 평균 기온이 오늘날보다 5~8°C나 더 높았다. 현재 우리는 기후를 그 시기로 되돌리려고 최선(혹은 가장 나쁜 행동)을 다 하고 있다.

대기 중에 온실가스가 많이 존재하는 것은 그 자체로는 문제가 아니다. 사실, 지구의 역사를 통해 온실가스는 지표면의 온도를 어는점 위로 유지함으로써 복잡한 생물이 살아가게 하는 데 아주 중요한 역할을 했다.* 하지만 대기 중 이산화탄소 농도 급상승은 확립된 자연계의 평형을 깨뜨려 우리가 문명을 유지하는 방식에 큰 영향을 미친다. 그 결과로 바다의 산성도가 높아져 산호초뿐만 아니라 우리의 식량 자원인 어장마저 위협받고 있다. 게다가 지구 온난화는 해수면 상승을 초래해 해안 도시들을 위협하고, 전 세계의 강수 패턴을 변화시켜 농업에도 심각한 영향을 미친다.

하지만 화석 연료가 배출하는 오염 물질은 이산화탄소뿐만이 아니다. 앞에서 보았듯이, 죽은 생물의 분해를 막아 석탄과 석유와 천연가스가 될 탄소를 축적시키려면 산소 결핍 환경이 필요하다. 이 환경은 황화물 생성(오늘날 소택지에서 코를 찌르는 달걀 썩는 냄새가 나는 것은 바로 이렇게 생성된 황화수소 때문이다)도 촉진하는데, 화석 연료를 태우면 황화물이 방출되어 공기 중의 습기와 반응해 황산을 만든다. 따라서 석탄기 석탄 습지의 산소 결핍 토양과 백악기 해저의 퇴적물에는 미래의 산성비도 함께 갇혔다.

화석 연료를 태우는 것은 병에 갇힌 진Jinn(아라비아 신화에 나오는 악마)을 꺼내는 것과 같다. 그것은 17세기에 거의 무한한 에너지를 원하던 우리의 소원을 들어주었지만, 나중에 우리에게 값

---

* 6장에서 우리는 대산화 사건이 어떻게 우리가 지금까지 채굴해온 철광석을 만들어냈고, 그와 동시에 대기에서 온실가스인 메탄을 제거함으로써 눈덩이 지구를 초래했는지 보았다.

비싼 대가를 치르도록 하는 심술을 부렸다.

현재 우리가 직면한 과제는 산업 혁명 이후에 지속되어 온 추세를 뒤집어 경제에서 탄소를 다시 제거하는 것이다. 이 장 앞부분에서 보았듯이, 우리는 농업 확대와 삼림 벌채를 통해 얻을 수 있는 태양 에너지를 크게 증가시켜왔다. 햇빛은 우리 몸을 위한 영양분과 원자재와 연료로 변하는데, 우리는 수차와 풍차로 자연계에서 역학적 동력을 끌어내 활용하는 법을 터득했다. 현재의 탄소 위기에 대응하는 해결책 중 하나는 이렇게 오래된 이전의 관행으로 돌아가되, 기술적으로 개선된 방법을 사용하는 것이다. 태양광 발전 농장은 햇빛으로 직접 전기를 생산하며, 수력 발전 댐과 풍력 터빈은 원리적으로 수차와 풍차와 똑같지만 기술적 조상보다 생산성이 훨씬 높다.

하지만 더 큰 에너지 공급원을 찾으려는 인류의 지속적인 노력에서 다음번에 일어날 혁명은 아마도 별 내부의 에너지 공급원인 핵융합 반응일 것이다. 별 내부에서 일어나는 핵융합 반응으로 수소 원자가 융합해 헬륨이 만들어지면서 막대한 에너지가 나오는 과정은 6장에서 보았다. 세계 각지의 여러 연구 시설에서 핵융합 발전소에 사용할 핵융합로를 시험하고 있는데, 그 규모가 점점 확대되어 상당한 진전이 일어나고 있다. 핵융합 연료는 바닷물에서 추출할 수 있고, 핵융합로 가동에서는 이산화탄소나 수명이 긴 방사성 폐기물이 전혀 나오지 않는다. 따라서 핵융합은 풍부한 에너지를 공급할 뿐만 아니라, 그것도 깨끗하게 공급한다. 따라서 우리는 한 바퀴를 빙 돌아 출발점으로 되돌아온 셈이다. 농사와 삼림 벌채를 통해 햇빛 에너지를 이용하던 초기의 농경 사회에서 시작하여 핵융합로 안에 소형 태양을 설치해 그 에너지를 이용하는 단계로 이행하면서 중간 단계들을 싹 없애버리기 때문이다.*

---

* 대기 중 이산화탄소 농도는 자연적으로는 수만 년 동안 산업화 이전 수준으로 돌아가지 않을 것이다. 서로 겹치는 밀란코비치 주기들의 리듬 때문에 정상적으로는 약 5만 년 뒤에 지구의 기후가 빙기로 되돌아가야 하지만, 우리가 이미 대기로 쏟아낸 온실가스 때문에 예정된 다음번 빙기는 찾아오지 않을 게 거의 확실하다. 따라서 인류의 관점에서 볼 때, 현재의 지구 온난화 추세에는 희망적인 측면이 한 가지 있는데, 장기적으로 본다면 우리 문명은 북반구 전체가 수 킬로미터 두께의 대륙 빙하로 뒤덮이고 엄청나게 춥고 건조한 기후로 광범위한 농업이 불가능해지는 빙기보다는 뜨거운 세계에 더 잘 적응할 수 있을 것이기 때문이다.

에필로그

인간 세계는 이제 도시에서 나오는 밝은 전깃불(인공 별들이 반짝이는 은하)로 환하게 빛나며 우주에서도 분명하게 보인다. 앞쪽의 합성 사진은 인공위성을 사용해 만든 것이다. 맑은 날 밤에 찍은 사진들을 이어 붙여 만든 이 사진은 전지적 관점에서 바라본 지구의 모습이다. 따라서 전 세계를 동시에 밤 시간에 포착한 모습으로, 그것도 구름에 전혀 가리지 않은 모습으로 묘사한 이 사진은 일종의 추상적 개념이라고 할 수 있다. 이것은 인간 서식지를 완전하게 나타낸 지도가 아니라 산업화된 도시 지역들의 지도이다(전 세계의 개발도상국 인구 중 상당수는 아직도 농촌 지역에 살고 있으니까). 하지만 나는 이 사진이 우리가 수천 년 동안 건설해온 세계 문명들과 함께 우리가 지구에 의해 어떻게 만들어졌는지 잘 보여준다고 생각한다.

인구 밀도가 가장 높은 곳들은 즉각 분명하게 드러나는데, 인도 북부와 파키스탄, 중국 평원과 해안 지역(가장 먼저 발흥한 문명의 요람 중 두 곳) 그리고 도시들과 고속도로가 격자 모양으로 늘어선(그리고 중부 프레리로 가면서 점차 희미해지는) 미국 동부 지역이 그런 곳이다. 프랑스 일부와 독일, 벨기에, 네덜란드에 걸쳐 뻗어 있는 북유럽 평원도 인구 밀도가 높아 흰색으로 밝게 빛난다. 이 것은 기원후 처음 1000년 동안 쇠도끼와 쟁기를 사용하면서 숲과 습한 점토 토양이 생산성 높은 농경지로 변화하는 과정을 통해 지중해 가장자리에서 북유럽에 이르기까지 점진적이지만 돌이킬 수 없게 일어난 인구 분포의 이동이 가져온 최종 결과이다. 지중해(한때 아주 광대했던 테티스해에서 남은 웅덩이에 해당하는)의 복잡한 윤곽이 분명하게 드러나는데, 특히 동부 해안의 밝은 띠는 이스라엘과 레바논과 시리아의 인구 밀도가 높은 도시 지역을 보여준다.

이에 못지않게 중요한 사실을 알려주는 것은 육지의 어두운 지역들이다. 이곳들은 사람들이 많이 모여 살기에 부적합한 지형과 기후대가 펼쳐진 지역이다. 산맥은 눈에 띄지 않는 어두운 부분으로 눈길을 끈다. 이탈리아 꼭대기 부분에서 반짝이는 포강 계곡 고랑 위로는 어두운 알프스산맥이 지나가고, 인도 북부의 강렬한 빛을 돌연히 히말라야산맥의 곡선이 가르고 지나간다. 오스트레일리아 중심부와 아라비아 남부, 아프리카 북부에서 사막은 어두운 부분들로 나타난다. 리본처럼 뻗어 있는 사막의 오아시스인 나일강 유역과 삼각주들은 강이 없었더라면 살기 힘들었을 이 지역을 지나가는 불의 강처럼 타오른다. 빛나는 삼각형 모양의 인도 아대륙도 지구 주위를 빙 두르며 뻗어 있는 사막의 띠 지역에서 눈길을 끄는데, 계절에 따라 주변의 바다에서 습기를 빨아들이는 몬순에서 물을 공급받는다.

사람이 살아가기에 몹시 힘든 곳은 아주 건조한 지역뿐만이 아니다. 중앙아프리카와 아마존 분지, 인도네시아 중심부를 비롯해 강수량이 아주 많아 열대 우림이 우거진 적도 지역도 몹시 살기 힘든 곳이다. 전깃불이 없는 이 지역들은 지구 대기 순환의 일부인 해들리 세포에서 비가 내리고 공기가 상승하는 구역과 건조하고 공기가 하강하는 구역을 보여준다.

아시아에서는 인간 활동 지역이 거품처럼 반짝이고 있는데, 몹시 추운 티베트고원과 내륙 지역의 사막에 해당하는 어두운 공동이 그 사이사이에 자리잡고 있다. 그리고 흐릿하게 빛나면서 거의 나란히 달리는 두 줄무늬가 대륙 중심부를 동서로 지나간다. 남쪽 줄무늬는 오래된 실크 로드로, 산맥과 사막들 사이를 구불구불 지나간다. 실크 로드는 한때 대륙 양쪽 끝에 있는 문화들을 연결시켰고, 이 길을 따라 상품과 지식이 유라시아를 가로지르며 오갔는데, 먼 옛날의 오아시스 도시와 교역 집산지로부터 성장한 도시들의 전깃불을 통해 오늘날에도 그 흔적을 우주에서 볼 수 있다. 북쪽 줄무늬는 스텝 생태계를 따라 뻗어 있는데, 이곳은 한때 대륙 가장자리 주변의 농경 문명을 위협한 유목 민족이 살던 미지의 황야였다. 지금은 이 지역 중 서쪽 절반은 광대한 밀 경작지로 개간되어 이 기후대에서 시베리아 횡단 철도를 따라 진주처럼 늘어서 있는 새 도시들을 먹여 살린다.

여러분은 대조적인 풍대들의 패턴이라든가 대양 환류의 거대한 소용돌이 흐름처럼 인류 역사에서 아주 중요한 역할을 한 지구의 다른 특징들은 인공 빛을 나타낸 이 지도에서 뚜렷하게 드러나지 않을 것이라고 생각할지 모르겠다. 우리는 이것들을 활용해 광대한 대륙 횡단 교역망과 해상 제국을 건설했고, 이것은 다시 우리에게 산업 혁명을 위한 원자재와 경제적 동력을 제공했다. 그런데 공기와 바다의 흐름은 눈에 보이지 않지만, 그 효과는 이 사진에 드러나 있다. 어선들의 불빛을 우주에서 분간할 수 있는데, 용승류가 영양분이 풍부한 물을 수면으로 실어 나르거나 페루의 대륙붕처럼 플랑크톤(그리고 플랑크톤을 먹는 물고기)이 번성하는 연안 지역에 반딧불이처럼 떼를 지어 모여 있다. 그리고 노르웨이와 스웨덴, 핀란드의 불빛은 캐나다와 시베리아에 비해 훨씬 북쪽 위도에도 사람들이 많이 살고 있음을 보여준다. 이것은 대서양을 가로지르는 편서풍과 멕시코 만류(이것들은 사실상 카리브해의 햇빛을 실어온다) 덕분에 이곳 기후가 비교적 온화하기 때문이다. 심지어 땅 속 깊이 묻혀 있는 화석 에너지 저장소도 북해와 페르시아만, 북시베리아의 유전들의 천연가스 연소탑에서 번쩍이는 불을 통해 볼 수 있다.

이 한 장의 이미지에 지금까지 펼쳐진 인류 이야기의 정수가 압축되어 있다. 우리는 지구에 출현한 이래 지금까지 아주 먼 길을 걸어왔다. 지구는 끊임없이 역동적인 장소이며, 그 표면의 특징들과 행성 차원에서 일어나는 과정들은 인류의 이야기에서 결정적 역할을 했다. 우리 종은 독특한 판 구조론과 기후 조건을 지닌 동아프리카 지구대에서 출현했는데, 우리를 원인原人에서 우주인으로 진화하게 해준 다재다능함과 지능은 우주의 주기에 따라 일어난 환경 요동의 산물이다. 그리고 그 전인 5550만 년 전에 온도 급상승이 일어난 팔레오세-에오세 최고온기에 우리 계통인 영장류와 유제류(그 후손을 우리가 가축으로 길들인)의 출현과 급속한 확산이 일어났다. 행성 차원의 나머지 큰 변화들은 좀 더 점진적으로 일어났는데, 예컨대 지난 수천만 년 동안 이어진 전반적인 기후 냉각화와 건조화 추세는 나중에 우리가 농작물로 재배한 초본 식물 종들을 크게 확산시켰다. 이러한 냉각화 추세는 현재의 빙기들이 짧게 반복되는 시기에 이르러 절정에 이르렀는데, 현재 지구의 자연 지형 대부분이 만들어지고 우리 종이 전 세계로 퍼져나간 것은 바로 이 시기였다.

문명의 전체 역사는 현재의 간빙기에서 잠깐 동안 반짝이는 불꽃에 지나지 않는다. 즉, 우리는 잠깐 동안 기후가 안정된 시기에 살고 있다. 지난 수백만 년 동안 우리는 지구의 암석층을 파내 땅 위에 쌓으면서 건물과 기념물을 지었다. 우리는 특정 지질학적 과정을 통해 금속이 농축된 광석을 캐냈다. 그리고 지난 수백년 동안 지구의 과거에서 변덕스러웠던(쓰러진 나무가 썩지 않던) 시기에 생성된 석탄을 채굴했고, 산소가 부족한 해저로 가라앉은 플랑크톤 유해에서 만들어진 석유를 퍼올렸다.

이제 우리는 지구 전체 육지 면적의 3분의 1 이상을 경작하고 있다. 채굴과 채석 작업은 전 세계의 모든 강들이 실어 나르는 것보다 더 많은 물질을 이동시킨다. 그리고 산업 활동에서 배출되는 이산화탄소는 화산에서 뿜어져 나오는 것보다 훨씬 많아 전 세계의 기후를 따뜻하게 만들고 있다. 우리는 세계를 아주 크게 변화시켰지만, 자연을 압도하는 힘은 최근에 와서야 손에 쥐게 되었다. 지구는 인간의 이야기가 펼쳐질 무대를 마련했고, 그 자연 지형과 자원은 계속해서 인류 문명을 나아갈 방향을 이끌고 있다.

지구가 우리를 만들었다.

---

* 저자가 참고한 도서의 목록은 ㈜흐름출판의 공식 블로그 내 〈오리진〉 책 소개 코너에서 확인하실 수 있습니다.

오리진

초판 1쇄 발행 2020년 9월 20일
초판 10쇄 발행 2024년 5월 22일

지은이 루이스 다트넬
옮긴이 이충호
펴낸이 유정연

이사 김귀분
책임편집 조현주 **기획편집** 신성식 유리슬아 서옥수 황서연 정유진 **디자인** 안수진 기경란
마케팅 반지영 박중혁 하유정 **제작** 임정호 **경영지원** 박소영

펴낸곳 흐름출판(주) **출판등록** 제313-2003-199호(2003년 5월 28일)
주소 서울시 마포구 월드컵북로5길 48-9
전화 (02)325-4944 **팩스** (02)325-4945 **이메일** book@hbooks.co.kr
홈페이지 http://www.hbooks.co.kr **블로그** blog.naver.com/nextwave7
출력 · 인쇄 · 제본 (주)상지사 **용지** 월드페이퍼(주) **후가공** (주)이지앤비(특허 제10-1081185호)

ISBN 978-89-6596-400-1 03400

• 흐름출판은 독자 여러분의 투고를 기다리고 있습니다. 원고가 있으신 분은 book@hbooks.co.kr로 간
  단한 개요와 취지, 연락처 등을 보내주세요. 머뭇거리지 말고 문을 두드리세요.
• 파손된 책은 구입하신 서점에서 교환해 드리며 책값은 뒤표지에 있습니다.